개정판

Hotel Food & Beverage
Restaurant Business

호텔식음료·레스토랑 실무

김연선·송영석·이두진·김영은 공저

백산출판사

머 리 말

국민소득의 증가와 중산층의 확대, 주 5일 근무제, 여성의 사회진출 및 핵가족화와 더불어 서구식 생활이 사회 전반에 확산되면서 관광산업뿐만 아니라 호텔산업 전반에 긍정적인 영향을 끼치고 있다.

지난 2016년에는 외래 관광객이 1600만 명을 넘어 섰으며, 서울을 비롯한 주요 도시의 호텔 건립이 증가하고 있고, 또한 내국인들의 호텔 이용 증가로 호텔업계는 어려움 속에서도 성장 가능성이 있는 것은 사실이다. 결국 호텔 레스토랑과 연회장 등의 이용이 증가하여 전문적인 인력의 수요가 꾸준히 늘고 있다.

따라서 본서에는 대학에서 호텔과 관광을 전공하는 학생들에게 필요한 식음료와 레스토랑에 대한 전문적인 내용을 수록하였다. 본서는 크게 다섯 PART로 구성되었으며, **PART I**은 호텔 식음료의 이해로써 제1장 호텔 식음료부서 직원의 기본자세, 제2장 호텔 식음료의 개요, 제3장 호텔 식음료부서의 이해, 제4장 호텔 식음료 서비스의 실제로 구성되었다.

그리고 **PART II** 호텔 레스토랑 실무의 이해에서는 제5장 호텔 식음료의 기물, 제6장 메뉴와 조리부서의 이해, 제7장 오리엔탈 레스토랑의 이해, 제8장 웨스턴 레스토랑의 이해, 제9장 서양식 요리의 이해, 제10장 테이블 매너로 구성되었다.

PART III에는 호텔 연회의 이해를, **PART IV**에는 호텔 음료의 이해를 다루었다. 마지막으로 **PART V** 부록에는 호텔 및 식음료 용어를 해설하였다.

　본서가 특급호텔에서 근무하고자 하는 학생들에게 식음료부서와 레스토랑의 지침서로서의 역할을 다할 것으로 믿으며, 학생들이 실무를 접하기 전에 이해의 폭을 넓히는 데 도움이 되기를 바란다.

　본서는 특급호텔에서 20년 이상의 경력을 쌓은 전문가들과의 실무미팅을 거친 내용을 엄선하여 담았고, 다양한 분야의 자료를 취합하여 소개하였다. 하지만 아직도 미흡한 부분은 여러 선·후배 교수님들과 업계 담당자분들의 고귀한 조언을 얻어 수정·보완할 것을 약속드린다.

　마지막으로 본서의 출판을 기꺼이 허락해 주신 백산출판사의 진욱상 사장님과 편집부 직원 여러분께 깊은 감사의 말씀을 드린다.

공저자를 대표하여

김연선 씀

차 례

차 례

Part 02 호텔 레스토랑 실무의 이해

차 례

PART 01

호텔 식음료의 이해

Chapter 01

호텔 식음료부서 직원의 기본자세

01 식음료 서비스의 기본

특급호텔은 환대산업(Hospitality Industry)의 범주에 속하는 서비스 업종 중에서도 최고와 최상의 서비스를 제공하는 기업이다. 따라서 특급호텔에 근무하는 모든 직원은 방문하는 고객에게 최상의 서비스를 제공하기 위해 노력해야 하며, 특히 식음료부서에서 근무하는 직원들은 고객과의 접촉을 통해 식사(Food)와 음료(Beverage)를 제공하기 때문에 서비스의 기본을 유지하고 고객만족을 위한 서비스를 위해 노력해야 한다.

따라서 다음과 같은 내용에 대하여 철저한 자기관리가 필요하며 호텔맨으로서의 기본자세를 함양하고 민간외교관이라는 자긍심과 긍지를 갖고 근무에 임하도록 한다.

1 서비스 마인드

특급호텔에 근무하는 직원은 다른 어떤 부분의 갖추어야 할 내용과 스펙보다는 본인의 서비스 마인드를 함양해야 할 것으로 판단된다. 실제 특급호텔에서는 본인 스스로가 양적인 스펙관리를 잘했다고 하더라도 고객에게 서비스하는 서비스 마인드가 결여되었다면 직원으로서의 자격에 의심을 가지게 된다.

고객에게 서비스하는 서비스 직원으로서의 가치관과 철학을 함양하고 언제 어디서나 고객만족의 서비스를 제공하고자 하는 기본적인 의지의 표현이 되어야 한다. 이러한 서비스 정신과 마인드의 함양은 결코 하루아침에 이루어지는 것은 아니며 오랜 시간을 노력한 결과로 나타날 수 있다.

특급호텔에 근무하고자 하는 예비 호텔리어는 대학에서 호텔과 관광을 전공할 때부터 본인보다는 고객에게 최선을 다하는 고객서비스 정신에 기본을 두고 학문에 정진할 필요가 있으며, 이를 바탕으로 호텔리어로서의 예비지식을 갖추도록 한다.

② 인사

인사는 호텔을 방문하는 고객에게 자신의 마음속에 있는 최상의 존경심을 표시하는 행위이다. 또한 인사는 고객에 대한 최상의 예를 표하는 가장 좋은 방법이다.

특히 호텔에 근무하는 직원은 항상 겸손해야 하며, 그것을 표현하는 방법이 인사인데, 이는 직원 상호 간의 관계를 유지하고 고객에 대한 감사의 표시이다. 인사의 기본자세는 다음과 같이 요약할 수 있다.

1) 올바른 인사 예절법

호텔에 근무하는 모든 직원은 예의 바른 자세로 근무에 임하며, 근무시간에 고객이나 상사에게 인사를 할 때는 다음과 같은 몇 가지 기본을 숙지하고 최대한 정중하게 하도록 한다. 호텔의 식음료부서에서는 근무시작 전 미팅시간을 통해 인사연습과 개인용모에 관한 내용을 점검하고 있다.

① 양손을 가지런히 모아 자연스럽게 인사한다.
② 일반적으로 가벼운 인사는 15도, 정중한 인사는 30도, 사과를 할 때나 VIP, 최고의 예를 표하는 최상급의 인사는 45도 정도로 허리를 굽혀서 한다.
③ 인사할 때 상대방과의 거리는 2~5m 정도가 이상적이다.
④ 인사할 때 눈을 감아서는 안되며, 고객과 눈을 마주치며(Eye Contact) 한다.

⑤ 허리를 펼 때는 굽힐 때보다 천천히 편다.

⑥ 인사는 최대한 공손하게 한다.

2) 인사 시 체크포인트

인사 시 주의할 점은 〈표 1-1〉에서 자세히 설명하고 있으며, 레스토랑에 근무하는 직원은 고객에게 적절한 인사를 할 수 있도록 연습한다.

표 1-1 인사 시 체크포인트

체크포인트		주의할 점	비 고
손의 위치	남자	양손은 계란을 쥔 모양을 하며, 바지 재봉선에 댄다.	안녕하십니까? 저희 호텔을 방문해 주셔서 감사합니다.
	여자	두 손을 포개어 아랫배에 가볍게 댄다.	
발의 위치		뒤꿈치를 붙이고 발의 내각을 30도 정도 벌린다.	너무 넓거나 좁지 않게
얼굴 표정		항상 가벼운 미소를 띠며 부드럽게 인사한다.	경직되지 않도록 주의
허리, 머리		허리에서 머리까지 일직선을 유지하며 바르게 인사한다.	목례(5도), 15도, 30도, 45도 인사
다리		곧게 펴고 양 무릎은 벌어지지 않도록 주의한다.	
인사말		T.P.O(Time, Place, Occasion)에 적합한 적절한 인사말을 건넨다.	안녕하십니까? 감사합니다. 안녕히 가십시오.

3) 인사의 구분

호텔 내부에서 고객과 마주쳤을 때, 영접할 때, 환송할 때, 사과할 때 그리고 직원 상호 간에는 T.P.O(Time, Place, Occasion)에 적합한 바른 인사를 할 수 있어야 한다.

표 1-2 인사의 구분

정중한 인사	45도	VIP 고객 정중한 사과	최고의 정중함을 표현
보통 인사	30도	일상적인 고객	평상시 인사
가벼운 인사	15도	동료 사이	편안한 사이
목례	5도	전화통화 중 짐 운반 중 장소의 제약	특별한 제약

③ 얼굴 표정

호텔 식음료부서에서 근무하는 직원은 항시 고객과의 서비스 인카운터(Encounter)상에 있으므로 본인의 표정관리에 주의를 기울여야 하며, 또한 고객과 마주치게 될 때에는 온화하고 품위 있는 얼굴 표정이 되도록 한다.

올바르고 온화한 얼굴 표정이 표현 될 수 있도록 미리미리 연습하는 것 또한 호텔맨으로서 갖추어야 할 매우 중요한 덕목이다. 다음과 같은 내용을 숙지하고 연습하여 고객 앞에서 당당하고 자연스러운 표정이 되도록 해야 한다.

1) 부드러운 얼굴 표정

① 얼굴은 부드럽고 온화한 표정으로 한다.
② 근무시작 전에 얼굴의 근육을 풀어주어 편안하게 한다.
③ 마음속에서 우러나오는 표정으로 편안하게 한다.
④ 근무 중에는 갑작스레 표정을 바꾸지 않는다.
⑤ 개인적인 근심 걱정은 근무시간에 표출하지 않도록 한다.

2) 생기 있는 눈의 표정

① 눈은 사람을 만났을 때 가장 먼저 보게 되므로 활기찬 눈의 표정을 항상 연습한다.

② 고객을 아래위로 훑어보는 것은 절대로 금한다.

③ 거울을 보면서 밝은 눈의 표정을 연습한다.

④ 좋은 얼굴색과 좋은 눈빛으로 고객서비스를 할 수 있도록 한다.

④ 대기자세

레스토랑에서 대기라는 것은 고객이 방문하는 것을 기다리는 것이고 내방한 고객에게 "안녕하십니까? 어서 오십시오, 반갑습니다"라고 인사하며 고객에게 친절히 영접하는 과정을 말한다. 또한 레스토랑에서 직원이 식사 중인 고객의 테이블을 주시(Watching)할 때 취하는 기본자세를 말한다.

고객의 요구가 있을 때 즉각적인 반응을 보이며 고객이 요구하기 전에 고객이 필요로 하는 것을 즉시 제공할 수 있는 태도 및 준비 자세를 스탠바이(Stand-by)라고 한다. 레스토랑에 근무하는 직원은 지정된 위치에서 스탠바이할 수 있어야 한다.

1) 대기의 기본

① 올바른 위치를 정하고 그 위치를 지킨다

레스토랑에서 '정위치'라는 것은 자기가 맡은 담당구역을 전반적으로 볼 수 있는 장소를 말하며, 고객의 요구에 즉각적으로 응대할 수 있는 위치를 말한다. 또한 고객이 직원을 쉽게 찾을 수 있는 위치에서 대기한다.

② 고객을 항상 의식한다

레스토랑의 서비스 직원은 영업장에서 근무하는 동안은 고객에게 최상의 서비스를 제공하도록 하며, 또한 고객이 직원의 서비스에 만족할 수 있도록 해야 한다. 고객이 만족할 수 있게 하려면 언제 어디서나 고객을 의식하고 주의해야 한다.

③ 고객의 요구 전에 미리 응대한다

올바르게 집중하고 스탠바이(Stand-by)하고 있다면, 고객이 직원을 찾기 전에 직원이 고객에게 미리 응대하는 능력을 기르도록 한다.

2) 대기 시 주의사항

① 레스토랑에서 뒷짐이나 팔짱, 주머니에 손을 넣는 행동은 절대로 금한다.
② 직원들끼리 모여서 잡담을 하지 않는다.
③ 특정 고객이나 테이블에서의 장시간 대화는 피한다.
④ 고객을 손가락으로 가리켜서는 안된다.
⑤ 대기 중 벽에 기대거나 부자연스러운 행동을 하지 않는다.
⑥ 대기자세는 고객을 위한 준비시간임을 잊어서는 안된다.

5 올바른 보행

호텔에 근무하는 직원은 민첩하고 기민하게 행동해야 한다. 고객들의 시선이 항상 직원을 주시하기 때문이다. 또한 걸음걸이를 통해서 그 사람의 품성과 인격이 나타나기 때문에 올바르게 걷도록 해야 한다.

레스토랑에 근무하는 직원은 올바른 보행에 신경을 곤두세워야 하며, 몸과 팔을 과도하게 흔들거나 신발을 끌고 다니는 등의 보행은 피하는게 좋다. 다음은 직원들을 위한 올바른 보행방법이다.

1) 올바른 보행자세

호텔 내에서는 항상 밝고 경쾌하게 걷도록 주의를 기울인다. 레스토랑에서의 올바른 보행법은 다음과 같다.

① 가슴을 펴고 등을 곧게 하고 걷는다.
② 자신감 있는 보행을 한다.
③ 레스토랑에서는 절대 뛰지 않는다.

2) 보행 시 주의사항

① 경쾌하지만 뛰지 않으며 민첩하면서도 조용하게 걷는다.

② 복도에서는 우측으로 걷도록 하며 특히 코너에서는 주의한다.

③ 실내에서 보행 중에는 상사나 고객을 앞지르지 않는 것이 원칙이지만, 부득이한 경우는 양해를 구한 뒤 앞지른다.

④ 고객을 안내할 때는 고객의 한 걸음 앞에서 선도한다.

⑤ 보행 중에는 주머니에 손, 팔짱, 뒷짐을 져서는 안된다.

⑥ 보행 중에는 껌을 씹거나 취식, 흡연하지 않는다.

⑦ 많은 물건을 운반 중일 때는 특히 조심해서 보행한다.

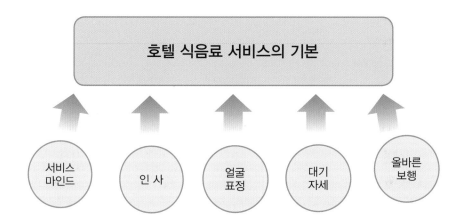

02 식음료 직원의 용모 및 복장

특급호텔 직원은 대부분 유니폼을 갖춰 입고 근무한다. 이는 고객에게 단정함과 청결함, 신뢰감을 줄 수 있고, 직원들에게는 소속감과 애사심을 고취하고 자긍심 등을 높일 수 있기 때문이다. 따라서 직원들의 유니폼은 항상 청결해야 하며, 개인의 용모와 복장에 시간을 할애하여 최상의 컨디션을 유지해야 한다.

특히 식음료부서에 근무하는 직원들의 경우 고객에게 주로 식사(Food)와 음료(Beverage)를 제공하는 업무를 담당하기 때문에 다른 어떤 부서의 직원들보다 개인위생과 용모, 복장에 더욱 주의를 기울여야 한다. 다음은 남녀 직원이 갖추어야 할 올바른 용모와 복장에 관한 내용이다.

① 남자직원

1) 유니폼 착용

직원의 유니폼은 품위 있고, 프로페셔널(Professional)하며 세련된 서비스를 제공하기 위해 꼭 필요한 소품이다. 유니폼은 호텔과 레스토랑의 특성을 보여주는 역할을 하며, 이러한 역할을 진정하게 표현하려면 아름답고 단정하며 깨끗한 유니폼을 갖추어야 한다.

① 항상 청결히 관리하고 다림질을 해서 착용한다.
② 바지는 너무 길거나 너무 짧지 않도록 적당한 길이를 유지한다.
③ 주머니에는 불필요한 물건을 넣지 않도록 한다.
④ 상의 재킷이나 조끼 등도 깨끗이 세탁하여 착용한다.
⑤ 볼펜이나 필요한 품목은 안쪽 주머니에 넣도록 하고 바깥 주머니에는 넣지 않는다.
⑥ 퇴근시간에는 유니폼을 개인 라커룸에 잘 보관한다.

2) 와이셔츠 착용

레스토랑에서 서비스하는 직원의 와이셔츠는 겉옷의 안쪽에 받쳐 입기 때문에 더욱더 청결에 신경을 써야 하며, 흰색 와이셔츠를 착용하기 때문에 관리에 주의를 요한다.
① 소매 끝과 목 부위의 깃부분이 쉽게 더러워지므로 각별히 신경 쓴다.
② 와이셔츠의 자락이 겉옷의 밖으로 보여서는 안된다.
③ 특히 여름철에는 매일 와이셔츠를 갈아 입는다.

3) 구두와 양말

① 레스토랑에서 근무 시에는 검은색 구두를 착용한다.

② 뒷굽이 한쪽으로 심하게 닳은 것은 수선하여 착용한다.

③ 업장 내에서 착용하는 구두는 사내에서만 착용하고 퇴근 후에는 착용을 금한다.

④ 근무 시 착용하는 양말은 검은색, 곤색이 무난하며 화려한 색상과 무늬는 피한다.

⑤ 양말은 매일 세탁하여 냄새가 나지 않도록 주의한다.

4) 얼굴 관리

레스토랑에 근무하는 직원이 고객을 대할 때 가장 중요한 신체부위가 얼굴이라고 할 수 있다. 밝은 얼굴과 밝은 표정은 고객에게 호감과 신뢰감을 더해줄 수 있으므로 얼굴의 표정관리 및 용모에 신경을 쓴다.

① 면도는 매일 하여 단정한 인상을 주도록 하며 콧수염은 밖으로 나오지 않도록 주의한다.

② 향이 강한 화장품이나 향수는 사용하지 않는다.

③ 얼굴에 상처가 있을 경우 고객서비스를 하지 않고 치료 후에 서비스한다.

④ 고객에게 부드러운 인상을 줄 수 있도록 표정관리를 한다.

5) 헤어스타일

레스토랑 직원의 머리 모양은 단정하고 깨끗해야 하며 유니폼에 어울려야 한다. 가발의 착용이나 염색은 부자연스러우며, 머리에 가르마를 타서 단정하게 넘겨야 한다. 하지만 근래에는 과거의 형식에 얽매이는 전형적인 머리스타일을 고집하지 않고 자유로운 분위기를 연출하는 호텔도 있다. 가령 가벼운 색의 염색, 파마를 허용하거나, 2:8의 머리스타일을 고집하지 않는 등 특급호텔에도 변화의 물결이 일고 있다.

① 귀를 덮거나 와이셔츠의 깃을 덮는 과도한 장발은 금한다.

② 항상 청결히 하고 향이 진하지 않은 헤어용품으로 머리를 세팅한다.

③ 머리에서 냄새가 나지 않는지 항상 확인한다.

6) 손과 손톱

레스토랑에서 고객에게 서비스할 때 손은 고객의 눈앞에 가장 가깝고 자주 보이게 되는데 청결하지 못하면 서비스 직원으로서 품위를 상실하고 미관상 불쾌함을 초래한다. 직원은 식품을 취급하는 경우가 많으므로 손톱을 짧게 깎고 항상 청결하게 관리해야 한다.

① 손은 항상 깨끗이 씻고, 손톱은 짧게 깎는다.

② 반지의 착용은 삼간다.

③ 손에 상처가 있을 때는 고객에게 서비스하지 않는다.

7) 입냄새

입냄새가 유독 심하게 나는 사람이 있는데 이런 경우는 치료를 받도록 하고 생활습관이 잘못된 경우는 올바른 습관을 통해 바로잡도록 한다.

① 입냄새에 주의하고 식사 후와 흡연 후에는 반드시 양치를 한다.

② 호텔 내에서 고객서비스를 할 때는 가급적 금연한다.

③ 입냄새가 심한 직원은 치료를 받는다.

8) 명찰 패용

명찰은 회사의 규정에 의해서 지정된 명찰만 패용하며, 정위치에 똑바로 달고, 퇴사 시에는 인사규정에 의거 반납한다.

9) 나비넥타이(Bow Tie)와 앞치마

① 회사에서 지급된 제품만 사용한다.

② 제 위치에 반듯하게 매어져 있는지, 청결한지 항상 확인한다.

③ 남자직원의 경우에도 앞치마를 하게 되는 경우는 항상 깨끗이 한다.

2 여자직원

식음료부서에 근무하는 여자직원의 용모와 복장 역시 남자직원에 준하여 단정함을 유지하며, 특히 여성으로서 세심히 신경 써야 할 부분들은 본인의 철저한 자기관리가 필요하다.

1) 유니폼 및 앞치마 착용

① 본인의 유니폼을 착용하고 항상 청결히 관리하여 착용한다.

② 치마나 바지의 길이를 함부로 줄이지 않는다.

③ 단추가 떨어지거나 바느질이 뜯어진 곳은 없는지 세밀하게 주의해야 한다.

④ 여름철에는 매일 세탁하고 청결에 유의한다.

⑤ 앞치마는 항상 깨끗하게 착용한다.

⑥ 앞치마에 여러 가지 물건을 넣지 않는다.

2) 액세서리

여자직원들의 경우는 귀걸이, 목걸이, 반지, 팔지 등의 액세서리를 근무 중에 착용하는데, 종전의 호텔에서는 이를 엄격히 규제하였으나 근래에는 화려하지 않고 고객 서비스에 지장을 초래하지 않는 범위 내에서의 검소한 액세서리를 허용하기도 한다.

① 고객 서비스에 방해가 되는 귀걸이, 목걸이, 반지, 팔지 등 액세서리는 가급적 착용하지 않으며, 착용 시에는 검소하게 착용한다.

② 특히 식음료업장의 직원은 위생상 반지의 착용은 금하는 것이 좋다.

3) 구두와 스타킹

① 본인의 구두를 착용하며, 검은색 구두여야 한다.

② 레스토랑 출근 전에는 구두의 청결을 확인한다.

③ 구두는 본인의 발에 맞는 사이즈를 신도록 하고, 끌거나 꺾어서 신고 다니면 안 된다.

④ 레스토랑에서 착용하는 구두는 퇴근 후 일상생활에서 착용하지 않는다.

⑤ 근무 시 착용하는 스타킹은 회사에서 지정한 색상을 선택하며 화려한 색상은 피한다.

⑥ 스타킹은 만일에 대비하여 여분을 항상 준비해 둔다.

4) 얼굴 및 화장법

① 생기 있고 발랄해 보이도록 밝고 건강하게 화장한다.

② 눈 화장(Eye Shadow, Eye Line)은 자연스럽게 하고 속눈썹은 가급적 피한다.

③ 립스틱은 건강하고 밝은 이미지의 색상이 좋다.

④ 회사에서 규정하는 화장 색조가 있으면 규정을 지킨다.

⑤ 레스토랑에 근무하는 직원은 향이 진한 향수나 화장품을 사용하면 식사하는 고객에게 방해가 되므로 자제한다.

5) 헤어스타일

레스토랑에서 서비스하는 직원의 헤어스타일은 단정하고 유니폼에 잘 어울리는 모습이 바람직하다. 보통 회사에서 규정하는 스타일을 유지하며, 짧고 단정한 모양이 서비스하기 적당하다. 부자연스러운 염색은 피하고 요란한 액세서리, 핀(Pin), 밴드(Band) 등의 사용은 가급적 금한다.

① 매일 샴푸하여 냄새가 나지 않도록 한다.

② 긴 머리는 단정하게 묶어 흘러내리지 않도록 한다.

③ 짧은 머리는 리본 또는 핀으로 관리한다.

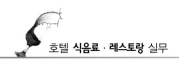

6) 손과 손톱 및 매니큐어

① 손은 항상 깨끗이 씻고, 손톱은 짧게 깎는다.

② 색상이 있는 매니큐어는 피해야 한다.

③ 반지의 착용은 금한다.

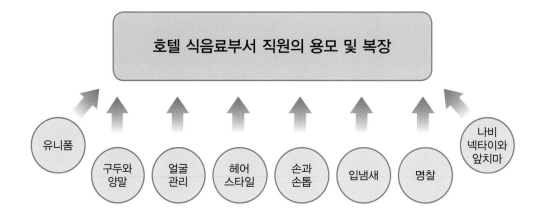

호텔 식음료부서 직원의 용모 및 복장

유니폼 / 구두와 양말 / 얼굴 관리 / 헤어 스타일 / 손과 손톱 / 입냄새 / 명찰 / 나비 넥타이와 앞치마

---

03 **식음료 직원의 대화법**

1 호칭 예절

최상의 서비스를 제공하는 특급호텔에서는 고객에 대한 호칭 예절뿐만 아니라 직원 상호 간의 호칭과 대화예절 또한 중요하다. 올바른 호칭과 대화예절을 통해 정중함과 함께 상대방에 대한 배려를 느낄 수 있고 말하는 사람의 인격을 알 수 있게 된다.

1) 올바른 호칭

다음은 일상생활에서 범하기 쉬운 호칭에 관한 내용이다. 상급자와의 대화에서는 특히 호칭을 유의해서 사용한다.

표 1-3 올바른 호칭

범 례	내 용	호 칭
상급자에 대한 호칭	상급자의 성과 직책에는 '님'을 붙임	"김 과장님", "이 부장님"
틀리기 쉬운 호칭	존칭은 호칭에만 붙임	"사장님 실"이 아니라 "사장실"
차상급자에게 상급자 호칭	차상급자에게 상급자를 언급할 때는 직책이나 직위만을 사용	"사장님, 김 부장이 자리에 없습니다"

2) 고객에 대한 올바른 호칭

호텔에는 다양한 연령대의 고객이 방문하게 되는데 각각의 고객에게 적합한 호칭을 사용하는 것 또한 훌륭한 서비스라 할 수 있다. 먼저 일상적인 고객에게는 '고객님', 이름을 알고 있는 경우는 '○○○ 고객님', 정확한 직책을 알고 있는 경우는 '○○○ 교수님', '○○○ 과장님', '○○○ 사장님'이라고 호칭하는 것이 좋다.

직책을 정확히 알지 못하는 경우 40, 50대 이상의 남성고객은 '사장님', '고객님'이라는 호칭이 적합하며, 40, 50대 이상의 여성고객에게는 '여사님', '사모님' 등의 호칭이 적합하다. 그러나 20~30대 젊은 고객에게 사장님, 여사님, 사모님 등의 호칭은 오히려 거부감을 줄 수 있으므로 피하도록 한다. 연령대가 젊은 고객층은 '고객님'이라는 호칭이 가장 적합하다.

② 대화 예절

호텔은 인적 서비스가 중심이 되고 직원 상호 간, 그리고 고객과의 의사전달이 영업의 중요한 일부분이다. 직원과 고객의 커뮤니케이션이 업무의 전부라고 해도 과언이 아니다. 서로 간의 좋은 대화 매너만이 서로를 이해하고 좋은 인간관계와 좋은 비즈니스를 가능하게 하며 이는 성공의 관건이라 할 수 있다.

일반적인 대화 시의 기본 매너를 숙지하여 일상생활과 업무에서 적용할 수 있도록 해야 한다.

1) 고객과의 대화 시 주의사항

① 고객과의 대화 시에는 표준어를 사용한다.
② 대화 중에 자기만 말하고 상대방에게 기회를 주지 않는 것은 예의에 어긋난다.
③ 상대방의 말이 끝나기도 전에 중간에 끼어드는 것은 삼가야 한다.
④ 대화하는 중간에 상대방에 대한 칭찬을 자주 한다.
⑤ 상대방의 옷차림이나 외모에 대한 평가는 주의한다.
⑥ 조용히 맞장구를 치는 것은 좋으나 테이블을 치며 야단을 떠는 일은 삼간다.
⑦ 주변 환경에 따라 적당한 목소리 톤을 유지한다.
⑧ 대화 시 가장 이상적인 거리는 60~70cm 정도이다.
⑨ 대화하는 도중에는 대화에만 집중하고 산만한 태도를 하지 않는다.
⑩ 대화 중에 걸려오는 전화는 용건만 간단히 한다.
⑪ 처음 만나는 분에게 지나치게 사적인 질문은 피하도록 한다. 특히 여성분의 나이, 결혼 유무, 주거지, 학력 등에 대한 질문은 상대방을 불편하게 할 수 있으므로 가급적 피한다.
⑫ 대화의 1 · 2 · 3기법을 최대한 활용한다. 즉 1분간 말하고, 2분간 상대방의 말을 듣고, 3번 맞장구 쳐주라는 말이다. 그만큼 상대방에게 주의 깊게 배려하라는 의미이다.

⑬ 첫 만남의 첫 5분의 대화는 미리 준비한다. 날씨나 스포츠, 취미 등의 가벼운 이야기 주제를 미리 준비하는 것도 필요하다.

⑭ 고객과의 대화뿐만 아니라 모든 사람과의 대화 시에는 본인의 용모를 다시 한 번 확인한다.

2) 레스토랑 접객 서비스 용어

① 안녕하십니까?

② 실례합니다.

③ 감사합니다.

④ 네, 잘 알겠습니다.

⑤ 잠시만 기다려주시겠습니까?

⑥ 죄송합니다.

⑦ 맛있게 드십시오.

⑧ 안녕히 가십시오.

04 식음료 직원의 전화 예절

1 전화의 역할

전화는 상대방의 표정과 동작, 태도를 보면서 이야기하는 대화가 아니므로 전화 통화를 할 때는 더욱 세심한 주의를 기울여야 한다. 상대방의 모습이 보이지 않는다고 아무렇게나 대답하고 행동하면 전화선을 통해 그대로 전달되어 상대방의 기분을 상하게 할 수 있으므로 주의를 기울인다.

또한 전화는 바로 앞에서 얼굴을 보며 대화하는 경우와는 다르게 상대방의 목소리를

통해 상황을 파악하고 이해하기 때문에 쉽게 오해할 수 있다. 따라서 대화내용에 신중을 기하고 대화내용을 잊지 않기 위해 필요한 부분을 메모하는 습관이 필요하다.

호텔의 식음료부서에서는 레스토랑의 이용에 관한 문의와 예약을 위해 고객과 통화하는 기회가 많기 때문에 올바르게 활용할 수 있어야 한다.

1) 전화는 마케팅활동의 도구

전화는 가장 간편한 마케팅활동을 위한 도구이다. 고객은 직접 방문하지 않고 호텔과 레스토랑에 대한 정보를 전화로 문의하는 경우가 늘고 있다.

따라서 올바르고 예의 바른 전화통화는 호텔의 매출과 직결된다고 할 수 있으며 고객과의 지속적인 연결수단으로 작용한다.

2) 전화는 고객과의 의사전달 수단

전화는 고객과 직접 만나지 않고 예약과 계약을 체결할 수 있는 중요한 매개체로써 중요한 역할을 담당하고 있다. 다시 말해서 전화는 고객과의 의사전달을 목적으로 하는 중요하면서도 편리한 매개체이다.

3) 전화는 유료

전화는 장점이 있는 반면에 비용을 지불해야 한다는 단점이 있다. 얼굴을 보면서 하는 대화는 요금은 전혀 들지 않지만, 전화통화는 돈이 들고 시간이 길면 요금도 늘어난다. 따라서 전화는 가능한 용건만 간단히 하고 요령 있게 이야기하는 것이 중요하다.

2 전화 응대요령

호텔에서 고객과 통화 시에는 다음과 같은 응대요령에 따라서 적절하게 전화를 받도록 한다.

1) 전화는 즉시 받는다

① 전화벨이 울리면 세 번 이상 울리기 전에 받도록 한다.
② 전화를 늦게 응대했을 때는 "죄송합니다. 오래 기다리셨습니다"라고 정중히 사과한다.
③ 다른 업무 중이라도 전화벨이 울리면 즉시 응대하는 습관을 들인다.

2) 전화 응대 시 어투

① 말씨는 표준말을 사용하고 호텔의 전문용어나 영어 등은 사용하지 않는다.
② 날짜와 숫자, 영어 및 고유명사 등은 반복해서 확인한다.
③ 상대방 고객의 말이 잘 들리지 않거나 잡음이 심하면 양해를 구하고 다시 통화한다.

3) 전화 응대 시 인사말

호텔의 대표전화와 레스토랑의 각 부서에서는 고객의 전화를 받게 되면 지정된 인사말을 사용하여 고객을 응대한다. 예를 들면 "안녕하십니까? ○○○호텔(부서) ○○○입니다." 또는 "Good Morning May I Help You!"라고 활기차게 인사하고, 통화의 끝에는 "전화주셔서 감사합니다."라고 한다. 상황에 맞는 적절한 인사말과 대응이 고객에게 신뢰감을 심어주며, 좋은 인상을 남길 수 있다.

4) 근무 중 사적인 전화

① 근무시간에는 휴대전화를 휴대하지 말고, 사적인 전화는 가급적 삼간다.
② 사적인 전화는 사무실과 레스토랑 밖에서 하며, 쉬는 시간이나 점심시간을 이용하는 것이 좋다.

5) 전화통화 시 유의사항

① 시간, 장소, 상황을 고려하여 고객에게 전화를 걸어도 좋은지 확인 후 통화한다.
② 상대방이 보이지는 않지만 바른 자세로 통화한다.

③ 고객과의 통화 시에는 항상 필기구를 준비해 두고 메모한다.

④ 고객이 말하는 중간에는 말을 가로막지 말아야 한다.

⑤ 상대방의 말에 긍정의 대답으로 적절히 대응한다.

⑥ 고객의 전화를 다른 부서로 연결할 때 또는 통화 중 전화가 끊겼을 때에는 비록 고객에게서 걸려온 전화라 하더라도 먼저 다시 건다. "통화 중에 전화가 끊어져서 죄송합니다."라고 인사한 후 통화를 계속한다.

⑦ 고객과의 통화 시 애매하거나 불확실한 내용은 답변하지 않는다.

⑧ 통화가 끝날 때는 고객에게 감사의 표시를 하고, 고객이 먼저 수화기를 내려놓은 뒤 조용히 내려놓는다.

6) 고객과의 통화 시 바람직한 언어

① 네, 알겠습니다.

② 감사합니다. 그렇게 하겠습니다.

③ 안녕하십니까? 항상 감사드립니다.

④ 지난번 행사는 덕분에 잘 마쳤습니다. 감사합니다.

⑤ 죄송합니다만 잠시만 기다려주시겠습니까?

⑥ 오래 기다리게 해서 정말 죄송합니다. 곧 처리해 드리겠습니다.

⑦ 죄송합니다만 잘 부탁드리겠습니다.

⑧ 죄송합니다만 다시 한 번 확인해 주시겠습니까?

⑨ 송구합니다만 고객님의 요구사항은 현재는 어렵겠으며, 추후에 준비하도록 하겠습니다.

⑩ 잘못된 결과로 인해 대단히 죄송합니다.

⑪ 대단히 죄송합니다. 다음에는 더욱 정성껏 모시도록 하겠습니다.

05 식음료 직원의 기본 요건

호텔의 식음료부서에서 근무하는 직원은 고객에게 식사와 음료를 직접 제공하는 임무를 수행하기 때문에 특히 위생과 청결에 주의를 기울여야 한다. 직원 스스로의 개인위생뿐만 아니라 공공위생까지도 세심한 주의가 필요하다.

또한 식음료부서의 직원은 근무시간에는 항상 유쾌한 표정으로 임하며, 기민한 행동, 세심한 주의력과 더불어 회사의 자산을 아끼며, 고객에게 최상의 서비스를 제공할수 있도록 배움의 자세로 근무해야 한다. 다음은 식음료부서의 직원으로서 갖추어야할 기본적인 자질에 관한 내용이다.

① 청결성(Cleanness)

호텔의 식음료부서는 고객에게 식사와 음료를 직접 제공하는 부서이기 때문에 청결성과 위생상태가 가장 중요한데, 크게 공공위생(공중위생)과 개인위생으로 분류한다. 공공위생은 레스토랑의 전반적인 청결상태와 위생을 말하며, 테이블과 의자, 창문, 레스토랑의 바닥, 상품 및 장식장의 청결, 화장실의 청결, 카운터 주변, 레스토랑의 입구등 모든 부분이 해당된다.

개인위생은 직원 스스로의 청결과 위생상태인데, 몸의 청결, 머리의 청결, 유니폼의관리, 구두와 양말, 화장, 액세서리 착용, 손톱, 매니큐어, 몸의 상처 관리 등을 말한다. 특히 식사 후나 흡연 후에는 양치를 하여 입냄새를 제거해야 한다.

레스토랑에 근무하는 직원은 본인 스스로가 인적 서비스 상품으로서의 역할을 하고있다고 생각하며, '나는 무대 위의 배우다'라는 사명감을 가지고 근무해야 한다.

② 봉사성(Hospitality)

호텔과 레스토랑에 근무하는 직원은 고객과 지역사회, 크게는 국가에 대한 봉사성 또는 환대성을 가지고 근무에 임한다. 이는 정신(Spirit) 또는 마음적인 부분의 것이며, 환대정신이 바탕이 되어야 가능하다. 즉 마음속에서 스스로 우러나오는 서비스가 진정한 봉사정신이며 환대서비스이다.

호텔맨으로서 가지는 자긍심과 긍지, 민간외교관이라는 정신을 근간에 두고 고객에게 서비스하는 정신을 봉사성 또는 환대성이라 하며, 식음료부서에 근무하는 모든 직원은 개인적인 사사로움을 버리고 환대정신을 함양해야 한다.

③ 경제성(Economy)

레스토랑은 영업을 통해 이윤을 창출해야 레스토랑에 재투자를 할 수 있고, 또한 직원에 대한 투자를 통해 그만큼 고객에게 최상의 서비스를 제공할 수 있다. 이윤창출은 매출의 극대화를 통해서만 가능한 것이 아니고, 경비를 최소한으로 줄이는 방안이 합리적일 수 있다.

식음료부서의 직원은 바로 상품화할 수 있는 주류나 음료 또는 식료에 대해 취급을 하기 때문에 올바르게 사용하여 적합한 상품으로 판매해야 하며, 개인적으로 취식을 하거나 부정하게 사용해서는 안된다. 모든 기물과 소모품 등의 관리를 철저히 하여 파손이나 손실을 줄이고 원가절감에 관심을 가져야 한다.

경제적인 논리와 회사의 이윤에 입각하여 최소의 경비로 최대의 이윤을 창출하고자 하는 노력이 필요하며, 식재료나 소모품 등을 최대한 아껴서 사용해야 한다. 직원들의 노력에 따라 호텔의 미래가 달라지기 때문이다.

④ 효율성(Efficiency)

식음료부서의 모든 직원은 업무수행에 있어 동일한 업무라도 투입대비 산출량은 최대의 효과를 내야 한다. 앞서 설명한 경제성의 연속선상에서 본다면 최소의 경비로 최대의 효과, 생산성을 높일 수 있다는 관점이다.

또한 업무수행에 있어서 수동적이 아닌 능동적이고 적극적인 자세가 필요하다. 인건비, 식재료비, 수도·전기 등의 비용을 최소화하면서 레스토랑의 고객에게는 만족할 수 있는 최대의 서비스를 제공하고, 레스토랑의 매출액은 최대화할 수 있는 방안 마련이 필요하다. 이러한 노력에는 부서 모든 직원의 협력이 필요하다.

⑤ 정직성(Honesty)

"정직은 최선의 정책이다(Honesty is the Best Policy)"라는 말처럼, 식음료부서의 직원은 업무에 임하는 동안 정직과 신뢰가 최고의 정책이어야 한다. 사람과 사람 간에 직접적인 서비스가 제공되는 부서이기 때문에 정직과 신뢰가 가장 중요한 관건이다.

경영진과 직원, 직원과 직원, 상급자와 부하직원, 부서와 부서 간 그리고 직원과 고객 간의 모든 인간관계는 정직과 신뢰를 바탕으로 해서 이루어져야 한다. 정직하고 서로가 신뢰하는 분위기 속에서 조직의 발전을 기할 수 있기 때문이다.

⑥ 3S

레스토랑에서 근무하는 직원들에게 필요한 기본적 조건 중 하나인 3S는 Smile(미소), Speed(신속), Sincerity(성의)로 설명한다. 어떠한 상황에서도 직원은 미소를 머금고, 고객에게 성실하고 진심어린 마음으로 신속하게 서비스한다.

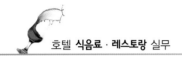

1) Smile(미소)

식음료부서의 직원은 항상 미소 띤 얼굴로 고객서비스에 임해야 한다. 식사와 음료, 부대시설이 아무리 훌륭하다 할지라도 직원의 미소가 없는 서비스는 최악의 서비스이다. 레스토랑에 근무할 때는 자신이 바로 상품이라는 사실을 인식해야 한다.

2) Speed(신속)

레스토랑에서의 고객서비스 제공 시 가급적이면 신속하게 제공하여 고객으로 하여금 기다리게 하거나 지체된다는 인상을 주어서는 안된다. 가급적 고객의 요구가 있기 전에 미리 서비스하고 추가적인 요구사항이 있을 때는 즉시 해결하도록 한다.

3) Sincerity(성의)

호텔에서 고객에게 제공하는 인적 서비스는 직원의 태도에 관한 내용인데, 미소를 띄우며 서비스하고, 신속하고 정확하게 서비스하도록 한다. 또한 고객에게는 진실하고 진심어린 서비스의 제공이 필요하다.

고객의 눈높이는 최고의 서비스를 원하고 있으며, 호텔 서비스에 대해 이미 경험이 많은 고객이 있기 때문에 성실하고 진정한 마음으로 서비스를 제공해야 고객이 감동을 한다.

7 7C

마지막으로 레스토랑의 직원에게 필요한 기본적인 자질은 7C로 설명할 수 있는데, Consideration(배려), Correctness(정확), Coincidence(일치), Compliment(찬사), Coherence(일관성, 결합), Conciseness(간결), Courtesy(예절) 등이다.

1) Consideration(배려)

호텔에 근무하는 호텔맨은 고객뿐만 아니라 직원 상호 간에도 배려하는 사려 깊은 마음가짐으로 근무하도록 한다.

2) Correctness(정확)

고객이 원하는 식사와 음료뿐만 아니라 다양한 상품에 대한 문의와 호텔의 정보에 대한 내용까지도 정확하고 빠르게 전달한다.

3) Coincidence(일치)

사전적인 의미로 Coincidence는 우연의 일치, 동시발생, 일치 등으로 설명되는데, 레스토랑에서의 Coincidence를 고객과의 의견일치 또는 고객이 원하는 서비스에 대해 적합하고 동일한 서비스의 제공하는 것을 뜻한다.

4) Compliment(찬사)

고객과 대화 중이거나 오더를 받을 때 또는 서비스 중에 가급적이면 칭찬의 말과 함께 격려, 존경의 의미를 표현하는 것이 중요하다. 고객과의 관계뿐만 아니라 직원 상호 간에도 칭찬과 격려를 해주는 것이 필요하다.

5) Coherence(일관성, 결합)

고객서비스는 언제나 일관성 있는 서비스의 제공이 필요하다. 획일화된 서비스의 제공이 아니라 서비스의 수준이 높고 항시 일관되고 고객의 다양성에 부합하는 서비스의 제공이 필요하다.

6) Conciseness(간결)

식음료부서에서는 고객의 욕구와 필요에 부합하는 간결하고 축약된 서비스의 제공이 필요하다. 그러면서도 신속한 서비스가 제공되어야 한다.

7) Courtesy(예절)

특급호텔의 식음료부서 직원은 예의 바르고 정중하면서도 공손한 자세로 서비스에 임한다. 서비스 직원 특히 호텔맨으로서 갖추어야 할 중요한 자질 중 하나는 예의 바른 것이다.

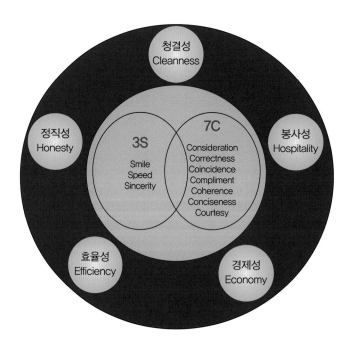

[그림 1-1] 식음료직원의 기본 요건

Useful Expressions

1. Over there, just next to the gate.
   저기, 바로 문 옆입니다.

2. How can I get to the nearest taxi stand?
   가장 가까운 택시 정류장에 어떻게 가나요?

3. You can not miss it.
   쉽게 찾을 수 있습니다.

4. Take the subway line #2 and get off at Bus Stop.
   지하철 2호선을 이용하셔서 버스 정류장에서 내리세요.

5. Where is the Public telephone?
   공중전화가 어디에 있습니까?

6. It's across from the LG CALTEX.
   LG정유 맞은편에 있습니다.

7. I'm looking for a brochure on your restaurant.
   레스토랑에 관한 설명서가 필요합니다.

8. How much does it cost?
   비용이 얼마입니까?

9. Please tell the way to get there.
   거기까지 찾아가는 방법을 말씀해 주세요.

10. Where are you coming from?
    어디에서 오시나요?

호텔 식음료의 개요

01 호텔 식음료의 이해

우리나라 최초의 서양식 호텔인 손탁호텔(1902)에서는 최초의 프렌치 레스토랑이 영업을 하였고, 1914년 조선호텔에서는 대규모 고객에게 서비스할 수 있는 연회장을 오픈하였다. 이후 호텔에서의 레스토랑 영업에 기인하여 1925년 서울역사 내부에 서양식 레스토랑인 'Grill'이 오픈하여 영업을 시작하였으며 식음료산업이 오늘에 이르고 있다.

이러한 역사적 사실에 비추어보면 우리나라 식음료산업의 역사와 레스토랑의 발전은 호텔의 발전사와 함께한다고 해도 과언이 아니다. 호텔산업의 발전으로 내국인의 호텔 레스토랑 이용이 급격히 늘어났으며, 직원의 서비스 수준, 식음료 시설 및 제공하는 음식의 품질 또한 월등히 높아졌다.

① 호텔 식음료의 개념

호텔에서의 식음료에 대한 인식은 1970년대 초, 중반까지만 하더라도 객실투숙객에 대한 기본적인 식사의 제공이라는 인식이 대부분이었다. 하지만 1990년대 이후 호텔산업이 호황기에 접어들면서 점차 식음료부서의 매출이 객실부서의 매출을 상회하기 시작했다.

또한 소득의 증대, 여가시간의 증가와 여성의 사회진출, 핵가족화, 주 5일 근무제 확산 등의 영향으로 점차 외식의 기회가 늘고, 호텔 레스토랑에 대한 이용이 증가하고 있다. 호텔 측에서도 식음료에 대한 인식의 전환으로 고객의 수요에 부응하기 위해 최고의 음식으로 고객에게 서비스하고 있다.

따라서 호텔의 식음료(Food & Beverage)는 레스토랑에서 제공하는 식사(Food)와 음료(Beverage)를 말하며, 호텔의 식음료부서는 식사와 음료라는 상품을 바탕으로 레스토랑의 시설과 직원의 인적 서비스를 통해 고객에게 최상의 서비스를 제공하는 부서라고 할 수 있다.

1) 식음료(Food & Beverage)

호텔 식음료부서의 첫 번째 상품은 바로 식사(Food)와 음료(Beverage)라고 할 수 있다. 식사는 각각의 레스토랑에서 고객에게 제공하는 메뉴를 말하며 음료는 식사와 함께 제공되는 비알코올성 음료와 알코올성 음료인 주류를 총칭한다.

2) 인적 서비스(무형의 서비스)

인적 서비스는 식음료부서의 직원이 고객에게 제공하는 무형의 서비스를 말한다. 레스토랑에서 직원이 고객에게 서비스하는 친절한 미소와 다정다감한 배려, 인사, 단정한 용모에서 제공하는 가족같이 편안한 서비스 등을 말한다. 이러한 직원의 서비스에 레스토랑 전체의 분위기와 서비스 환경 모두가 포함된다.

3) 물적 서비스(유형의 서비스)

물적 서비스는 레스토랑의 식음료 상품과 직원의 인적 서비스와 더불어 고객에게 만족감을 제공하는 요소이다. 레스토랑의 시설이나 디자인, 가구류와 비품, 제공되는 서비스 기물 등을 물적 서비스라고 한다.

2 호텔 식음료의 역할

특급호텔 식음료부서의 이용이 과거에는 일부의 부유계층과 특권층의 전유물이었다면 1990년대 이후 호텔뿐만 아니라 레스토랑의 이용도 일반인에게 확대되고 있다. 특히 소득의 증가와 더불어 중산층의 확산은 호텔 식음료 레스토랑의 이용을 더욱 높이는 계기가 되었다.

호텔의 식음료부서는 레스토랑 본연의 목적인 식사의 제공뿐만 아니라 사교활동과 비즈니스, 여가선용, 국가 간의 친선을 비롯한 외교활동 등의 사회공익적인 기능까지 필요한 역할을 다하고 있다.

1) 외식산업문화의 선도

특급호텔 식음료부서의 레스토랑은 우리나라 호텔업의 역사와 함께 고급 음식문화를 선도하는 역할을 다하고 있다. 최상의 서비스와 훌륭한 음식을 바탕으로 하여 내국인뿐만 아니라 우리나라를 방문하는 외국인들의 입맛을 사로잡는 서비스를 제공하고 있다.

2) 사회공익적인 기능

특급호텔의 식음료부서는 단순히 식사와 음료를 제공하는 곳이 아니라 지역사회에 거주하는 지역주민의 윤택한 생활에 도움을 주며, 문화, 레저, 이벤트, 건강, 쇼핑, 공연, 휴식의 공간 등 다양한 공익적 기능을 하고 있다. 근래에는 이윤추구보다 지역사회에 봉사하고 소외계층에 대한 이벤트 활동도 하고 있다.

3) 사교와 비즈니스의 공간

식음료부서의 레스토랑과 바, 연회부서는 사교와 비즈니스를 위한 다양한 공간을 제공하고 있다. 특급호텔의 격조 있고 수준 높은 업장의 서비스는 사교와 비즈니스를 위한 고객들에게 최상의 공간을 제공하고 있다.

4) 호텔의 주요 수입원

호텔의 주된 수입의 원천은 객실부서와 식음료부서를 들 수 있는데 우리나라의 특급호텔은 식음료부서의 매출이 객실부서의 매출을 앞서고 있다. 레스토랑과 바, 연회장 등의 매출은 이미 상당 수준에 이르렀으며, 다만 높은 인건비의 비중과 식자재 가격 등은 식음료부서가 풀어야 할 당면과제이다.

③ 호텔 식음료 마케팅활동

1) 호텔 식음료 마케팅의 개요

마케팅이란 일반적으로 상품이나 서비스를 소비자에게 유통시키는 데 관련된 모든 경영활동을 말하며, 아이디어, 제품, 서비스에 대한 개념, 가격, 촉진, 유통을 계획하고 집행하는 과정을 총칭한다.

식음료부서의 마케팅활동은 고객이 필요로 하는 레스토랑의 식사와 음료를 제공해주는 모든 활동을 말하며, 특히 식음료 상품은 무형성, 비저장성, 생산과 소비의 동시성 등의 특성이 있으므로 고객만족 경영을 위해 최선을 다해야 한다.

2) 식음료 마케팅 Plan

식음료부서의 마케팅활동은 호텔의 영업정책에 따라 다소의 차이가 있을 수 있겠지만 일반적으로 다음과 같은 과정으로 진행된다. 따라서 시기적절한 전략을 세우고 이에 따른 전술의 적용과 활용이 필요하다.

⑴ 자료의 수집과 분석

① 외부 : 경쟁호텔의 마케팅활동과 국내 호텔시장의 환경분석
② 내부 : 호텔 내부 정보와 자료 획득 및 분석

(2) 판매 목적 설명

구매 가능한 고객에게 식음료 상품과 서비스 상품을 구매하도록 설득하는 것을 말하며, 판매의 목적은 고객 유치와 고객의 재방문을 도모하기 위함이다.

(3) 마케팅 목적

특급호텔의 식음료 마케팅활동의 궁극적 목표는 레스토랑을 방문하는 고객의 욕구를 해결하고 고객 만족 경영을 통해 호텔의 이윤을 창출하기 위함이다.

(4) 마케팅 세분화

호텔의 식음료부서를 방문하는 고객을 세분화한 적극적인 공략이 필요하다. 소득별, 연령별, 성별, 직업별, 거주지별 특성을 고려하여 마케팅활동을 구사한다.

(5) 전략 계획

시장 세분화 전략(Market Segmentation), 표적시장 전략(Target Marketing), 포지셔닝 전략(Positioning) 등을 구사한다.

(6) 실행 계획

식음료부서 실무진과의 적극적인 업무협조를 바탕으로 마케팅활동의 전략과 전술을 실행에 옮긴다.

(7) 예산 계획

효율적인 마케팅활동의 성과를 나타내기 위해 예산부서와 협조함으로써 마케팅활동이 실질적으로 진행될 수 있도록 한다.

3) 내부고객 마케팅

마케팅활동의 시작은 내부고객(직원)의 적절한 운용에서부터 시작한다고 볼 수 있다. 내부고객의 교육과 더불어 내부고객의 만족에서부터 출발하는 마케팅활동이 기획되어야 한다.

(1) 목표

식음료부서의 직원교육을 통해 훌륭한 직원을 육성하고, 고객지향적인 서비스 마인드를 가질 수 있도록 동기부여하는 것을 말한다.

(2) 전술적 운용

① 올바른 직원교육
② 서비스 마인드를 함양한 직원의 양성
③ 직원의 적극적인 의사결정에의 참여

4) 고객 관계 마케팅활동

(1) 관계마케팅(Relationship Marketing)

식음료부서를 이용하는 고객과의 좋은 관계를 수립·유지하며 이를 향상시키기 위한 활동의 총체를 말한다.

① **목적** : 고객과의 관계유지 증진 및 호텔에 대한 충성도(Loyalty) 고양
② **전략** : 핵심 서비스 제공, 맞춤 서비스 제공, 특별가격 제공, 눈높이 서비스 등의 다양한 활동을 전개

(2) 데이터베이스 마케팅(Data Base Marketing)

식음료의 고객에 대한 CRM(Customer Relationship Management)활동을 말하며, 컴퓨터 소프트웨어를 활용하여 현 고객 및 잠재고객에 관한 정보를 구축하여 이를 마케팅에 활용하는 것을 말한다. 고객의 정보를 수집하는 데 어려움이 따르지만 일단 고객의 자료(Data Base)를 획득하면 지속적인 관계를 유지할 수 있다.

① **목적** : 고객과의 관계 형성, 신규고객 창출, 호텔의 이윤 증가
② **단점** : 초기비용의 증가, 고객 정보 수집의 어려움, 전문적인 관리 필요

02 호텔 레스토랑의 개념

1 레스토랑의 기원

식당은 인간의 이동이 시작되면서 출현했다고 볼 수 있는데, 기록에 의하면 BC 512년경 고대 이집트에서 식당의 기원으로 볼 수 있는 음식점이 운영되었다. 초기의 음식점에서는 곡물, 들새고기, 양파요리 등 단조로운 음식이 제공되었다. AD 79년경 로마시대에는 나폴리의 휴양지를 중심으로 식사하는 곳(Eaters Out)이 많았으며, 유명한 카라카라(Kara Kara)라는 대중목욕탕에서도 식당의 흔적이 발견되었다.

12세기경 영국에서는 선술집(Public House)이 번창하였고, 1650년에는 최초의 커피하우스(Coffee House)가 영국에서 오픈하였다. 이후 점심과 저녁 식사를 판매하는 오디너리(Ordinary)란 간이식당이 유행하였다. 프랑스에서는 1765년 몽 블랑거(Mon Boulanger)라는 사람이 스태미나 요리를 판매하였고, 양의 다리와 흰 소스를 이용하여 만든 '레스토랑(Restaurant)'이라는 수프를 판매했다고 한다. 이후 이 수프의 이름을 따서 '레스토랑(Restaurant)'이라는 말이 되었다는 설이 전해진다.

이 시기의 레스토랑들은 미국으로 건너가 점차 대중적인 레스토랑으로 발전하게 된다. 우리나라의 경우 최초의 서양식 레스토랑은 1902년 서울 정동의 손탁호텔 1층 프랑스식 레스토랑이 최초라고 할 수 있다. 이후 철도의 개통으로 인해 곳곳에 역과 레스토랑이 들어서는데 1925년 서울역 구내에 지어진 서양식 레스토랑인 '그릴(Grill)'이 오픈하였으며 이후 다양한 형태의 레스토랑이 발전하게 된다.

2 레스토랑의 정의

레스토랑이란 "영리를 목적으로 일정한 장소와 시설을 갖추어 인적 서비스와 물적 서비스를 동반하여 음식물을 제공하고 휴식을 취하게 하는 곳"이다. 프랑스의 대백과 사전 *Larouse du XXe Siècle*에 의하면 'Restaurant'의 어원은 'De Restaurer'란 말로 시작되었다. 'Restaurer'의 본래 의미는 '수복한다, 기력을 회복시킨다'라는 뜻이다. 이런 의미에서 레스토랑이 기원했다고 볼 수 있다.

우리나라의 국어사전에서는 "식사를 편리하게 할 수 있도록 설비된 방", "음식물을 만들어 파는 가게"라고 표현하고 있다. 그러므로 레스토랑은 영리 또는 비영리를 목적으로 하는 업종으로서, 일정한 장소와 시설을 갖추고 인적 서비스와 물적 서비스를 통하여 음식물을 제공하는 서비스업이라고 할 수 있다.

최근 선진국에서는 레스토랑의 개념을 단순히 식사를 제공하는 곳이라는 의미가 아니라 EATS 상품을 판매하는 곳이라 정의하고 있다.

EATS랑

- 접대(Entertainment, 인적 서비스)
- 분위기(Atmosphere, 물적 서비스)
- 맛(Taste, 미각)
- 위생(Sanitation, 청결한 위생)을 뜻한다.

즉 레스토랑은 먹는다는 단순한 의미의 장소가 아니라 서비스와 분위기, 음식의 맛, 청결한 위생 등이 하나로 조화된 총체적인 가치를 판매하는 장소로 인식되고 있다.

표 2-1 레스토랑의 정의

출 처	정 의
백과사전(프랑스)	사람들에게 음식을 제공하는 공중의 시설, 정가 판매점, 일품요리점
웹스터사전(미국)	대중에게 가벼운 음식물이나 음료를 제공하는 시설, 즉 대중들이 식사하는 집
옥스퍼드사전(영국)	음식을 판매하여 심신을 회복시켜 주는 기력회복의 장소
국어사전(한국)	식사하기에 편리하도록 설비된 방, 또는 식사나 요리 등 식사를 주로 만들어 손님에게 파는 집

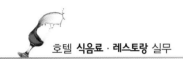

출 처	정 의
본서(本書)의 정의	영리 또는 비영리를 목적으로 일정한 공간과 시설을 준비하고 인적 서비스와 물적 서비스를 동반하여 식사와 음료를 판매하며, 휴식을 취하게 하는 장소를 제공하는 서비스업

주: 최신 식음료서비스실무, 방진호 외(2011)를 참조하여 저자 재구성.

03 호텔 식음료부서의 기능과 특성

① 호텔 식음료부서의 기능

호텔 레스토랑을 방문하는 다양한 고객의 수요를 충족시키고 원활한 레스토랑 경영 기능을 유지하기 위해서는 합리적인 조직체로서의 역할이 요구된다. 호텔 식음료부서 는 조직원 각자의 능력을 최대한 발휘하여 레스토랑으로서의 서비스 제공을 지속하며 고객의 욕구를 충족시키고 효율적인 경영관리를 통하여 수익성을 확보할 수 있도록 조 직화되고 기능화되어야 한다.

① 식음료부서는 호텔 경영의 중추적 역할
② 조직적인 시스템 관리로 고객 창조
③ 식사와 음료의 판매
④ 호텔수익의 극대화
⑤ 비즈니스와 사교의 중심지
⑥ 지역사회의 공익적 기능수행

호텔의 식음료부서는 위와 같은 역할을 다하고 있으며 최고의 식음료 상품과 직원의 인적 서비스, 유형의 서비스 제공을 통해 고객 만족 경영을 하고 만족한 고객은 재방문과 좋은 구전의 효과를 통해 호텔의 수익을 극대화하는 데 있다. 반면 부실하고, 충족하지 못한 서비스를 통해 불만족한 고객은 발길을 돌릴 것이 분명하다.

이러한 기능은 레스토랑(Restaurant)에만 국한되는 것은 아니며, 바 부문(Bar)과 연회부문(Banquet) 등 호텔의 모든 식음료업장이 다양한 기능을 수행하고 있다.

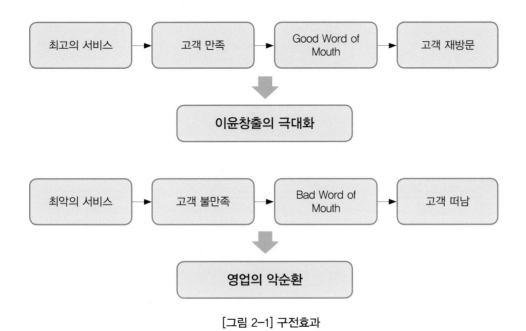

[그림 2-1] 구전효과

2 호텔 식음료부서의 특성

호텔의 조직은 고객에게 서비스를 직접 제공하는 부서인지 그렇지 않은지의 여부에 따라 Front of the House(접객부서)와 Back of the House(지원부서)로 구분한다. Front of the House는 식음료부서와 객실부서 등의 고객에게 서비스를 직접 제공하는 접객부서이며, Back of the House는 인사, 총무, 홍보, 구매 등 고객서비스에 직접 관여하지 않는 지원부서(관리부서)를 지칭한다.

현대의 호텔 경영에서는 객실 부문보다 식음료부서의 매출이 상당히 높게 나타나고 있으며, 인적 구성에 있어서도 다른 부서보다 높은 비율을 보이고 있다. 따라서 각 부문의 조직원들이 경영목적의 달성을 위해 일정한 업무를 수행하게 될 때 보다 효과적으로 능률을 제고시키기 위하여 레스토랑 부문(Restaurants), 바 부문(Bars), 연회 부문(Banquets)으로 분류하여 각 부서의 기능과 특성을 최대한 발휘할 수 있게 관리하고 있으며 이들 부서 간의 유기적인 업무협조가 요구된다.

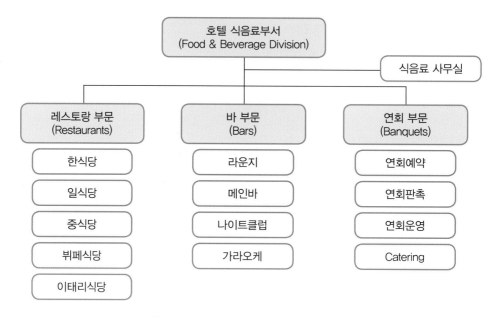

[그림 2-2] 호텔 식음료부서의 기능별 조직

식음료 부문의 원활한 목적 달성을 위해서는 식음료조직의 특징에 알맞은 효과적인 조직이 이루어져야 하는데 이는 다음과 같은 조직의 특성을 갖는다.

1) 식음료부서는 직무기능에 따라 조직한다

식자재 구입, 메뉴계획, 조리, 서비스 등 레스토랑의 식음료 서비스에서 수행되는 각 기능은 조직구조의 일부가 되어야 한다. 그 기능은 분명한 고객서비스를 지향해야 하며, 고객만족 경영에 일조해야 한다.

2) 식음료부서의 조직은 간단하게 편성한다

많은 수의 직원이 근무하는 레스토랑에서는 지배인의 업장 관리를 효율적으로 도모하기 위해 부지배인(Assistant Manager), 캡틴(Captain), 헤드웨이터(Head-Waiter), 웨이터(Waiter) 등의 직책을 두어 조직을 관리한다.

3) 모든 직급에 책임과 권한을 설정한다

레스토랑에 근무하는 모든 구성원에게는 그에 합당한 권한(Empowerment)을 최대한 부여하여 고객서비스에 즉각적으로 응대할 수 있도록 해야 한다. 모든 직원에게 부여되는 권한으로 인하여 보다 더 적극적인 업무를 수행할 수 있게 된다.

4) 식음료부서의 운영절차를 표준화한다

식음료부서를 운영함에 있어 서비스의 표준화는 업장의 매뉴얼과 체계적이고 합리적인 서비스의 운영에 의해 가능하다. 모든 고객에게 똑같은 서비스의 제공이 아니라 각 고객의 상황에 적합한 맞춤형 서비스의 제공이 필요하다.

③ 호텔 식음료 상품의 특성

특급호텔의 레스토랑에서 판매하는 식음료 상품은 고객의 주문이 있기 전에는 상품화할 수 없으며, 고객의 주문이 있어야 비로소 상품화의 과정이 이루어지게 된다. 따라서 공산품이나 기타 1차, 2차 산업의 상품에 비해 호텔의 식음료 상품(Food & Beverage)은 다음과 같은 특성이 있다.

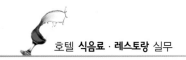

1) 생산관리 측면에서의 특징

⑴ 생산과 판매가 동일한 장소에서 이루어지므로 유통과정이 없다

호텔의 레스토랑에서 판매하는 식음료 상품은 레스토랑이라는 한정된 공간에서 고객의 주문이 있어야 조리과정을 통해서 상품이 완성되고, 직원의 서비스에 의해서 식사가 이루어진다.

즉 식사의 과정은 판매라고 할 수 있으며 식사 후 만족도 과정까지 동일한 장소에서 비슷한 시간대에 진행되기 때문에 유통과정이 생략된다. 결국 식음료 상품은 주문, 생산, 판매, 소비, 평가의 과정이 동시에 이루어진다.

⑵ 주문생산을 원칙으로 한다

레스토랑에서 판매하는 식음료 상품은 사전에 조리하여 놓을 수가 없다. 고객의 방문이 있고 주문이 이루어진 후에야 조리과정을 통해 비로소 생산이 이루어지기 때문이다. 따라서 레스토랑의 상품은 미리 만들어 놓을 수가 없다.

⑶ 수요예측이 곤란하다

레스토랑 영업의 특성 중 하나는 오늘 방문할 고객에 대한 예측이 쉽지 않다는 것이다. 따라서 미리 상품화하기가 곤란하다는 점이며, 다만 이러한 수요예측은 과거의 영업 기록 내지는 예약된 고객의 리스트에 의해서 어느 정도 예측 가능하다.

따라서 레스토랑을 이용할 때는 예약을 생활화하며, 불가피하게 이용이 불가할 때는 취소전화를 해서 다른 고객에게 이용할 수 있는 기회를 부여해야 한다.

⑷ 상품원가에 대한 이익의 폭이 크다

레스토랑에서 판매하는 식음료 상품 모두가 원가에 대한 이익률이 높은 것은 아니지만, 일반적으로 음료와 주류는 이익의 폭이 높다. 하지만 일식이나 중식, 뷔페 레스토랑의 경우는 원재료 가격이 고가이기 때문에 이익률이 그다지 높지 않은 레스토랑에 속한다.

⑸ 인적 의존도와 인건비의 비중이 높다

호텔산업의 특성 중 하나가 인적 의존도가 높다는 것이다. 따라서 제반 경비 중에 인건비의 비중이 높다. 레스토랑의 경우 기계화와 컴퓨터화, 일률적인 시스템화 등의 적용이 쉽지 않기 때문에 직원들에 대한 서비스의 비중이 높고 노동집약적이라 할 수 있어 인건비의 비중이 다른 산업에 비해 높다.

2) 판매관리 측면에서의 특징

⑴ 장소적인 제약을 받는다

호텔의 식음료 상품은 레스토랑이라는 한정된 공간에서 식사의 주문 및 식사가 가능하다. 이러한 특성으로 인해 매출액의 한계가 발생할 수 있다. 이러한 한계를 극복하기 위한 방안으로 호텔에서는 케이터링(Catering) 서비스를 통해 고객이 원하는 곳에서 식음료 서비스를 함으로써 매출액의 향상을 도모하고 있다.

⑵ 영업시간의 제약이 있다

호텔은 객실과 일부 고객서비스에 필요한 부서는 연중무휴 영업을 원칙으로 하고 있지만, 룸서비스를 제외한 식음료부서의 레스토랑은 영업시간이라는 제한된 시간이 있다. 따라서 제한된 시간 안에 최고의 서비스를 제공함으로써, 최대의 매출을 올릴 수 있도록 해야 한다.

⑶ 식음료 상품은 보관 및 이월이 어렵다

레스토랑에서 판매하는 식음료 상품은 재고관리 및 이월이 쉽지 않다는 단점이 있다. 또한 식재료의 부패가 빠르게 진행되어 저장판매의 어려움이 있다.

⑷ Menu에 의해 판매가 이루어진다

레스토랑의 식음료 상품은 유형화된 메뉴를 고객에게 제시하고 고객이 선택한 메뉴 아이템을 고객에게 서비스하는 방식이다. 따라서 메뉴는 판매를 위한 중요한 도구가 되며 무언의 마케팅 도구이다.

⑸ 레스토랑의 인테리어 · 분위기 등의 영향이 크다

레스토랑의 영업 성공에 있어서 맛이 차지하는 부분도 크다고 할 수 있지만, 유 · 무형의 자산이라 할 수 있는 레스토랑의 감각적인 인테리어, 소품, 가구, 분위기 등의 요인이 고객에게 많은 영향을 끼친다.

특히 20~30대의 감각적인 세대는 레스토랑의 인테리어, 분위기 등의 요인을 레스토랑을 선택하는 중요한 기준으로 꼽기도 한다.

주: 호텔식음료 실습, 이정학(2011) 참조하여 저자 재작성.

[그림 2-3] 호텔 식음료 상품의 상품화과정

④ 호텔 식음료부서 근무 Shift

특급호텔은 연중무휴의 영업을 하고 24시간 근무 시스템으로 운영되고 있다. 하지만 식음료부서의 경우 레스토랑의 근무시간은 정해진 시간에 고객서비스를 제공하고 있다. 전문 레스토랑의 영업시간은 조식(06:00~10:00), 중식(12:00~15:00), 석식(18:00~22:00)으로 영업을 하고 오후 10시에 영업을 종료한다. 야간영업을 하는 바(Bar)는 일반적으로 오후 17:00~02:00 정도까지 영업을 하는 경우가 대부분이다.

레스토랑을 비롯하여 식음료부서에 근무하는 직원들의 근무 시프트(Shift)별로 주요한 업무는 아래와 같다.

1) 오전 Shift(06:00~14:00)

① 조찬을 제공하는 레스토랑에 근무하는 직원의 아침 출근조이다.
② 조찬영업을 위한 테이블 세팅과 주변 정리정돈, 예약확인이 필수다.
③ 조찬영업이 끝나면 업장을 정리정돈하고 점심영업을 위한 준비를 한다.
④ 점심예약을 확인하고 테이블 세팅을 한다.
⑤ 오전 11~12시 사이에 직원은 교대로 점심식사를 한다.
⑥ 오후조가 출근하면 오전 업무를 인수인계하고, 근무교대를 한다.
⑦ 오후 2시 정도면 오전조는 퇴근 준비를 하고 미팅 후 퇴근한다.

2) 오후 Shift(14:00~22:00)

① 레스토랑의 오후와 저녁영업을 위해 오후조가 출근하면 아침조는 퇴근한다.
② 아침조로부터 업무 인수인계를 받고 영업을 위한 미팅을 한다.
③ 조찬영업이 끝나면 업장을 정리정돈하고 점심영업을 위한 준비를 한다.
④ 점심영업이 끝나면 자재창고로부터 영업에 필요한 물품을 수령해 온다.
⑤ 오후 3~5시까지는 브레이크 타임(Break Time)으로 저녁영업을 위한 준비 및 미팅, 교육 등을 실시한다.

⑥ 오후 5~6시 사이에 직원들은 교대로 저녁식사를 한다.

⑦ 오후 6~10시까지는 저녁 영업시간이다.

⑧ 오후 10시에는 레스토랑을 마감하고, 뒷정리를 한 뒤 익일 오전 영업을 위한 준비를 하고 퇴근을 한다.

⑨ 레스토랑의 캐셔(Cashier)는 업장의 마감과 함께 POS기를 통해 영업을 마감하고 나이트 오디터(Night Auditor)에 전달한 후 퇴근한다.

⑩ 레스토랑의 지배인은 최종적으로 업장을 둘러보고 화재나 도난 등으로부터 안전한지 확인한 후 퇴근한다.

⑪ 영업에 관련한 근무일지 또는 로그북(Log Book)을 기록하는 레스토랑은 상세히 기록한다.

3) 야간 Shift(18:00~02:00)

① 야간을 담당하는 야간 Shift는 새벽까지 근무하는 바(Bar)를 위주로 한 업장이 된다.

② 오후조나 영업 준비를 위해 일찍 출근한 직원으로부터 인수인계를 받는다.

③ 저녁 이후의 예약상황을 확인한다.

④ 출근 후 전 직원의 미팅시간을 통해 전달사항과 일일교육을 한다.

⑤ 밤 11~12시 사이에 직원들은 교대로 식사를 한다.

⑥ 새벽 2시 정도면 당일의 영업을 마감하고 퇴근 준비를 한다.

⑦ 바(Bar)에 근무하는 캐셔(Cashier)는 업장의 마감과 함께 POS기를 통해 영업을 마감하고 나이트 오디터(Night Auditor)에 전달한 후 퇴근한다.

⑧ 바(Bar) 지배인은 최종적으로 업장을 둘러보고 화재나 도난 등으로부터 안전한지 확인한 후 퇴근한다.

04 호텔 레스토랑의 분류

호텔의 식음료부서(Food & Beverage)는 다양한 고객의 기호에 부응하고 세계 각국으로부터 방문하는 고객의 다양한 욕구를 충족시키기 위해 여러 종류의 특성화된 레스토랑을 운영하고 있다. 제4절에서는 현재 호텔의 식음료부서에서 운영하고 있는 다양한 레스토랑과 일반 외식업체의 레스토랑에 대해서 살펴보기로 한다.

1 명칭에 따른 분류

1) 레스토랑(Restaurant)

일반적으로 레스토랑의 의미로 쓰고 있는 명칭이다. 호텔의 레스토랑은 고급 레스토랑으로써 고급식탁과 고급스러운 의자를 마련하여 놓고, 고객의 주문에 의하여 웨이터나 웨이트리스가 음식을 서비스해 주는 테이블 서비스가 제공되며, 고급 음식과 정중한 서비스, 훌륭한 시설이 갖추어진 최상급의 레스토랑이다.

일반적으로는 서양의 음식을 제공하는 곳을 말하였으나 현대에는 다양한 민족적 특성을 가진 음식을 제공하는 모든 곳을 레스토랑이라 부르고 있으며, 근래 레스토랑의 개념은 식사뿐만 아니라 사교와 비즈니스의 장소로서도 손색이 없다.

① **한식 레스토랑**(Korean Restaurant) : 한국음식을 판매하는 고급 레스토랑
② **일식 레스토랑**(Japanese Restaurant) : 일본 음식을 판매하는 고급 레스토랑
③ **중식 레스토랑**(Chinese Restaurant) : 중국 음식을 판매하는 고급 레스토랑
④ **프렌치 레스토랑**(French Restaurant) : 프랑스 음식을 판매하는 고급 레스토랑
⑤ **이태리 레스토랑**(Italian Restaurant) : 이태리 음식을 판매하는 고급 레스토랑
⑥ **아메리칸 레스토랑**(American Restaurant) : '스테이크 하우스', '그릴' 등으로 대표되는 아메리칸 스타일의 고급 레스토랑

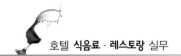

2) 다이닝룸(Dining Room)

주로 정식을 제공하는 호텔의 메인 레스토랑으로, 이용하는 시간을 정하여 주로 조식을 제외한 점심과 저녁 식사를 제공한다. 그러나 최근에는 이 명칭이 사용되지 않고 고유의 명칭을 붙인 전문요리 레스토랑과 그릴로 형태가 바뀌었으며, 정식요리뿐만 아니라 일품요리도 제공하고 있다. 대중적인 레스토랑보다는 격조 높고 분위기 있는 식사가 가능한 레스토랑의 형태라고 이해할 수 있다.

3) 그릴(Grill)

제공하는 요리를 주방의 그릴에서 주로 요리한 데서 붙여진 이름이며, 일품요리(A La Carte)와 세트 메뉴(Set Menu)를 기획하여 주로 제공한다. 육류요리를 메인요리로 제공하고, 생선요리와 더불어 다양한 요리와 함께 고객의 기호를 위해 그날의 특별요리를 제공하기도 한다.

일반적으로 소고기를 재료로 한 스테이크를 주요리로 제공하며, 한우 스테이크, 호주산 스테이크, 미주산 스테이크 등의 육류요리가 선호된다. 특급호텔의 레스토랑 중에는 그릴(Grill)이 들어간 명칭의 레스토랑이 영업 중인 호텔들이 있다.

4) 뷔페 레스토랑(Buffet Restaurant)

준비해 놓은 요리를 일정의 요금을 지불하고, 자기 양껏 선택해 먹을 수 있는 셀프서비스(Self Service) 레스토랑이다. 고객들은 세계 각국의 여러 요리를 맛볼 수 있는 장점이 있어 호텔의 뷔페 레스토랑을 선호하고 있으며, 가족모임이나 돌잔치, 회갑연, 회사의 행사 등 다양한 종류의 모임을 이곳에서 치르고 있다.

5) 델리카트슨, 델리(Delicatessen, Deli)

델리카트슨은 호텔에서 고객의 왕래가 가장 빈번한 메인로비에 위치해 있으며, 케이크를 비롯하여 다양한 종류의 빵, 초콜릿, 쿠키, 음료 및 세계 각국의 다양한 와인 등을 판매하고 있다.

호텔에서는 매출의 확대를 꾀하고자 베이커리 제품 외에 다양한 상품들을 판매하고 있다. 다양한 종류의 샐러드, 샌드위치, 오븐에서 직접 구운 피자, 햄, 치즈, 애프터눈 티 그리고 글라스 세트, 티 세트, 호텔의 여러 가지 상품 등 다양한 품목을 마련하여 고객에게 서비스하고 있다.

호텔의 영업 전략에 따라 테이블과 의자를 마련해 놓고 카페형 델리로 적극적인 운영을 하고, 특히 델리에서는 각종 기념일에 고객들을 위한 다양한 선물을 준비하여 판매한다. 델리의 판매품목에는 10% 봉사료(Service Charge)는 부과하지 않으며, 10% 부과세(VAT)만을 부과한다.

6) 커피숍(Coffee Shop)

고객의 이동이 빈번한 장소에서 커피와 음료 또는 간단한 식사를 판매하는 레스토랑이다. 특급호텔에서는 고객들의 만남의 장소로서 꼭 필요한 업장이며 일반적으로 메인로비에 위치하여 영업을 하는 경우가 많다. 호텔의 영업이 활성화되기 이전에는 다방이나 커피숍의 문화가 비즈니스와 사교 중심지로서의 역할을 담당하였다.

호텔에서는 커피숍과 카페, 로비라운지 등이 커피와 음료 간단한 식사를 고객에게 제공하는데, 소규모 호텔에서는 이러한 기능이 한곳의 영업장으로 통합되어 운영되기도 한다. 커피숍에서 조찬을 제공하는 경우도 있다.

7) 카페(Cafe)

호텔의 카페에서는 가볍게 식사를 하면서 커피나 차 종류를 마실 수 있다. 와인을 비롯하여 주류를 판매하기도 하며, 조식 뷔페, 점심과 저녁에 샐러드 뷔페나 간단한 뷔페음식을 차려 놓고 영업을 하기도 한다.

8) 로비라운지(Lobby Lounge)

호텔에서 운영하는 라운지에는 로비의 전망을 조망할 수 있는 로비라운지(Lobby Lounge)와 호텔 최고층의 경치가 좋은 곳에 위치한 스카이라운지(Sky Lounge)가 있다. 라운지에서는 커피와 차 종류 등의 비알코올성 음료 위주의 영업을 하고 있으며, 야간에는 하드 드링크(Hard Drink)와 와인이 주로 판매된다.

특급호텔의 로비라운지에서는 야간시간에 라이브 음악과 연주를 고객에게 제공하여 엔터테인먼트(Entertainment)적인 요소를 선사하기도 한다.

9) 바(Bar)

특급호텔에서 운영 중인 바는 여러 형태로 운영된다. 호텔에서 가장 중심이 되는 바는 메인바(Main Bar)라 하며, 음악이나 연주를 하고 라이브가 주가 되면 뮤직바(Music Bar), 펍바(Pub Bar), 춤을 출 수 있는 클럽(Club), 노래를 부를 수 있는 룸이 있는 가라오케(Karaoke) 등이 영업 중이다.

그리고 판매하는 주류의 아이템에 따라 와인바(Wine Bar), 칵테일바(Cocktail Bar), 위스키바(Whisky Bar) 등으로 분류하기도 한다.

10) 기타 외식업체의 레스토랑

특급호텔에서 일반적으로 제공하는 형태의 레스토랑은 아니지만 외식업체에서 영업 중인 레스토랑의 다양한 형태는 다음과 같이 정리할 수 있다.

(1) 드라이브 스루(Drive-through)

자동차를 타고 레스토랑에 도착하여 차에서 내리지 않고 음식을 주문하여 음식을 서비스받는 형태의 레스토랑이다. 우리나라에서는 아직 활성화되지 않았고 일부 패스트푸드 레스토랑에서 시행하고 있다.

(2) 급식식당(Feeding)

급식사업으로써 비영리적이며 셀프 서비스 형식의 식당이다. 회사에 소속된 직원을 위한 사내급식(Industrial Feeding), 학교의 재학생을 위한 학교급식(School Feeding), 교도소에 수감 중인 재소자들을 위한 교도소급식(Prison Feeding), 병원에 입원해 있는 환자와 의료진을 위한 병원급식(Hospital Feeding), 국방의 의무를 다하는 군인을 위한 군대급식(Military Feeding)이 있다.

이러한 급식은 일시에 많은 인원을 수용하여 식사를 제공할 수 있으나 일정한 메뉴에 의한 식사이기 때문에 자기의 기호에 맞는 음식을 선택할 수 없는 단점이 있다. 하지만 체계적이고 균형 잡힌 식단에 의한 메뉴이므로 영양학적으로 도움을 받을 수 있다. 또한 단체에게 제공하는 메뉴이기 때문에 위생에 주의해야 한다.

특급호텔에서도 직원들을 위한 사내급식(Industrial Feeding)을 실시하고 있으며, 깨끗한 환경과 영양적인 요소를 가미한 식단으로 직원들의 사랑을 받고 있다.

(3) 자동판매기(Vending Machine Service)

선진국에서 인건비의 급증으로 인하여 자동판매기의 인기가 높아지고 있다. 자동판매기는 커피를 비롯한 청량음료의 판매에서부터 각종 과자류, 생활필수품까지 그 종류가 다양하다. 최근에는 자동판매기(Vending Machine)를 통해서 깡통, 음료, 아이스크림, 통조림, 컵라면, 반조리된 음식까지 판매하기에 소규모 식당이라고 할 수 있다.

(4) 자동차식당(Auto Restaurant)

버스형 자동차나 트레일러(Trailer)에 간단한 음식을 싣고 다니면서 판매하는 이동식 식당이다. 공원이나 야외활동이 많은 곳, 사람들의 왕래가 많은 곳에서 영업을 한다.

(5) 테이크 어웨이 식당(Take-Away/To-Go Restaurant)

최근 들어 우후죽순으로 생겨나고 있는 대표적인 테이크 어웨이 식당은 커피전문점을 들 수 있다. 서비스할 수 있는 많은 직원이 필요하지 않고, 매장의 공간도 소규모여서 운영비의 부담이 적으며, 고객의 회전율이 높아 매출에 도움이 된다.

패스트푸드 같은 간단한 음식을 주문 배달하거나 판매하는 간이식당의 형태로 영업하는 곳도 있으며, 최근에는 유원지나 대형 빌딩, 백화점 지하상가 등 많은 사람이 모이는 곳에서 영업을 하고 있다.

② 제공품목에 의한 분류

1) 양식 레스토랑(Western Style Restaurant)

(1) 프렌치 레스토랑(French Restaurant)

프랑스 요리는 세계적으로 가장 유명한 요리 중에 하나이다. 프랑스 전역에서 생산되는 풍부한 식자재와 프랑스인들의 까다로운 입맛이 세계적인 요리를 만들어내는 데 큰 몫을 하였다. 하지만 우리나라의 식문화 정서와 레스토랑 경영상의 여러 어려움 등으로 인해 특급호텔에서의 프렌치 레스토랑은 큰 호응을 받지는 못하고 있다.

(2) 이태리 레스토랑(Italian Restaurant)

이태리 요리는 14세기 초 탐험가 마르코 폴로가 중국의 원나라에 가서 배워온 면류가 고유한 스파게티와 마카로니로 정착하였으며 프랑스 요리의 원조가 되었다. 또한 올리브 오일과 토마토, 치즈 등을 많이 사용하여 요리하는 것이 특징이다.

한국인의 입맛에도 비슷한 점이 많으며, 특급호텔에서는 프렌치 레스토랑보다는 이태리 레스토랑을 적극적으로 운영하고 있다.

(3) 스페인 레스토랑(Spanish Restaurant)

스페인은 바다로 둘러싸여 있어 해산물이 풍부하므로 생선요리가 유명하다. 또한 스페인 요리는 올리브유, 포도주, 마늘, 파프리카, 사프란 등의 향신료를 많이 쓰는 것이 특색이다. 특히 왕새우요리는 세계적으로 유명하다.

(4) 미국식 레스토랑(American Restaurant)

미국인들은 비프스테이크, 바비큐, 햄버거 등을 즐겨 먹는데 이러한 것들을 미국의 대표적인 요리라고 할 수 있다. 이들은 대개 빵과 곡물, 고기와 계란, 낙농제품, 과일 및 야채 등의 재료를 이용하는데, 간소한 메뉴와 경제적인 재료 및 영양 본위의 실질적인 식생활을 하는 것이 특징이다.

2) 동양식 레스토랑(Oriental Style Restaurant)

(1) 한식 레스토랑(Korean Restaurant)

한식 레스토랑은 우리 민족 고유의 식문화를 대변하는 레스토랑으로서 끈질긴 민족성으로 현재까지 쌀을 주식으로 김치, 된장찌개, 김치찌개, 불고기, 비빔밥, 구절판, 궁중요리 등의 다양한 한식을 판매하는 레스토랑이다.

유감스럽게도 특급호텔에서 한식당의 운영은 큰 비중을 차지하고 있지 못하고, 특1급 호텔의 몇 곳에서 한식 레스토랑을 운영 중이다.

(2) 중식 레스토랑(Chinese Restaurant)

중국 요리는 중국 대륙에서 발달한 요리를 총칭하며, 폭넓은 재료의 이용, 맛의 다양성, 풍부한 영양, 손쉽고 합리적인 조리법 등이 장점이다. 중국 요리의 가장 큰 특징은 서양 요리나 일본 요리가 색채 배합을 중요시하는 반면 미각에 초점을 두고 오미(五味)의 절묘한 배합을 통해 세계적인 요리로 발전시켰다.

(3) 일식 레스토랑(Japanese Restaurant)

일본 요리는 일본 풍토에서 독특하게 발달
한 일본인이 일상 먹는 요리의 총칭이다. 일본
열도는 북동에서 남서로 길게 뻗어 있고 바다
로 둘러싸여 있어서 지형과 기후의 변화가 많
다. 따라서 사계절에 생산되는 재료가 다양하
고 계절에 따라 맛도 달라지며 해산물이 매우
풍부하여 다양한 요리가 발전하였다.

일본 요리의 특징은 지역적 특성에 맞는 색
깔, 향기, 맛을 위주로 하면서 고유한 특징을 지닌 요리로 발전해 온 것이다.

③ 식사시간에 의한 메뉴 및 레스토랑

호텔마다 약간의 차이는 있겠지만 일반적으로 식사시간의 운영은 조식 06:00~
10:00, 중식 12:00~15:00, 그리고 석식은 18:00~22:00까지 운영한다. 다음은 식사
시간에 따른 각 레스토랑의 식사에 대해 살펴보자.

1) 조식(Breakfast) : AM 06:00~AM 10:00

호텔에서 조찬 레스토랑의 오픈시간은 6시나 7시 정도이며, 일반적으로 06:00~10:00까지
운영하는 경우가 대부분이다. 하루를 시작하는 아침이기 때문에 고객의 기분을 좌우할 수 있
는 만큼 조식을 제공하는 레스토랑에서는 고객서비스에 특별한 관심이 필요하다.

따라서 조찬 레스토랑에 근무하는 직원들은 특별히 친절하고 명랑하게 고객을 맞이
하고 즐겁게 식사할 수 있는 분위기를 연출하여 활기찬 아침이 되도록 해야 한다. 영
어의 브렉퍼스트(Breakfast)는 'Break' + 'Fast'의 합성어로, '깨다'와 '처음'이라는 뜻
인데 '공복을 깬다'는 의미가 있다.

호텔 레스토랑에서 일품요리로 제공되는 아침식사에는 다음과 같은 종류가 있다.

(1) 콘티넨털 브렉퍼스트(Continental Breakfast)

유럽에서 성행하는 조식으로 계란요리와 곡류가 포함되지 않고 빵과 커피, 주스류와 우유 정도로 간단히 하는 식사이다. 아메리칸 브렉퍼스트 메뉴에서 계란요리를 제외한 메뉴를 콘티넨털 브렉퍼스트로 이해하면 된다.

(2) 아메리칸 브렉퍼스트(American Breakfast)

아메리칸 브렉퍼스트는 콘티넨털 브렉퍼스트에 계란요리(Two Eggs)를 추가한 것이다. 즉 계란요리(Two Eggs)에 햄(Ham), 베이컨(Bacon), 소시지(Sausage), 프라이드 포테이토(Fried Potato)를 곁들이고, 주스(Juice)류, 토스트(Toast), 커피(Coffee)와 함께 식사하는 미국식 조찬이다.

미국식 조식은 다음과 같은 코스로 제공되며, 레스토랑에 따라 다소의 차이가 있지만 고객은 선택의 폭이 다양하다.

① 신선한 주스류(Juice)

당근 주스(Carrot Juice), 인삼 주스(Ginseng Juice), 포도 주스(Grape Juice), 오렌지 주스(Orange Juice), 사과 주스(Apple juice), 자몽 주스(Grapefruit Juice), 키위 주스(Kiwi Juice), 토마토 주스(Tomato Juice), 야채 주스(Vegetable Juice) 등을 선택할 수 있다.

② 시리얼(Cereal)

시리얼은 곡물류를 재료로 가공한 것으로 조식에 제공되는 시리얼의 종류는 핫 시리얼과 콜드 시리얼로 나눌 수 있다. 핫 시리얼의 종류는 오트밀(Oatmeal), 크림 휘트(Cream Wheat), 크림 비프(Cream Beef), 포리지(Porridge)와 같은 종류가 있고, 콜드 시리얼에는 콘 플레이크(Cornflakes), 쌀을 튀긴 라이스 크리스피(Rice Krispies) 등이 있다. 시리얼을 제공할 때 핫 시리얼은 뜨거운 우유를, 콜드 시리얼은 찬 우유를 제공한다.

③ 계란요리(Two Eggs)

미국식 조식은 계란요리가 주요리로 제공되는데, 계란요리는 조리방법에 따라 명칭이 다양하며 계란 두 개로 조리한다. 계란요리 서브 시 주의할 점은 뜨거운 상태에서 음식을 제공하는 것과 주문을 정확하게 받는 것이다.

특히 주의할 것은 계란요리는 조리방법의 선택, 계란요리에 곁들여 제공하는 햄, 베이컨, 소시지의 선택, 보일드의 시간, 오믈렛 주문 등 주문 시 정확한 확인이 요구된다.

표 2-2 다양한 계란요리(Two Eggs)

계란요리의 종류	요리방법
서니사이드 업(Sunny Side Up)	하늘의 태양을 바라본다는 뜻이며, 계란의 한쪽 면만 익힌 것으로 노른자의 표면이 약간 익을 정도의 계란요리
오버 이지(Over Easy)	계란의 양면을 굽되 흰자만 약간 익히는 방법
오버 미디엄(Over Medium)	흰자는 완전히 익히고 노른자는 약간 익힌 것
오버 하드(Over Hard)	흰자와 노른자 모두 완전히 익힌 상태
스크램블드 에그 (Scrambled Eggs)	계란 흰자와 노른자를 잘 섞이도록 풀어 팬에 기름을 두르고, 우유나 생크림을 넣고 잘 휘저으면서 덩어리지지 않고 부드럽게 으깨어 익힌 것
보일드 에그(Boiled Eggs)	끓는 물에 넣어서 삶은 계란요리로 삶는 정도에 따라 Soft(3~5분), Medium(6~8분), Hard(10~12분)
포치드 에그(Poached Egg)	끓는 물에 소금과 식초를 넣은 후 생계란을 깨뜨려 넣고 노른자를 반숙 정도로 요리하는 것
오믈렛(Omelette)	계란 흰자와 노른자를 잘 섞은 후 팬에 예쁘게 말아서 익히는 요리(플레인 오믈렛, 치즈 오믈렛, 햄 오믈렛, 머시룸 오믈렛, 콤비네이션 오믈렛)

④ 빵(Bread)

조식용 빵으로는 토스트가 가장 많이 제공되며, 그 외에 모닝롤, 크루아상, 프렌치 브레드, 도넛, 데니시 등이 제공된다.

- 토스트 식빵(Toast Bread)
- 라이 브레드(Rye Bread)

- 프렌치 브레드(French Bread)
- 크루아상(Croissant)
- 데니시 패스트리(Danish Pastry)
- 도넛(Doughnut)
- 잉글리시 머핀(English Muffin)
- 블루베리 머핀(Blueberry Muffin)
- 베이글(Bagel)

⑤ 음료(Beverage)

미국식 조식에서 식사와 함께 제공되는 음료는 커피, 홍차, 코코아, 우유, 인삼차 등이며 이 중에서 한 가지를 선택하게 된다.

표 2-3 아메리칸 브렉퍼스트(American Breakfast)의 선택

메 뉴	메뉴 아이템	선 택
계란요리 (Two Eggs)	서니사이드 업(Sunny Side Up)	택 1
	오버 이지(Over Easy)	
	오버 미디엄(Over Medium)	
	오버 하드(Over Hard)	
	스크램블드에그(Scrambled Eggs)	
	보일드 에그(Boiled Eggs)	
	포치드 에그(Poached Egg)	
	오믈렛(Omelette)	
가니쉬 (Garnish)	베이컨(Bacon), 햄(Ham), 소시지(Sausage)	택 1

메 뉴	메뉴 아이템	선 택
주스(Juice)	당근 주스(Carrot Juice), 인삼 주스(Ginseng Juice), 포도 주스(Grape Juice), 오렌지 주스(Orange Juice), 사과 주스(Apple Juice), 자몽 주스(Grapefruit Juice), 키위 주스(Kiwi Juice), 토마토 주스(Tomato Juice), 야채 주스(Vegetable Juice)	택 1
빵(Bread)	모닝롤, 크루아상, 프렌치 브레드, 도넛, 데니시	2~3가지의 빵
커피, 차 (Coffee, Tea)	커피, 녹차, 홍차, 핫초코, 우유	택 1

(3) 비엔나식 브렉퍼스트(Vienna Breakfast)

계란요리와 롤빵 정도에 커피가 제공되는 식사를 말한다.

(4) 건강식 조식(Healthy Breakfast)

근래 건강에 대한 관심과 웰빙(Well Being)이 사회적 이슈가 됨에 따라 영양식보다는 건강식으로 만든 아침식사이다. 각종 성인병을 염려하고 건강식을 찾는 고객을 위하여 각종 미네랄과 비타민이 풍부하고 고단백, 저지방 식품으로 구성하였으며 생과일 주스, 플레인 요구르트, 과일, 빵, 커피로 구성된다.

(5) 한국식 조식(Korean Breakfast)

밥과 국, 그리고 4~5가지 정도의 기본 찬과 마른 김이 제공되는 한국식 아침식사이다.

(6) 일본식 조식(Japanese Breakfast)

죽 또는 흰밥과 장국, 그리고 3~4가지 정도의 기본 찬, 생선구이와 마른 김이 제공되는 일본식 아침식사이다.

(7) 조식뷔페(Breakfast Buffet)

조식뷔페는 아침시사(일품요리)를 제공하는 레스토랑과는 별도로 운영되며, 단체고객 및 일반 투숙고객과 외부 고객을 위한 뷔페식이 제공된다. 메뉴의 구성은 다양한 한식과 일식, 중식, 양식을 비롯하여 주스류, 우유, 시리얼, 샐러드, 과일, 빵, 케이크, 계란요리, 소시지, 베이컨, 햄, 포테이토 등으로 다양하게 구성되었다. 일반 뷔페와는 달리 아침식사이기 때문에 간단하고 건강식 위주로 저렴한 것이 특징이다.

2) 브런치(Brunch) : AM 10:00~PM 14:00

아침과 점심식사의 중간쯤에 먹는 식사를 의미하나, 보통 시간적으로는 10:00~14:00 정도에 제공되는 것이다. 브런치는 브렉퍼스트의 'Br'과 런치의 'unch'의 합성어로 최근 브런치 미팅이라는 신조어가 생길 정도로 유행이다.

현대의 도시 생활인에 적용되는 식사형태로서 이 명칭은 최근 미국의 레스토랑에서 많이 이용되고 있다. 휴양지에 있는 리조트호텔에서의 여유 있는 아침식사, 그리고 도심지 호텔의 공휴일과 휴일날 비즈니스맨과 투숙객을 위한 늦은 아침으로 식사를 한다.

또한 도심지의 카페형 베이커리와 커피전문점을 중심으로 브런치 타임을 운영하여 고객을 위한 서비스를 제공하고 있으며, 영업이윤 추구를 위한 마케팅활동을 강화하고 있다.

3) 점심(Lunch, Luncheon) : Noon 12:00~PM 15:00

대개 점심은 저녁보다 가볍게 먹는 형태로 일품요리 메뉴를 즐겨한다. 런천은 세트메뉴의 형식을 갖춘 식사를 말하며, 수프(Soup), 앙뜨레(Entree), 후식(Dessert), 커피 또는 차(Coffee or Tea)로 간단히 구성된 3, 4가지의 코스메뉴로 구성되기도 한다.

점심은 런치(Lunch)와 런천(Luncheon)으로 표기하는데 런치는 보통 가볍게 먹는 식사를 의미하며, 런천은 코스메뉴와 같이 격식을 갖춘 점심식사를 의미한다.

4) 애프터눈 티(Afternoon Tea) : PM 15:00~PM 17:00

애프터눈 티는 영국인의 전통적인 식사습관으로 밀크 티와 시나몬 토스트를 점심과 저녁 사이에 간식으로 먹는 것을 말한다. 그러나 지금은 영국뿐만 아니라 세계 각국에서 애프터눈 티타임이 보편화되고 있다.

우리나라의 경우에도 나른한 오후의 한가로움을 대표하는 애프터눈 티타임은 비즈니스뿐만 아니라 사교의 시간으로도 많이 활용된다. 특히 호텔에서는 애프터눈 티타임을 적극적으로 홍보하여 커피숍이나 로비 라운지 등에서 적극적으로 판매활동을 함으로써 매출액을 높이고 있다.

5) 저녁(Dinner) : PM 18:00~PM 22:00

저녁은 질 좋은 음식을 충분한 시간적 여유를 가지고 즐기는 것으로, 보통 저녁식사 메뉴는 정식으로 구성되고, 음료 및 주류도 함께 마신다. 디너 메뉴는 대개 6~7코스 정도의 메뉴로 구성되고, 와인을 곁들인 가장 화려한 식사를 말한다.

6) 서퍼(Supper) : PM 21:00~PM 23:00

원래 격식 높은 정식 만찬이었으나, 이것이 변화되어 최근에는 늦은 저녁에 먹는 간단한 밤참의 의미로 사용되고 있다. 행사나 각종 모임 후에 허기를 달래기 위한 2, 3가지 정도의 간단한 식사를 말한다.

Club Lounge 21

19세기 초 영국의 베드포드 공작부인이 오후에 친구들을 초대하여 홍차를 즐겼던 데에서 유래한 애프터눈 티(Afternoon Tea)는 현재까지 이어지고 있다. 특급호텔에서도 나른한 오후에 커피숍, 카페, 라운지 등에서 커피, 차 등과 함께 샌드위치, 케이크 등과 함께 제공하고 있다.

1. 임피리얼팰리스호텔 '델리 아마도르(Deli Amador)'

  - 영국 정통 스타일의 애프터눈 티 세트
  - 임피리얼팰리스호텔의 1층에 위치한 델리 아마도르에서는 애프터눈 티 세트를 과일 타르트, 에끌레르, 크림브륄레, 딸기 쁘띠쁘와 오픈 샌드위치, 크로와상, 크랜베리 스콘 등의 메뉴와 커피, 차 등으로 구성됐다.
  - 이용시간 : 14:00~17:00
  - 애프터눈 티 세트 가격 : 2인 기준 3만 2,000원(세금, 봉사료 별도)

2. 서울 신라호텔 '더 라이브러리 라운지(The Library Lounge)'

  - 전통과 모던함을 겸비한 애프터눈 티 세트
  - 신라호텔의 애프터눈 티 세트 메뉴의 구성은 영국 정통 스타일을 따르면서 컨템포러리한 비주얼과 맛으로 재구성한 스콘, 마들렌, 다쿠아즈, 플로렌틴 쿠키, 핑거샌드위치, 에끌레르 등 10가지 메뉴가 담긴 3단 은기 트레이와 프리미엄 티로 구성됐다.
  - 이용시간 : 14:00~18:00
  - 애프터눈 티 세트 가격 : 1인 기준 2만 7,000원(세금, 봉사료 별도)

3. 파크하이얏트 서울 '더 라운지(The Lounge)'

  - 고품격 코리안 스타일 애프터눈 티 세트
  - 파크하이얏트 서울 호텔의 24층 더 라운지에서는 수제 떡, 약과, 한과, 견과류, 과일 등의 한식 디저트 모듬과 국내에서 직접 재배한 네 종류의 녹차와 한 종류의 발효차를 선택할 수 있는 코리언 스타일 애프터눈 티 세트를 제공한다.
  - 이용시간 : 14:00~17:30
  - 애프터눈 티 세트 가격: 1인 기준 2만 8,000원(세금, 봉사료 별도)

4. 롯데호텔 서울 '살롱 드 떼(Salon de Thé)'

  - 트렌드 세트와 비즈니스 고객을 위한 애프터눈 티 세트
  - 롯데호텔 서울 로비 안쪽에 위치한 유럽풍의 라이브러리 티 하우스 살롱 드 떼가 선보이는 애프터눈 티 세트는 30여 가지의 로네펠트 티 중 한 가지와 핑거 샌드위치, 까나페, 케이크, 티라미슈, 마카롱, 스콘, 쿠키 등과 함께 오후의 달콤함을 즐길 수 있다.
  - 이용시간 : 14:00~17:00
  - 애프터눈 티 세트 가격 : 1인 기준 3만 2,000원(세금, 봉사료 별도)

- 자료제공 : 월간 호텔&레스토랑, 2012년 1월호, pp, 186-187

④ 바(Bar)의 분류

1) 바(Bar)의 정의

바(Bar)는 호텔에서 술을 판매하는 주장(酒場)을 말하며, 식사의 판매가 이루어지기보다는 주류 위주의 영업을 하는 곳이다. 학자들의 연구 결과들을 종합하여 보면 바(Bar)는 "술을 마실 수 있는 분위기, 즉, 조명 · 음악 · 서비스 · 아늑함 · 엔터테인먼트를 제공하며 숙련된 직원(바텐더)으로 하여금 고객에게 기분전환, 스트레스 해소, 여흥의 공간을 제공하는 사교의 장"이라고 할 수 있다.

호텔의 레스토랑은 고객에게 식사를 제공하여 식욕을 충족시켜 주는 역할을 하고, 바(Bar)는 논알코올 음료(Non-Alcohol Beverage)와 칵테일, 와인, 알코올 도수가 높은 위스키를 비롯한 주류(Hard Drink)를 제공하여 고객의 기분전환을 시켜주고 엔터테인먼트의 요소를 가미시켜 기분을 회복시켜 주는 정신적인 공간의 역할을 담당한다.

호텔에서의 바(Bar)는 다음과 같은 종류의 영업장을 보유하고 고객에게 유흥적인 부분을 서비스하고 있다.

2) 바(Bar)의 종류

(1) 메인바(Main Bar)

호텔의 메인바는 호텔에서 중심이 되는 바의 역할을 담당하고 있다. 바텐더와 고객 사이에 널따란 카운터형식의 판매대가 있으며, 칵테일을 비롯한 각종 주류를 판매하고, 라이브 음악을 연주하기도 한다.

메인바에서 판매하는 주류는 고가의 위스키를 비롯하여 브랜디, 보드카 등의 알코올 도수가 높은 주류가 주종을 이루며, 와인, 맥주, 칵테일 등이 판매된다.

⑵ 라운지(Lounge)

특급호텔에서의 라운지(Lounge)는 안락함과 유흥적인 면을 동시에 갖추어 놓고 영업을 한다. 간단한 음료와 주류를 판매하며, 로비에 위치한 로비라운지(Lobby Lounge)와 호텔 최상층이나 전망 좋은 곳에 위치한 스카이라운지(Sky Lounge)가 있다.

⑶ 멤버십바(Membership Bar)

특급호텔에서는 고정적인 고객을 확보하고 일정 수준 이상의 영업 매출액을 기대하기 위해 회원제로 운영되는 멤버십바를 운영하고 있다. 일정 금액을 미리 납부하고 이용할 수 있으며, 일반적으로 비회원(일반고객)에게는 출입을 금하기도 한다.

회원들에게는 특별한 혜택이 수반되며, 별도의 'Bottle Keeping Box'를 운영하고, 무료 안주 등도 제공한다.

⑷ 펍바(Pub Bar)

본래의 펍(Pub)은 'Public House'의 약칭이며, 대중적인 사교의 장소라는 뜻이다. 영국에서는 선술집 형태로 가볍게 한잔하는 분위기의 술집을 펍(Pub)이라고 한다. 호텔에서의 펍바(Pub Bar)는 멤버십바에 비해 경쾌하며 젊은 층을 겨냥한 마케팅활동을 하고 있다.

따라서 펍바는 라이브할 수 있는 다양한 형태의 밴드와 가수, 최신 음향시설과 조명시스템, 그리고 무대에서 춤을 출 수 있는 댄스플로어 등을 갖추어 놓고 영업하고 있다.

근래에는 간단한 스포츠 게임(다트게임, 포켓볼 등)이나 스크린 등의 시설을 갖추고 엔터테인먼트바(Entertainment Bar) 또는 스포츠바(Sport Bar) 형태로 영업하는 호텔의 바(Bar)가 늘고 있다.

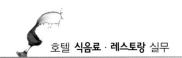

(5) 나이트클럽, 클럽(Night Club/Club)

나이트클럽은 특수조명과 최신 음향시설 그리고 인기 DJ가 선보이는 다양한 장르의 음악과 현란한 무대 등을 통해 고객에게 서비스한다.

서울 시내 특급호텔은 나이트클럽을 직영하기보다는 임대해서 영업하는 경우가 대부분이며, 소음, 음주고객 등에 의해 투숙고객과 이용객들의 불편과 불만을 초래하는 경우가 많아 나이트클럽을 운영하지 않는 호텔이 늘고 있으며, 클럽형태의 변형된 스타일로 운영하기도 한다.

(6) 가라오케(Karaoke)

가라오케(Karaoke)는 고객이 직접 참여하는 형태이며, 반주나 연주에 맞추어 노래를 부를 수 있도록 디자인되어 있고 각종 주류와 안주를 판매한다. 회원제로 운영하여 일반인들의 출입을 제한하는 호텔도 있다. 홀을 비롯하여 각종 크기의 룸을 마련하여 놓은 것이 특징이다.

05 호텔 식음료 서비스의 형식

호텔 식음료부서의 레스토랑은 레스토랑의 종류와 메뉴 형태에 따라 직원들의 서비스 방식과 절차에 다소의 차이가 있다. 본 절에서는 식음료부서의 레스토랑에서 고객에게 제공하는 서비스 방식에 대해 살펴보기로 한다.

1 테이블 서비스(Table Service)

일정한 장소에 식탁과 의자를 준비해 놓고 고객의 주문에 의하여 웨이터나 웨이트리스가 음식을 제공하는 레스토랑이다. 테이블 서비스(Table Service)는 레스토랑의 서비스 중에서 가장 전형적인 서비스 형태로 쾌적한 분위기 속에서 웨이터나 웨이트리스가 보다 전문적이고 효율적인 방법으로 질 좋은 요리를 신속하게 제공하여 고객의 욕구를 충족시켜 주는 서비스이다.

호텔 레스토랑에서 고객에게 음식을 서비스하는 데 다양한 절차와 테크닉이 있지만 테이블 서비스는 ① 아메리칸 서비스(American Service), ② 프렌치 서비스(French Service), ③ 러시안 서비스(Russian Service) 등으로 분류할 수 있다.

1) 아메리칸 서비스(American Service)

아메리칸 서비스는 주방에서 접시에 보기 좋게 담은 음식을 직접 손으로 들고 나와 고객에게 서비스하는 플레이트 서비스(Plate Service)와 고객의 수가 많을 때 트레이(Tray)를 사용하여 접시를 보조테이블(Side-Table)까지 운반한 후 손님에게 서브하는 트레이 서비스(Tray Service)로 나눌 수 있다. 이 서비스는 레스토랑에서 일반적으로 이루어지는 서비스 형식으로 가장 신속하고 능률적인 서비스 방식이며, 아메리칸 서비스의 특징은 다음과 같다.

① 주방에서 음식이 접시에 담겨 제공된다.
② 신속한 서비스를 할 수 있다.
③ 적은 인원으로 많은 고객에게 서비스할 수 있다.
④ 위생적인 서비스 방식이다.
⑤ 일반적으로 특급호텔의 레스토랑과 연회장 등에서 서비스하는 방식이다.

2) 프렌치 서비스(French Service)

프렌치 서비스는 시간의 여유가 많은 유럽의 귀족들이 훌륭한 음식을 즐기던 전형적인 서비스로 우아하고 정중하여 고급 레스토랑(프렌치 레스토랑)에서 제공되는 서비스이다. 이 서비스는 고객의 테이블 앞에서 간단한 조리기구와 재료가 준비된 조리용 왜건(Wagon)을 이용하여 직접 요리를 만들어 제공하거나 게리동(Gueridon)을 이용하여 실버 플래터(Silver Platter)에 담겨 나온 음식을 알코올 또는 가스램프를 사용하여 식지 않게 해서 음식을 덜어주기도 하며, 먹기 편하도록 생선의 뼈를 제거해 주고 요리를 잘라주기도 한다.

보통 두세 명의 상당히 숙련된 웨이터가 서비스할 수 있으며, 이들은 요리와 칵테일 기술이 겸비되어야 하며 쇼맨십(Showmanship)도 약간 있어야 한다. 그러나 가중되는 인건비의 부담과 레스토랑 공간의 합리적인 사용을 위해 현재 프렌치 레스토랑과 같은 고급식당에서는 프렌치 서비스보다는 플레이트 서비스로 변화되고 있는 추세이다. 프렌치 서비스의 특징은 다음과 같다.

① 일품요리를 제공하는 고급 전문식당에 적합한 서비스이다.
② 테이블 사이에 게리동과 서비스 인원이 움직일 수 있는 충분한 공간이 필요하다.
③ 숙련된 직원의 서비스가 수반되므로, 인건비의 지출이 높다.
④ 다른 서비스에 비해 시간이 많이 걸리는 단점이 있다.

3) 러시안 서비스(Russian Service)

러시안 서비스는 생선이나 가금류를 통째로 요리하여 아름답게 장식을 한 후 고객이 식사하기 전에 잘 볼 수 있도록 보조 테이블(Side-Table)에 전시함으로써 식욕을 돋우게 하는 효과를 거둘 수 있도록 하는 데서 유래되었다.

이 서비스는 1800년도 중반에 유행한 것으로 큰 은쟁반(Silver Platter)에 멋있게 장식된 음식을 고객에게 보여주면 고객이 직접 먹고 싶은 만큼 덜어 먹거나 웨이터가 시계 도는 방향으로 테이블을 돌아가며 고객의 왼쪽에서 적당량을 덜어주는 방법으로 매우 고급스럽고 우아한 서비스이다. 일반적으로 중식 레스토랑에서 서비스하는 방식이며, 러시안 서비스의 특징은 다음과 같다.

① 전형적인 연회 서비스이며, 중식 레스토랑에서 서비스를 한다.
② 직원 혼자서 우아하고 멋있는 서비스를 할 수 있다.
③ 프렌치 서비스에 비해 빠른 서비스가 장점이다.
④ 음식이 비교적 따뜻하게 서브된다.

② 플래터 서비스(Platter Service)

플래터 서비스는 일명 러시안 서비스(Russian Service)라고도 하며, 주방에서 조리된 음식을 큰 접시(Platter)에 담아서 고객에게 직접 서비스한다. 플래터에 담긴 음식은 적당량을 고객에게 골고루 나누어 서비스해야 하기 때문에 오랜 경험이 있는 직원이 서비스하도록 한다.

플래터 서비스는 직원들의 세심한 서비스를 고객에게 제공할 수 있는 것과 프렌치 서비스에 비해 인건비 등을 절감할 수 있는 것이 장점이다.

③ 플레이트 서비스(Plate Service)

플레이트 서비스는 호텔의 레스토랑에서 가장 일반적으로 서비스하는 형식이며, 일명 아메리칸 서비스(American Service)라고도 한다. 플레이트 서비스는 주방에서 조리된 음식을 적당한 플레이트에 담아서 고객에게 직접 서비스하는 형식이다.

플레이트 서비스는 양식 레스토랑이나 카페, 커피숍 등의 양식 메뉴가 서비스되는 레스토랑 등에서 사용한다. 플레이트 서비스는 신속한 서비스를 할 수 있고, 직원 1인이 서비스할 고객의 수가 많으며, 플레이트에 음식이 담겨져서 고객에게 서비스하기 때문에 더욱 위생적이라는 것 등이 장점이다.

이에 비해 왜건 서비스나 프렌치 서비스에 비해 정중한 면이 떨어질 수 있으며, 특별한 숙련도가 높지 않은 직원도 서비스가 가능하기 때문에 서비스의 질적인 측면에서 문제가 될 소지가 있다. 하지만 보통의 서양식 음식을 제공하는 레스토랑이나 카페는 플레이트 서비스를 주로 사용한다.

④ 왜건 서비스(Wagon Service)

왜건 서비스는 프렌치 서비스라고도 하며, 유럽 스타일의 전통적인 우아한 서비스라 한다. 이 서비스의 특징은 조리가 끝나지 않은 상태에서 왜건에 운반하여 고객의 테이블 앞에서 직접 요리를 완성하여 서비스하는 방식이다.

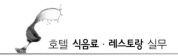

5 트레이 서비스(Tray Service)

트레이 서비스는 식사와 음료를 트레이 위에 담아서 고객에게 서비스하는 방식을 말한다. 카페, 커피숍, 다양한 레스토랑 등에서 기본적으로 사용하며, 객실에 식음료를 서비스하는 룸서비스에서 주로 사용하는 방식이다.

6 카운터 서비스(Counter Service)

카운터 서비스는 조리하는 과정을 카운터 너머로 볼 수 있으며, 고객은 조리하는 과정을 지켜보기 때문에 색다른 흥미를 느낄 수 있어 지루해 하지 않을 수 있다. 또한 위생적이고 신속하게 음식이 제공되며, 주로 일식 레스토랑의 스시 카운터 서비스, 데판야키 요리코너 등을 카운터 서비스라 한다. 카운터 서비스의 특징은 다음과 같다.

① 고객 주문과 함께 빠르게 식사를 제공할 수 있다.
② 고객에게 시각적인 즐거움을 선사해 준다.
③ 비교적 위생적이다.
④ 인건비의 부담을 줄일 수 있다.

7 셀프 서비스(Self Service)

음식의 제공 시 웨이터, 웨이트리스의 도움을 받지 않고 고객 자신이 기호에 맞는 음식을 직접 선택하여 식사하는 형식의 레스토랑이다. 셀프 서비스 레스토랑은 뷔페 레스토랑이 대표적이며 다음과 같은 특징이 있다.

① 기호에 맞는 음식을 선택하여 양껏 먹을 수 있다.
② 직원의 숙련도가 그다지 높지 않아도 된다.
③ 정해진 금액을 지불하고 세계 각국의 다양한 음식을 맛볼 수 있다.
④ 고객의 불평이 비교적 적다.

⑤ 적은 직원으로 운영이 가능하며, 전문레스토랑에 비해 인건비가 적게 든다.

⑥ 음식의 낭비, 고가의 원재료 등으로 인해 식재료의 코스트(Cost)가 높다.

8 케이터링 서비스(Catering Service)

호텔에서 제공하는 식음료 서비스 중에서 케이터링 서비스는 유일하게 호텔 내부에서 고객에게 제공하는 것이 아니라, 고객이 원하는 시간과 장소로 식음료를 직접 서비스해 주는 것이다. 주로 연회부서에서 케이터링 예약을 받고, 사전 답사를 통해 행사 준비를 한다.

고객은 호텔까지 직접 방문하지 않고서도 특급호텔의 서비스를 고객이 원하는 곳에서 제공받을 수 있다는 장점이 있다. 또한 호텔 측에서는 호텔 내부의 한정된 공간과 시간을 탈피하여 매출액을 올릴 수 있는 장점이 있어 호텔의 경영진에서는 케이터링에 많은 투자를 아끼지 않는다.

Useful Expressions

A : By-Jeff restaurant. May I help you?

B : Yes, What time do you open for lunch?

A : From 11 AM.

B : Can I reserve a table for two at 1 o'clock?

A : Hold on please. Is it for today?

B : Yes, it is.

A : OK. There is one table available by the window.
Would you like that?

B : Certainly. That's perfect.

• A : Host
• B : Guest

A : By-Jeff restaurant입니다. 무엇을 도와드릴까요?

B : 네, 점심식사는 몇 시부터입니까?

A : 11시부터입니다.

B : 1시에 2명자리를 예약할 수 있나요?

A : 잠시만 기다려주십시오. 오늘 말씀인가요?

B : 네, 그렇습니다.

A : 알겠습니다. 창가 쪽으로 좌석이 가능합니다.
그 테이블로 예약을 하시겠습니까?

B : 네, 아주 좋습니다.

Chapter
03
호텔 식음료
부서의 이해

---

1 식음료부서의 조직도

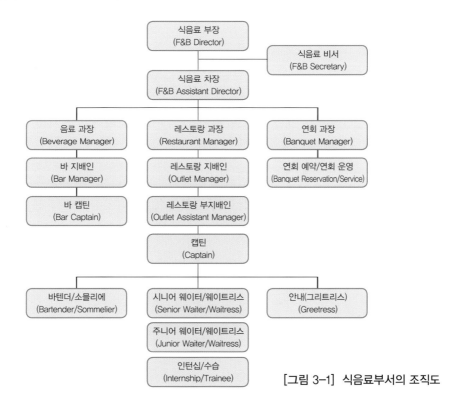

[그림 3-1] 식음료부서의 조직도

일반적인 특급호텔의 조직도는 앞과 같으며, 특급호텔 식음료부서의 총괄은 식음료 이사 혹은 식음료 부장(Food & Beverage Director)이 전체적으로 관리 감독하고 있다. 그리고 식음료 차장(Food & Beverage Assistant Director)은 식음료 이사나 식음료부장을 보좌하며, 부재 시 그 직무를 대행한다.

각 레스토랑의 운영은 레스토랑 지배인(Outlet Manager)이 책임을 지며, 영업장 부지배인(Outlet Assistant Manager)과 캡틴(Captain)이 보좌한다. 레스토랑의 운영은 철저한 상명하복의 명령체계가 조직을 운영하는 관건이 되기도 하였지만, 근래에는 시스템적인 조직의 운영이 일반적이며, 각 레스토랑 간의 유기적인 협력체계가 식음료 조직을 견고하게 유지하고 있다. 식음료 조직은 어느 개인에 의해서 움직이는 것이 아니고 시스템에 의해 체계화되어 있으며 조직적인 시스템에 의해서 가능한 조직이다.

② 식음료부서의 기능별 조직

식음료부서를 고객서비스 측면, 제공하는 메뉴와 서비스 형식에 따라 기능별 조직으로 분류하면 [그림 3-2]와 같이 분류할 수 있다. 레스토랑(Restaurant) 부문은 동양식과 서양식 음식을 제공하는 모든 레스토랑을 총칭하며, 바(Bar)는 주로 음료와 주류를 판매하는 업장을 말한다. 그리고 연회(Banquet)는 레스토랑에서 행사하기 힘든 성격의 대, 중, 소규모의 연회행사를 치르는 부서를 말한다.

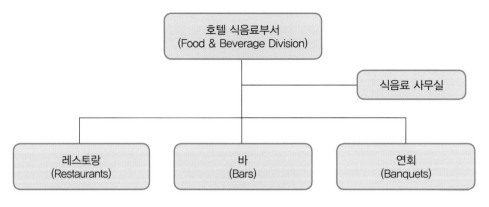

[그림 3-2] 식음료부서의 기능별 조직도

③ 식음료부서의 직급별 조직

식음료부서의 조직을 직급별 상하의 관계를 중심으로 나타내면 [그림 3-3]과 같다. 식음료 조직 전체를 지휘·감독하는 식음료 부장을 중심으로 하여, 식음료 차장, 기능별 식음료 과장 그리고 각 업장의 지배인, 부지배인, 캡틴, 웨이터, 웨이트리스까지 모든 직원들이 식음료부서의 고객서비스를 위해 노력하고 있다.

또한 식음료부서에는 와인이나 커피, 칵테일(음료)을 전문적으로 서비스하는 소믈리에(Sommelier)와 바리스타(Barista) 그리고 바텐더(Bartender) 등이 전문직종으로서의 긍지를 가지고 근무한다.

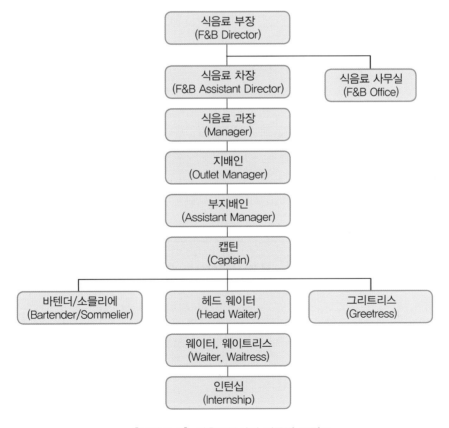

[그림 3-3] 식음료부서의 직급별 조직도

02 식음료 부서장 및 지배인의 임무

1 식음료 부장(Food & Beverage Director)

식음료부서의 최고책임자로서 영업에 관한 정책 수립 및 계획, 영업장 관리, 부서 전체 직원의 인사관리 등 식음료부서의 전반적인 운영상태에 대한 책임을 진다. 또한 타 부서와의 유기적인 업무협조에 관심을 기울인다.

식음료 부장은 호텔의 영업정책을 올바르게 이해하고 최고경영자와 식음료부서 중 간관리자와의 가교역할을 충실히 수행하며, 직원의 권익 신장에도 최선의 노력을 다한 다. 또한 호텔 임원진으로서의 책임과 의무를 수행해야 하는 자리이다.

① 식음료부서 총괄 지휘
② 식음료부서의 연중 영업기획
③ 식음료부서의 인력관리 계획 및 충원
④ VIP 고객관리 및 식음료부서 고객관리
⑤ 식음료부서의 연간 매출액관리
⑥ 식음료부서의 자산관리
⑦ 임원으로서의 대외활동

2 식음료 차장(Food & Beverage Assistant Director)

식음료 차장은 식음료 부장의 부재 시에 그의 권한을 대행하며, 평상시에는 식음료 부장의 업무를 보좌하고, 식음료부서의 매출신장을 위해 노력한다. 그의 주요한 업무 로는 정책 수립 및 계획, 영업장 관리, 고객관리, 레스토랑의 전반적인 관리 운영, 식 음료부서 직원의 인사관리 등을 들 수 있다.

③ 식음료 과장(Food & Beverage Manager)

식음료 과장은 업장의 운영에 전반적인 책임이 있으며 고객에게 제공되는 Menu의 식사 후 만족도를 점검해야 한다. 또한 전 업장의 서비스 능력을 확인하고 호텔의 이익을 도모하기 위해 모든 노력을 다해야 하며, 부하 직원들의 서비스 교육 및 감독을 책임진다.

각 레스토랑의 운영상태 및 문제점을 파악하고, 운영에 관한 책임을 지며, 직원의 인사관리, 서비스 강화 교육을 담당한다. 식음료부서에서 과장의 직급은 각 레스토랑을 담당하는 레스토랑 과장(Restaurant Manager), 연회부서를 총괄하고 모든 행사를 담당하는 연회과장(Banquet Manager) 그리고 전체 레스토랑에서 판매하는 음료에 대한 관리와 원가관리를 담당하는 음료(바)과장(Beverage Manager)으로 그 영역을 세분할 수 있다.

① **레스토랑 과장**(Restaurant Manager) : 레스토랑 서비스를 담당
② **연회과장**(Banquet Manager) : 호텔의 연회행사를 담당
③ **음료과장**(Beverage Manager) : 음료와 바 부문을 담당

④ 영업장 지배인(Outlet Manager)

호텔에서 운영 중인 각 레스토랑의 실무 책임자로서 영업장의 운영 및 고객관리, 직원관리, 기자재 및 기물관리, 재고관리, 교육훈련과 부서장 간의 직·간접적인 중계 역할을 하며, 다음과 같이 세분화하여 업무를 구분할 수 있다. 영업장 지배인은 레스토랑의 지배인, 연회부서의 지배인, 바 부문의 지배인 등 호텔의 모든 영업장을 관리하는 책임자라고 할 수 있다.

1) 업장관리

① 레스토랑에서 보유하는 기물 및 장비의 재고관리
② 레스토랑 환경 및 청소상태 관리

③ 식재료 및 음료의 원가관리

④ 계절별 특별행사 기획 등 전반적인 업장 관리

2) 고객관리

① 레스토랑을 방문하는 모든 고객의 고객관리카드(Guest History Card)

② 레스토랑 서비스 제공 시에 발생하는 고객 불평(Complaints) 처리 및 예방

③ VIP 고객 영접 및 환송

④ 고객의 예약상황 체크

⑤ 고객의 만족도 체크 및 개선사항 점검

3) 직원관리

① 레스토랑에 근무하는 직원의 근태관리

② OJT(On the Job Training)교육 실시

③ 인사고과 평가

④ 직원과의 원활한 커뮤니케이션

4) 재산관리

① 레스토랑의 집기, 비품관리

② 손망실 자산의 처리업무

③ 새로운 기물과 기자재 요구 및 배치

5) 매출관리

① 레스토랑의 매출액 관리, 목표 대비 실적 관리

② 매출액 대비 적정 원가(Cost) 관리

③ 경쟁업체 분석 및 벤치마킹(Benchmarking)의 주기적인 실시

6) 마케팅 관리

① 정기적 마케팅 회의에 참석

② 영업계획과 시행에 따른 과정 및 결과 보고

③ 신상품개발과 매출관리

④ 경쟁사의 영업현황 및 특별행사 리포팅(Reporting)

7) 문서관리

① 레스토랑 운영상 필요한 고객의 문서관리

② 직원관련 문서의 기록

③ 행정서류 보관유지

8) 커뮤니케이션

① 직원 미팅을 통해 정보전달 및 원활한 의사소통을 위해 노력

② 메뉴에 관해 조리부서와 협의

③ 고객 및 직원들의 지속적인 커뮤니케이션을 유지

④ 타 부서와 원활한 협조관계 유지

레스토랑의 지배인은 단위 영업장의 총 책임자로서 영업장의 관리능력을 최대한 발휘하여 관리하며, 위에서 언급한 내용 이외에도 다음과 같이 세부적으로 처리할 내용이 있다.

① 레스토랑의 운영에 전반적으로 책임을 진다.

② 직원의 용모 체크, 직원의 스케줄 관리 등에 책임을 진다.

③ 직원들의 고객서비스 교육을 담당한다.

④ VIP 고객뿐만 아니라 모든 고객을 정중히 맞이한다.

⑤ 직원의 제안과 의견을 파악하여 영업에 적극적으로 반영한다.

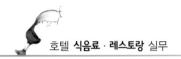
⑥ 회사 재산의 보호와 도난, 피해를 막기 위해 끊임없이 점검한다.

⑦ 직원의 직무 이행을 자세히 관찰 · 체크한다.

⑧ 특별메뉴와 이벤트를 기획한다.

⑨ 자리를 비울 때에는 부지배인이나 캡틴에게 직무를 위임한다.

⑩ F&B Meeting을 주재하고 영업 관련 부서장 회의에 참석한다.

⑪ 근무에 태만한 직원에게는 적절한 징계를 한다.

⑫ 레스토랑의 모든 직원에게 모범을 보이도록 한다.

⑤ 영업장 부지배인(Outlet Assistant Manager)

부지배인은 지배인을 보좌하며, 지배인의 부재 시에 그 업무를 대행한다. 평상시 업무는 지배인의 업무에 준하는 책임이 있으며, 영업장의 운영 및 고객관리, 직원관리, 교육훈련, 고객서비스에 만전을 기한다.

또한 부지배인은 지배인과 캡틴 및 일반직원과의 커뮤니케이션을 수행하여 레스토랑의 운영에 최선을 다한다. 호텔 정책에 따라 부지배인 제도를 운영하기도 하고 지배인과 캡틴 제도를 운영하기도 한다.

03 캡틴 및 스태프의 임무

① 캡틴(Captain)

캡틴의 본래 의미는 '큰 배의 선장' 또는 '우두머리'라는 뜻이며, 이러한 의미로 오래전 호텔에서는 수장(首長)이라 부르기도 했다. 레스토랑에서의 캡틴은 직원의 서비스 교육을 담당하고 전반적인 영업상황을 체크하며, 영업장 지배인과 부지배인을 보좌한다. 또한 업장의 청결유지, 그리트리스(Greetress) 부재 시 혹은 바쁜 시간에는 고객을 영접하여 테이블로 안내하고 메뉴를 제공한다.

업장 내의 기물위치와 서비스 물품의 위치를 항상 점검하고 신입사원의 교육과 상품의 판매에도 적극적이어야 한다. 그 주요한 임무는 다음과 같다.

① 지배인 및 부지배인을 보좌하며, 영업 준비에 만전을 기한다.
② 할당된 스테이션과 직원들의 스케줄을 점검한다.
③ 고객을 영접하여 테이블로 안내한다.
④ 고객에게 상품을 적극 권유하여 주문을 받는다.
⑤ 직원들의 고객서비스 상황을 점검하고 지시한다.
⑥ 테이블의 세팅(Setting)상태를 점검하여 잘못된 점을 시정한다.
⑦ 담당구역을 스탠바이(Stand-by)하며, 업장 청결에 관심을 갖고 직원들에게 청소 업무를 부여한다.
⑧ 고객에게 식사용 냅킨을 펼쳐주고 식사 메뉴와 와인 리스트를 준비해 준다.
⑨ 고객의 음식과 와인의 주문을 받는다.
⑩ 식사가 끝난 직후 고객의 만족도를 확인한다.
⑪ 지배인에게 업장에서의 모든 내용을 즉각적으로 보고하고 업무와 관련하여 제안을 한다.
⑫ 레스토랑 직원들의 스케줄 작성과 더불어 출퇴근 관리를 한다.

② 웨이터(Waiter), 웨이트리스(Waitress)

웨이터(Waiter), 웨이트리스(Waitress)는 레스토랑에서의 고객서비스를 담당하는 것이 주된 업무이며, Junior Waiter(Waitress), Senior Waiter(Waitress) 또는 Head Waiter(Waitress)로 직급을 분리한다. 웨이터, 웨이트리스의 세부업무는 다음과 같다.

① 캡틴을 보좌하며, 주문된 식음료를 고객에게 직접 제공한다.
② 레스토랑의 영업 준비와 청소상태를 확인한다.

③ 레스토랑의 테이블 세팅과 소스류 등을 확인한다.

④ 레스토랑의 예약상황을 확인하고 필요한 은기물류, 글라스, 린넨류 등을 준비한다.

⑤ 음식을 서비스하며, 사용이 끝난 접시를 세척장으로 옮긴다.

⑥ 근무 시에는 상황에 맞는 적절한 인사와 함께 고객을 영접한다.

⑦ 모든 서비스가 차질 없이 진행되는지 항상 신속하게 점검해야 한다.

⑧ 고객의 어떠한 불평이든 즉시 지배인이나 캡틴에게 보고하여 적절한 조치를 취한다.

⑨ 고객이 식사를 마치고 떠날 때에는 정중하게 인사를 한다.

⑩ 고객이 떠난 후 즉시 테이블 정리를 하며, 고객이 두고 간 물건이 있는지 확인한다.

⑪ 고객이 식사를 마치고 떠날 때는 최대한 정중하게 인사한다.

⑫ 근무교대 시에는 후임자에게 업무를 상세히 인수인계한다.

⑬ 마감시간의 근무자는 영업 마무리를 철저히 한다.

③ 리셉셔니스트(Receptionist)

리셉셔니스트(Receptionist)는 레스토랑의 입구에서 고객을 맞이하며, 모든 직원을 도와 업무를 원활하게 수행할 수 있도록 최선을 다한다. 리셉셔니스트는 고객이 레스토랑에서 가장 먼저 접촉하는 직원이므로 항상 미소 띤 얼굴로 친절하게 영접하여 레스토랑의 첫인상을 좋게 한다. 리셉셔니스트는 그리트리스(Greetress)라 부르기도 한다. 레스토랑 리셉셔니스트의 세부업무는 다음과 같다.

① 지배인, 부지배인의 업무를 보좌하며, 고객을 영접하고 지정된 좌석으로 안내한다.

② 레스토랑의 예약업무를 담당하며, 예약확인을 점검한다.

③ 고객을 영접하고, 환송하는 것이 주요한 업무이다.

④ 소속된 레스토랑 직원들의 행정업무(Paper Work)를 담당한다.

⑤ 고객을 반갑게 맞이하고 지정된 테이블로 안내한다.

⑥ 착석을 도와드리고 메뉴를 제공한다.

⑦ 항상 미소 띤 얼굴을 해야 하며 고객을 정중히 맞이하도록 한다.

⑧ 식사를 다 마치면, 계산을 도와드린다.

⑨ 고객이 떠날 때는 환송을 하고 다음 방문을 기약한다.

4 캐셔(Cashier)

레스토랑의 캐셔(Cashier)는 영업장에서 발생하는 회계업무를 처리한다. 고객이 주문한 내용에 따라 빌(Bill)을 발생시키며, 발생된 빌에 따라 식사를 마친 고객이 떠날 때 정확한 요금을 받는다. 주요한 업무는 다음과 같다.

① 고객의 방문 시 캐셔 데스크(Cashier Desk)에서 밝게 인사한다.

② 레스토랑 내에서 환전업무를 한다.

③ 고객이 식사를 마치고 떠날 때에는 정확하게 계산을 한다.

④ 레스토랑에서 요금은 현금, 카드, 객실 후불(Room Charge) 등으로 규정에 의해서 정확히 받도록 한다.

⑤ 스키퍼(Skipper)가 발생하지 않도록 주의한다.

⑥ 다음 근무 캐셔에게 영업 준비금 및 현재의 매출액을 정확히 인수인계한다.

⑦ 레스토랑의 마지막 근무 캐셔는 당일의 매출액을 마감하고 나이트 오디터(Night Auditor)에게 전달한 후 퇴근한다.

5 소믈리에(Sommelier)

소믈리에(Sommelier)는 레스토랑에서 와인에 관한 지식뿐만 아니라 여러 분야의 다양한 기술과 지식을 갖추고 고객에게 와인에 관한 정보를 제공하며 추천을 통해 고객의 식탁을 풍요롭게 하는 데 그 목적이 있다. 소믈리에는 와인에 관한 다양한 지식과 더불어 와인의 진열, 재고관리 능력, 구매관리, 적극적인 추천 판매, 직원에 대한 와인 교육 등 그 임무범위가 넓다.

또한 소믈리에는 와인 전문가이기 때문에 다음과 같은 자격을 갖추고 있어야 하며 자기개발에도 적극적이어야 한다.

1) 소믈리에(Sommelier)의 자격요건

① 소믈리에는 예의 바르고 품위와 교양을 갖추고 있어야 한다.
② 소믈리에는 새로운 정보를 꾸준히 습득하고, 와인에 관한 폭넓은 지식도 갖추어야 한다.
③ 소믈리에는 와인과 음식의 조화에 대해 폭넓은 지식을 갖추어야 한다.
④ 소믈리에는 영어를 비롯한 외국어 능력을 겸비해야 한다.
⑤ 소믈리에는 직원과의 관계뿐만 아니라 고객과의 원만한 대화능력도 중요하다.
⑥ 소믈리에는 자만에 빠지지 않도록 항상 겸손해야 한다.

6 바텐더(Bartender)

바텐더(Bartender)는 'Bar+Tender'의 합성어로 바를 부드럽게 만드는 사람이라는 의미로, 바를 찾는 고객에게 편안함을 주며 고객이 요청하는 음료를 준비하고 특히 칵테일을 조주해 주는 일을 한다. 바텐더는 고객과 바(Bar : 고객과 바텐더 사이의 넓은 판)를 사이에 두고 가장 근거리에서 서비스하는 직원이다. 따라서 고객의 요구를 가장 빨리 파악하여 준비해 주고, 고객을 즐겁게 해드리며 고객과의 대화상대로서의 책임을 다해야 한다.

1) 바텐더(Bartender)의 임무

① Bar의 접객 책임자로서 영업 준비상태를 점검한다.
② 음료의 적정재고(Par Stock)를 파악하고 철저히 관리한다.
③ 영업 종료 후 재고조사(Daily Inventory Sheet)를 실시하며, Monthly Inventory Sheet, Yearly Inventory Sheet를 작성한다.
④ 음료 및 부재료를 수령하며, 바(Bar) 카운터를 청소한다.
⑤ 바(Bar)의 모든 집기류와 글라스류의 정리정돈 및 청결을 유지한다.

2) 바텐더의 근무수칙

① 바텐더는 레시피(Recipe)에 의해 칵테일 조주를 한다.

② 바텐더는 항상 명랑하고 즐거운 표정을 짓는다.

③ 바텐더는 근무 중에 절대 금연한다.

④ 바텐더는 바(Bar)에서 정자세로 스탠바이(Stand-by) 한다.

⑤ 바텐더는 호스트(Host)의 승낙 없이 빈 병을 다른 사람에게 주어서는 안된다.

⑥ 바텐더는 남녀 동반 시 여성 고객의 주문을 우선으로 한다.

⑦ 바텐더는 바(Bar)의 모든 고객에게 적절한 응대를 한다.

⑧ 바텐더는 취한 고객이 있으면 즉시 지배인에게 보고 후 적절한 조치를 하도록 한다.

⑨ 바텐더는 고객과의 대화에 간섭하거나 엿듣지 않는다.

⑩ 바텐더는 고객과 대화를 나눌 때 고객의 이야기를 많이 듣고, 본인은 적게 말한다.

⑪ 바텐더는 단골고객의 취향과 즐겨 마시는 음료를 기억한다.

⑫ 바텐더는 고객과의 대화 시 필요한 기본적인 정보와 시사상식을 갖추도록 한다.

⑬ 바텐더는 칵테일을 조주할 때 얼굴이나 머리, 얼굴, 넥타이 등 신체의 일부를 만지지 않는다.

⑭ 바텐더는 고객과의 대화 시 절대로 다른 사람을 험담하지 않는다.

⑮ 바텐더는 Bar를 찾은 모든 고객에게 항상 동일한 서비스를 제공한다.

⑯ 바텐더는 항상 겸손하고 공손하게 고객을 응대한다.

⑰ 바텐더는 모든 직원과 좋은 관계를 유지한다.

⑱ 바텐더는 바의 업무에 솔선수범하는 자세로 임한다.

⑲ 바텐더는 적극적인 고객응대를 통하여 매출을 극대화한다.

⑳ 바텐더는 고객만족을 위해 최선을 다한다.

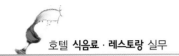

7 바리스타(Barista)

바리스타(Barista)는 고객이 원하는 커피를 만들어 서비스하는 직원을 말한다. 예전의 호텔 식음료부서에는 커피와 관련된 별도의 직원이 근무하지는 않았으나, 근래에는 커피와 관련된 업무를 담당하는 바리스타가 근무한다.

또한 커피에 대한 고객의 수요가 점차 다양한 커피를 원하는 추세이기도 하고 전자동 커피머신보다는 반자동 커피머신을 통해서 섬세한 커피 맛을 제공할 수 있기 때문이다. 에스프레소, 아메리카노, 라테, 마키아토, 카푸치노 등의 다양한 커피를 고객에게 서비스할 수 있는 장점이 있다.

8 인턴십(Internship)

인턴십 사원은 레스토랑에서의 소소한 업무처리와 웨이터, 웨이트리스가 고객에게 양질의 서비스를 제공할 수 있도록 도움을 주는 업무가 주를 이룬다. 호텔에 따라서는 수습사원, 트레이닝(Training), 계약직 사원 등의 용어로 혼용하여 사용하고 있으나 맡은 임무는 비슷하다.

1) 인턴십의 업무

① 레스토랑에서 웨이터의 서비스를 도와준다.
② 서비스 스테이션에 필요한 소스류나 양념류를 준비한다.
③ 레스토랑의 테이블 넘버를 숙지한다.
④ 레스토랑 테이블과 주변을 청소한다.
⑤ 변질되기 쉬운 품목 등을 영업이 끝난 후 주방에 반납한다.
⑥ 레스토랑의 기물과 장비류 등을 정비한다.
⑦ 호텔 내의 모든 규정과 규칙을 숙지한다.
⑧ 고객이 테이블에 머무르는 동안 테이블에 불필요한 기물을 정돈한다.

⑨ 수시로 고객의 물을 리필(Refill)하며 부족한 부분을 채운다.

⑩ 고객의 식사 주문 후에 필요한 세팅을 한다.

⑪ 항상 바쁘게 움직여야 하며 더러운 식기를 팬트리(Pantry)에 갖다 주고 깨끗한 식기를 채워놓아야 한다.

⑫ 웨이터나 캡틴의 지시에 따라 고객에게 식사와 음료를 서비스한다.

⑬ 팬트리(Pantry Area)에서 모든 컵(Cup)과 소서(Saucer)를 정리정돈해 놓아야 하며, 실버웨어(Silverware)와 차이나웨어(Chinaware) 및 글라스웨어(Glassware)를 구분해 놓아야 한다.

⑭ 음식물 찌꺼기 및 쓰레기는 지정된 구역으로 보내고, Linen은 세탁실로 보내며, 매장 전체와 자기가 맡은 구역의 청결에 유념해야 한다.

⑮ 지배인이나 상사의 지시에 의해 다른 매장을 도와주고, 어느 때라도 최상의 서비스를 제공할 수 있도록 해야 한다.

Useful Expressions

- A : Guest
- B : Host

A : By-Jeff restaurant? I'll have got a party of 10.
   I'd like to have dinner at your restaurant around 7pm.

B : Sorry, sir. We have no seats at that time.
   Could you make it at 8?

A : All right. We'll be there at 8.

B : Do you like a table by the window?

A : Please prepare a table for 10 near the window with a good view.

B : Yes, I will, Sir.

A : Thank you.

B : My pleasure, Sir. Thank you for calling.

A : By−Jeff restaurant입니까? 10명이 참석하는 파티를 할 예정입니다.
   7시쯤 그곳에서 저녁식사를 하고 싶습니다.

B : 죄송하지만, 그 시간대는 이용할 좌석이 없습니다.
   괜찮으시다면 8시는 어떻습니까?

A : 괜찮습니다. 저희가 8시에 그곳에 가겠습니다.

B : 창가자리가 괜찮으시겠습니까?

A : 경관이 좋은 창가 쪽 테이블로 예약을 해주십시오.

B : 네, 알겠습니다.

A : 고맙습니다.

B : 천만의 말씀입니다. 전화 주셔서 감사합니다.

Chapter 04

호텔 식음료 서비스의 실제

01 예약 서비스

　레스토랑에서 식사할 때는 필히 예약하도록 한다. 예약할 경우에는 우선 자신의 이름과 일시 및 참석자의 수, 연락처 등을 알려준다. 행사 당일에는 레스토랑과의 약속시간보다 조금 일찍 도착하여 준비상황을 확인하고 그날의 메뉴를 미리 살펴보는 것도 중요하다. 또한 모임의 성격, 예를 들면 생일 · 기념일 등을 미리 알려주면 레스토랑 측에서도 그 모임에 알맞은 서비스를 해준다. 요리에 대한 협의도 잊어서는 안된다.

　호텔의 레스토랑에서는 고객의 예약좌석에 반드시 '예약석(RESERVED)'이라는 표시를 해두어 다른 고객이 앉지 않도록 세심히 주의를 기울인다.

1 예약 분류

　레스토랑에 식사를 목적으로 예약하는 경우에는 다음과 같은 방법 중에서 최선을 선택하도록 한다.

　① 직접 방문에 의한 예약
　② 전화에 의한 예약

③ 인터넷 홈페이지를 이용한 예약

④ FAX 또는 기타 통신수단에 의한 예약

표 4-1 Reservation Sheet

Date:

No	Guest Name	Persons	Tel No.	Table No.	Taken	Remark

2 접수요령

레스토랑의 예약 담당부서 혹은 해당 레스토랑의 직원은 고객의 예약을 접수할 때 다음과 같은 내용에 유념하여 예약장부에 기록한다.

① 행사일자, 시간, 정확한 인원, 예약자 성명, 연락처 등을 확인한 후 기록한다.

② 테이블이나 룸을 배정할 때 중복되지 않도록 확인한다.

③ 고객이 행사 시 요구하는 특별한 내용(사진, 꽃, 케이크, 특별한 메뉴 등)을 사전에 확인한다.

④ 특히 전화상으로 예약받을 때는 숫자를 정확하게 기록한다.

⑤ 고객과의 통화 시나 고객이 예약을 마치고 떠나기 전에 예약사항을 다시 한 번 확인한다.

⑥ 예약일과 행사일 사이에 어느 정도의 기간(Term)이 있다면 중간에 확인전화를 한다.

⑦ 고객으로부터 취소통보를 받으면 취소하신 분의 성함과 연락처 등을 기록하여 만일의 상황에 대비한다.

⑧ 레스토랑의 예약 담당자 또는 예약을 직접 받은 직원은 예약이 곧 레스토랑의 매출에 직접적인 영향을 미치므로 성실히 받도록 한다.

⑨ 레스토랑에서는 예약상황에 따른 탄력적인 인력의 배치가 필요하다.

⑩ 예약상황은 수시로 주방에 확인해 주어야 한다.

[그림 4-1] 식음료 고객서비스 절차

02 고객 영접

1 영접(Welcome/Greeting Service)

레스토랑에서의 고객 영접은 레스토랑의 지배인(Manager)과 캡틴(Captain), 그리고 그리트리스(Greetress) 등의 직원들이 주로 담당을 한다. 하지만 레스토랑의 입구에 지배인이나 담당 직원이 부재중일 때는 레스토랑의 직원 누구나가 고객을 맞이하고 안내를 도와주어야 한다.

레스토랑에서 고객 영접과 환송을 담당하는 직원은 항상 단정한 용모로 대기하고, 밝은 미소와 다정한 자세로 고객을 맞이한다. 항상 고객을 응시하며 고객을 환송할 때까지 최상의 서비스로 임한다.

1) 영접의 기본 원칙

① 첫 이미지는 따뜻하고 친절한 미소로 아이콘택트(Eye Contact)한다.
② 적당한 인사말을 한다.
③ 적당한 좌석이나 예약된 좌석으로 안내한다.
④ 서비스를 담당할 직원을 소개한다.

2) 영접의 Skill

① 최대한 정중하게 인사한다.
② 손바닥으로 방향을 친절하게 지시한다.
③ 고객을 맞이할 때는 미소를 머금고 공손한 인사와 함께 명랑, 쾌활한 '솔' 음으로 인사한다.
④ 단골고객인 경우 그분의 직함과 성함을 함께 불러주어 친밀감을 표현하도록 한다 (안녕하십니까? 김 사장님, 김 여사님, 김 교수님 등).

⑤ 예약고객의 경우 사전에 지정된 좌석이나 룸으로 안내하고, 예약하지 않은 고객
이라면 적당한 테이블이나 룸으로 안내한다. 이때 고객이 예약을 하지 않았기 때
문에 불편을 느끼거나 손해 본다는 인상을 주어서는 안된다.

⑥ 빈 좌석이 없을 때 예약하지 않고 레스토랑에 도착한 고객이 있다면, 웨이팅 룸
(Waiting Room)이나 적당한 공간에서 기다릴 수 있도록 한다.

② 안내(Escorting Service)

레스토랑에 도착하면 입구에는 지배인 혹은 리셉셔니스트(Receptionist)가 고객을
맞이하여 테이블까지 안내해 준다. 따라서 이러한 일반적인 관례를 무시하고 레스토랑
에 들어서자마자 곧바로 좌석에 앉아버리는 행위는 에티켓에서 벗어나는 것이다. 레스
토랑의 입구에 지배인이나 안내할 직원이 없는 경우는 잠시 기다렸다가 직원의 안내를
받고 자리로 이동한다. 다만 안내받은 테이블이 마음에 들지 않을 때는 지배인이나 직
원에게 다른 좌석으로 바꾸어줄 것을 요구할 수 있다.

하지만 테이블에 큰 문제가 없는 경우에는 레스토랑 측에서 준비한 자리에 앉는 것
이 좋다. 큰 문제가 아닌데도 테이블의 변경을 요구하면 다른 고객의 테이블까지 연쇄
적으로 변경해야 하는 문제가 발생할 수도 있다.

1) 안내의 기본 원칙

① 지정된 좌석을 확인한다.
② 복잡하지 않은 편리한 동선을 이용하여 즉시 안내한다.
③ 고객을 살피고 고객의 2보 앞에서 안내한다.
④ 노약자, 여성, 어린이 순으로 착석을 돕는다.

2) 안내 Skill

① 보폭을 일정하게 유지한다.
② 노약자나 몸이 불편한 고객에 대해 정중히 배려한다.
③ VIP, Host를 파악하여 정중히 안내한다.

3 착석보조(Seating Service)

레스토랑에 도착 후 지배인이나 리셉셔니스트가 예약된 자리까지 안내하여 테이블에 도착하게 되면 착석해야 하는데 이 경우 일반적으로 노약자, 여성, 어린이, 남성 등의 순으로 착석한다. 서양에서는 여성우위 원칙(Lady First)의 여성존중사상이 에티켓의 기본으로 되어 있다. 따라서 자리에 앉을 때에도 여성이 먼저 착석한 후에 남성이 앉도록 되어 있다.

여럿이 식사를 할 때에도 마찬가지이다. 고령자나 여성들과 함께라면 남성은 그들이 앉을 때까지 의자 뒤쪽에서 기다리거나 여성의 착석을 보조해 주는 것이 신사의 에티켓이다.

1) 상석의 선택

레스토랑에서 좋은 자리는 앉았을 때 전망이 좋은 자리가 최상석이다. 창가라면 외부의 경치가 내려다보이는 곳, 스테이지(Stage)나 플로어(Floor)에서 쇼(Show)를 관람하는 경우라면 스테이지가 제일 잘 보이는 곳이 상석이므로 연장자나 주빈이 앉도록 하는 것이 좋다.

레스토랑에서 통로가 되는 곳, 사람이 많이 오가는 곳, 의자의 등받이가 스치는 곳이라든지 입구에서 가까운 곳, 화장실 앞, 주방 앞, 계산 카운터 근처 등은 좋은 자리라 할 수 없다. 그러므로 아주 중요한 모임이라든지 소중한 자리일 경우는 미리 레스토랑을 방문하여 모임의 성격에 맞는 좋은 자리를 예약하는 것도 좋은 방법이다.

2) 착석의 기본 원칙

① 노약자, 여성, 어린이, 남성 순으로 착석을 유도한다.
② 주빈의 의자 1보 뒤에 서서 고객이 의자 앞에 충분히 설 수 있도록 의자를 뺀다.
③ 의자가 고객의 무릎 접히는 부분에 살짝 닿게 밀어준다.
④ 고객이 다시 한 번 자리를 고쳐 앉을 때까지 의자를 잡고 도와준다.

3) 착석의 Skill

① 상황에 따라 적절한 상석을 정한다.
② 적당한 접객용어를 사용한다.
③ 적절한 미소와 보디랭귀지(Body Language)를 사용한다.

4) 테이블에서의 올바른 자세

부드러운 움직임, 자연스러운 자세는 몸과 테이블 사이의 간격을 바르게 했을 때 비로소 이루어진다. 테이블에서 가슴까지는 대개 주먹 하나 또는 두 개 정도의 거리를 두면 된다. 몸을 앞으로 구부린다거나 어깨나 팔꿈치를 과도하게 움직이는 등 보기 싫은 모습은 가급적 삼가는 게 좋다. 그리고 다리를 꼬는 것도 단정치 못한 행동이므로 의자에 허리를 붙여 반듯이 앉아서 다리를 모으도록 한다.

한편, 식사가 시작되고 나서 의자의 위치를 바꾼다며 소리를 자꾸 내는 것은 큰 실례이다. 또한 착석한 뒤 빈번하게 이동하거나 화장실 등에 자주 가거나 통화를 하는 등의 불필요한 행동은 동반고객에게 불편함을 주고 모임을 혼란스럽게 할 수 있다. 착석한 뒤에는 가급적 식사를 시작하기 전까지 자연스럽게 날씨를 화제로 한다거나 가벼운 주제로 동반고객과의 자연스러운 대화를 하는 것이 좋다.

5) 고객 물품의 보관

레스토랑에 들어갈 때나 연회에 참석할 때는 모자나 코트 · 가방 등의 짐은 클로크룸(Cloak Room)에 맡기는 것이 원칙이다. 여성의 경우 핸드백에는 화장품이나 손수건 등 항상 곁에 두고 써야 하는 물건들이 들어 있기 때문에 클로크룸에 맡기지 않고 테이블에 가져가도 무방하다.

이럴 경우 핸드백은 자신의 등과 의자의 등받이 사이에 놓으면 된다. 또 긴 장갑을 끼었을 경우에도 이를 핸드백 속에 넣거나 핸드백과 함께 등과 의자 등받이 사이에 놓으면 된다.

6) 테이블 정리

레스토랑에서 식사를 위해 테이블에 착석한 후 손가방의 위치는 등 뒤에 놓으면 가장 좋고 테이블 위에는 가능한 한 아무것도 놓지 않는다. 특히 무선전화기, 자동차 열쇠, 서류 봉투, 손수건 등 불필요한 물건들을 테이블 위에 올려놓아 식사하는 데 불편을 끼치고 심지어 상대방에게 혐오감을 줄 수 있으므로 삼가도록 한다.

④ 메뉴 제시(Presentation of Menu)

레스토랑의 테이블에 식사를 위해 모든 고객이 착석하면 물을 따라드리고, 곧바로 메뉴를 제시한다. 메뉴를 제시할 때는 적당한 인사말을 하고, 직원은 메뉴북의 내용을 숙지하여 고객의 질문에 답변할 수 있도록 철저히 준비해야 한다.

1) 메뉴 제시의 기본 원칙

① 고객의 오른쪽에서 메뉴를 제시한다(테이블 상황에 따라 변경 가능).
② 연장자, 여성, 호스트 순으로 제시한다.

2) 메뉴 제시의 Skill

① 메뉴에 대한 정확한 설명 및 적당한 메뉴를 추천한다.

② 메뉴에 대한 재료, 요리방법, 소스, 제공시간 등을 설명한다.

③ 당일의 품절 메뉴와 프로모션 메뉴를 숙지한다.

3) 물(Water) 서비스

① 메뉴 제시가 끝난 후 혹은 메뉴 제시 이전에 자연스럽게 Water Pitcher를 사용하여 7~8부 정도 따른다.

② 가급적 고객의 오른쪽에서 시계방향으로 서비스한다.

③ 물방울이 튀지 않도록 물잔과 Pitcher 간의 간격을 유지한다.

④ 더운물을 요구할 경우는 글라스에 서비스하지 않고, 머그잔이나 차이나웨어(Chinaware)를 사용하여 서비스한다.

⑤ 물잔(Goblet)은 항상 청결히 관리하고 서비스하기 전에 립스틱이 묻어 있는지 금간 곳이 없는지 확인한다.

03 주문(오더 테이크)

① 식사의 주문(Order Take)

주문의 사전적 의미는 '일정한 재화의 생산 · 수송 또는 서비스의 제공을 수요자가 공급자에 대해 신청하는 일'을 말한다. 레스토랑에서의 주문은 고객이 식사의 주문을 하는 것으로 음료의 주문과 식사 메뉴의 주문으로 구분할 수 있는데 이는 고객과 레스토랑 측과의 일종의 계약행위로 볼 수 있다.

고객에게 최대한 정중한 예의를 갖추고 친절하고 세련되게 주문을 받아야 한다. 호텔맨으로서의 프로의식을 가지고 고객을 만족시켜 주어야 하며, 레스토랑의 매출증대에도 일조할 수 있도록 최선의 노력을 다한다.

1) 주문받는 요령

① 메뉴의 재료와 조리방법, 조리시간 등을 숙지하고 있어야 한다.

② 고객의 취향을 빠르게 판단하고 추천할 수 있는 메뉴를 준비한다.

③ 메뉴에 대한 설명은 간단명료하고 정확하게 한다.

④ 볼펜과 메모지를 준비하여 받아 적도록 한다.

⑤ 주문받는 순서는 착석보조와 같은 순서이며, 여성, 남성, 호스트(Host) 순으로 주문을 받는다.

⑥ 주문받을 때는 고객의 눈높이가 가장 좋으며, 허리를 약간 숙여서 받는다.

⑦ 동반한 고객 중에 외국인이 있거나 고객이 많은 경우에는 계산서의 작성을 한 장(One Check)으로 할 건지, 각각(Separate Check)으로 할 건지 확인한다.

⑧ 식사 메뉴의 주문이 끝나면 음료 리스트나 와인 리스트를 준비하여 식사와 어울리는 적당한 음료를 주문받는다.

⑨ 주문받은 사항은 복창(Repeat)하고 재확인하여 실수가 없도록 한다.

⑩ 주문이 끝나면 정중히 인사를 하고 물러난다.

2) 메뉴 추천

① 고객이 메뉴를 정하지 못하였거나 직원에게 추천을 원하시면 고객의 구매의욕을 최대한 유발시킬 수 있도록 능력을 발휘하여, 고객의 만족도를 높이고 레스토랑의 이윤증대에 기여를 한다.

② 메뉴를 추천할 때는 고객에게 강매하는 인상을 주어서는 안되며 자연스럽게 추천하도록 한다.

③ 단골고객의 경우에는 고객의 기호를 충분히 파악해 두고 상황에 맞게 적절히 추천하여 고객의 만족도를 높인다.

④ 식사 메뉴 이외에 음료를 적극 추천하여 식사를 풍성하게 하고 레스토랑의 매출에도 기여한다.

3) 업 셀링(Up Selling)

레스토랑에서의 업 셀링은 단순히 고가의 메뉴를 판매하는 것이 아니라, 고객에게 레스토랑의 다양한 음료와 메뉴를 소개하고, 추가 주문을 유도해 내는 상당히 세련되고 스킬을 요하는 판매기법이다. 이러한 판매기법은 추천판매(Suggestion Selling)라고도 한다.

업 셀링은 서투르게 접근하면 고객에게 강매한다는 인상을 주어서 오히려 부작용이 일어날 수 있어 레스토랑과 호텔 전체의 이미지에 악영향을 끼칠 수 있으므로 가급적 캡틴이나 경험 많은 직원들이 시도하는 것이 좋다.

4) 오더 테이크(Order Take)의 기본 원칙

① 호스트(Host)의 의견을 존중한다.
② 정중히 받는다.
③ 고객의 메뉴에 대해 존중한다.
④ 메뉴 추천 시 강요하지 않는다.

5) 오더 테이크(Order Take)의 Skill

① 연장자와 호스트(Host)가 먼저 받는다.
② 주문 내용을 반복 확인한다.

2 음료의 주문(Beverage Order Take)

레스토랑에서 음료의 주문은 고객의 식사를 풍성하고 격조 있게 할 수 있도록 도와주며, 호텔과 레스토랑에는 매출의 증대로 이어지는 중요한 내용이다. 특히 근래에는 와인의 비중이 커지고, 몸에 좋은 와인의 효능이 보고됨에 따라 레스토랑에서 와인을 찾는 고객이 늘고 있다.

따라서 레스토랑에 근무하는 직원은 업장에서 보유하고 있는 와인에 대한 정보를 습득하고 고객의 취향에 맞는 와인과 음료를 적극적으로 추천하여 주문으로 이어질 수 있도록 능력을 겸비하도록 한다.

1) 음료 주문의 기본 원칙

① 음료 리스트를 제공한다.
② 고객의 취향을 파악하여 추천한다.
③ 식전주, 테이블 와인, 식후주 순으로 추천한다.
④ 논알코올(Non-Alcohol) 음료도 준비하고 추천한다.
⑤ 강매하는 인상을 주어서는 안된다.

⑥ 최대한 자연스럽게 추천하여 주문을 받는다.

⑦ 주문받은 후에는 정확한 내용을 복창(Repeat)한다.

2) 음료 주문 시 Skill

① 음료 리스트는 고객 오른쪽에서 제공한다.

② 시계방향으로 음료 리스트를 제공한다.

③ 음식과 조화되는 음료를 숙지한다.

④ Host 혹은 연장자로부터 주문을 받는다.

⑤ 특별한 음료 주문 시에는 고객에게 자세히 여쭈어보고, 준비가 안되거나 잘 모르는 음료의 경우는 지배인이나 상사에게 보고한 후 조치를 한다.

⑥ 주문을 다 받고 나면 미소와 함께 주문에 대해 감사인사를 한다.

04 테이블 세팅

레스토랑의 유형별로 테이블 세팅은 각각의 특색 있는 모습을 보여준다. 근래의 테이블 세팅은 간단하면서도 서비스하기에 실용적인 면모로 변화함을 볼 수 있다. 각 레스토랑별로 그 특색을 살펴보기로 한다.

1 테이블 세팅의 개요

레스토랑의 테이블 세팅은 고객이 테이블에서 식사를 하는 데 불편함이 없도록 메뉴의 종류에 따라 적절하게 기물류와 글라스류 등으로 준비하는 과정을 말한다. 테이블 세팅에 필요한 기물과 도구로는 테이블, 테이블 클로스, 린넨류, 글라스류, 소금, 후추, 각종 소스류 등을 들 수 있다.

1) 테이블

① 2인용 테이블, 4인용 테이블, 6인용 테이블, 사각 테이블, 라운드 테이블 등으로 다양하다.

② 일반적으로 많이 사용하는 4인용 테이블은 90cm×90cm 정도가 적당하다.

2) 테이블 클로스

① 테이블 클로스는 특별한 행사용을 제외하고 화이트 클로스가 일반적이다.

② 테이블의 사이즈가 90cm×90cm이면 테이블 클로스의 사이즈는 180cm×180cm로 하여, 사방으로 45cm 정도가 드리워지도록 한다.

3) 글라스류

① 글라스류는 깨지기 쉬우므로 취급에 각별히 주의한다.

② 물잔(Goblet)과 와인글라스, 맥주글라스, 위스키글라스, 주스류 등으로 분류할 수 있다.

③ 고객이 사용하는 글라스류는 특히 청결에 주의한다.

4) 캐스터 세트(Caster Set)

① 캐스터 세트는 소금, 후추를 말하며, 항상 적당량을 보충해 준다.

② 소금, 후추를 비롯하여 테이블 중앙에 세팅되는 테이블 메뉴, 꽃병 등은 센터피스(Center Pieces)라고 한다.

② 테이블 세팅의 종류

1) 조찬 레스토랑의 세팅

일품요리를 제공하는 조찬 레스토랑은 포크와 나이프 그리고 비비플레이트(B.B Plate)와 비비나이프(B.B Knife), 고블렛(Goblet), 커피 컵을 기본적으로 세팅한다.

2) 양식 레스토랑의 세팅

⑴ 기본 세팅

⑵ 풀코스 세팅

3) 동양식 레스토랑의 세팅

⑴ 한식 세팅

⑵ 중식 세팅

(3) 일식 세팅

05 식사와 음료의 제공

호텔에서 제공하는 식음료 상품의 특성 중 하나는 유통과정이 없다는 점이다. 즉 고객의 주문(생산)에서부터 식사(소비), 그리고 만족도(평가)까지 중간의 유통과정이 생략되는 비유통성이 특징이다. 유통과정이 생략되기 때문에 식사와 음료는 고객의 주문과 함께 시작하여 빠른 시간 안에 제공해야 한다.

1 식사의 제공(Food Service)

고객이 주문한 식사 아이템은 주문 즉시 고객에게 재확인(Repeat)하여 주방에 주문할 수 있도록 한다. 기본적으로 제공되는 내용 이외에 고객이 추가적으로 주문한 특이사항은 주방 스태프에게 정확히 전달될 수 있도록 한다.

고객이 주문한 메뉴가 조리되면 서비스의 기본과 절차에 따라 직원은 최대한 품위를 유지하면서 고객에게 정중하게 제공한다.

1) 식사 제공 시 기본 원칙

① 음식이 제공될 때는 "실례합니다. 주문하신 음식을 준비해 드리겠습니다" 하고 인사한 후에 서비스한다.
② 고객의 테이블에 필요한 기물을 세팅하고 오른쪽에서 음식을 제공한다.
③ 차가운 음식은 차게, 더운 음식은 뜨겁게 서비스한다.
④ 고객의 오른쪽에서 시계방향으로 서비스한다. 레스토랑의 상황에 따라 변경 가능하며, 샐러드와 빵은 고객의 왼쪽에서 서비스한다.
⑤ 빵과 버터는 메인코스가 끝날 때까지 서비스한다.
⑥ 메인 메뉴의 식사를 마치면 디저트가 나갈 때 물 잔만 남기고 모든 기물은 정리한다.

2) 식사 제공의 Skill

① 서비스방법에 따른 접시 드는 방법과 트레이(Tray) 드는 방법, 플래터(Platter) 사용방법을 숙련되게 한다.
② 식사를 서비스할 때는 기물 간에 소음이 나지 않도록 주의한다.
③ 메뉴에 따른 테이블세팅(Table Setting)방법을 숙지한다.

3) 식사 제공의 Knowledge

① 음식의 준비시간을 서비스 직원은 정확히 파악하고 있어야 한다.
② 음식에 맞는 소스를 제공한다.
③ 모든 메뉴를 고객에게 설명할 수 있어야 한다.

4) 식사 제공의 Attitude

① 음식을 서비스할 때는 항상 미소를 띠우며 인사를 한다.

② 고객 앞을 가로막거나 반대편에서 서비스하지 않는다.

③ 음식을 제공하거나 기물을 치울 때는 항상 적절한 접객용어를 사용한다.

④ 음식에 이상이 있을 때, 음식이 늦게 서비스될 때, 주문한 음식과 제공된 음식이 다를 때는 상황에 맞는 적절한 대처를 한다.

② 음료의 제공(Beverage Service)

레스토랑에서 식사를 위해 방문한 고객은 식사와 어울리는 적당한 음료나 주류를 선택하게 되는데, 고객이 주저하게 되면 직원은 적절한 음료를 추천할 수 있어야 한다. 특히 레스토랑에서는 식사와 어울리는 와인을 적극 추천하여 고객에게는 풍성한 식사가 될 수 있도록 하고, 레스토랑에는 매출을 극대화할 수 있도록 한다.

1) 음료 제공의 기본 원칙

① 여성고객에게 먼저 서비스한다.

② 고객의 오른쪽에서 시계방향으로 서비스한다.

③ 제공 시 주문한 음료 품목을 설명한다.

④ 레스토랑과 바(Bar)에서 필요한 음료를 적정한 수준으로 재고관리한다.

2) 음료 제공의 Skill

① 음료의 종류에 따라 적합한 글라스를 사용한다.

② 음료와 주류의 제공 시 트레이(Tray)를 사용한다.

3) 음료 제공의 Knowledge

① 레스토랑에서 보유하고 있는 다양한 음료 상품을 숙지한다.

② 글라스의 청결상태를 확인한 후 고객에게 서비스한다.

③ 고객이 주문한 음료에 대한 특성을 파악한다.

4) 음료 제공의 Attitude

① 음료를 서비스할 때 먼저 미소를 띄우고 인사를 한다.

② 고객의 앞을 가로막거나 반대편에서 서비스하지 않는다.

③ 음료나 주류의 추가 주문 시 정중하게 서비스한다.

5) 와인 서비스

① 일반적으로 고객의 오른쪽에서 제공한다.

② 테이블의 Host에게 테이스팅(Tasting)을 권유한다.

③ 테이스팅 후에는 시계방향으로 서비스한다.

④ 여성부터 서비스하고 호스트에게 제일 마지막으로 서비스한다.

⑤ 와인을 다 드시면 추가와인을 주문받고, 다른 종류의 와인을 주문하면 글라스(Glass)를 새것으로 교환하여 드린다.

⑥ 화이트 와인 서비스를 위한 기물을 점검한다.

⑦ 디캔팅(Decanting)을 원하는 고객에게는 디캔터(Decanter)를 준비한다.

⑧ 잔으로 판매 가능한 하우스 와인(House Wine)도 준비한다.

⑨ 와인의 특성 숙지 : 지역, 품종, Vintage 등

⑩ 와인 제공 온도와 서비스방법을 숙지하여 정중하게 서비스한다.

표 4-2 와인의 적정 서비스 온도

와인의 종류	서비스 온도	비 고
Champagne	7~9℃	-
White Wine	7~10℃	-
Sherry Wine	13~15℃	-
Red Wine	18~20℃	-

06 리필서비스 및 스탠바이

1 리필서비스(Refill Service)

레스토랑에서의 리필서비스는 레스토랑의 직원이 고객을 항시 주시하고 세심한 서비스를 제공하며, 고객의 편의를 최대한 보장해 주는 최상의 서비스를 말한다. 따라서 레스토랑에 근무하는 직원은 바른 자세로 고객을 향하여 주의를 기울여야 한다.

레스토랑에서의 리필은 고객 식사 메뉴의 일부와 물, 커피, 와인 등의 음료 부분에서 이루어진다. 특히 고객이 테이블에서 식사 중에 필요로 하는 반찬과 물, 와인, 커피, 차 종류 등은 즉각적으로 리필이 이루어져야 한다.

1) 리필서비스의 기본 원칙

① 레스토랑에서 식사 중인 고객에게 물이나 와인을 적당량이 되도록 Refill한다.
② 일반적으로 고객의 오른쪽에서 서비스하지만 상황에 따라 서비스한다.

2) 리필서비스의 Skill

① 물 주전자(Water Pitcher) 사용방법을 숙지한다.
② 팔걸이 타월(Arm Towel)을 적절히 사용한다.
③ 와인 병(Wine Bottle) 잡는 방법과 와인 글라스(Wine Glass) 취급법을 숙지한다.
④ 와인이나 음료의 추가 주문 시 글라스를 교환하여 서비스한다.

2 스탠바이(Stand-by)

대기자세, 즉 스탠바이(Stand-by)는 레스토랑 직원들의 세련되고 즉각적인 서비스를 위한 준비자세를 말하는데, 고객을 향해 긴장을 늦추지 않고 최상의 서비스를 제공하기 위한 기본적인 자세를 말한다. 레스토랑의 직원은 고객서비스를 위한 긴장감을

늦추어서는 안되며 부드러운 자세를 취하면서도 고객의 반응에는 즉각적인 행동을 취해야 한다. 호텔 서비스 품질요소 중 반응성에 해당된다고 할 수 있다.

1) 스탠바이의 기본 원칙

① 레스토랑 근무자는 지정된 위치에서 정자세를 한다.
② 근무시간에는 가급적 정위치를 지킨다.
③ 고객을 향해 항시 주의와 집중을 한다.

2) 스탠바이 시 주의사항

① 뒷짐을 지거나 팔짱, 거만한 자세, 주머니에 손을 넣는 행동은 안된다.
② 직원들 간에 오랜 대화와 잡담은 안된다.
③ 스탠바이 자세 시 얼굴이나 머리 등 신체의 일부분에 손을 대서는 안된다.
④ 레스토랑의 전체 고객을 응시할 수 있는 곳이 올바른 스탠바이 위치이다.

07 계산 및 환송

레스토랑에서는 고객을 영접하고 식사를 마치고 환송하는 시간까지 긴장감을 유지하고 고객서비스를 제공해야 한다. 맛있는 음식과 직원들의 훌륭한 서비스, 좋은 분위기 모두 다 완벽했다 해도 마지막 계산을 잘못한다거나 환송을 제대로 하지 못하면 고객은 다시 방문하기 어려워진다.

따라서 고객이 식사를 마치고 마지막 계산과 환송을 하는 단계에서는 레스토랑의 지배인이나 캡틴이 직접 만족도 체크도 하고 배웅을 하는 것이 좋다.

1 ▶ 계산(Cashiering Service)

계산을 받을 때는 고객이 식사한 아이템과 최종 계산서에 기록된 수량과 가격이 정확한지 확인한다. 최종적으로 지배인이 확인한 후 지배인이나 캡틴이 직접 테이블에 계산서를 가져다 드리면 된다.

호텔 레스토랑의 계산은 지불방법이 다양한데, 먼저 투숙고객이라면 룸 차지(Room Charge)로 넘겨서 체크아웃 시점에 계산하는 방법이 있다. 그리고 일반고객과 투숙고객 모두 현금, 카드 등이 일반적인 지불수단이다.

1) 계산 서비스의 기본 원칙

① 테이블에서의 식사가 최종적으로 종료된 후 계산서를 발행한다.
② 빌 홀더(Bill Holder)에 계산서를 넣어 호스트(Host)에게 제공한다.
③ 고객의 요청에 따라 신용카드(Credit Card), 현금(Cash), 후불(Room Charge) 등을 수행한다.
④ 영수증을 발행하고 거스름돈을 드린다.

2) 계산 서비스의 Skill

① 계산서를 제공할 때 두 손으로 한다.
② 계산 금액에는 +10%의 SC(Service Charge)와 +10%의 VAT(Value Added Tax)가 포함됨을 설명한다.
③ 달러, 엔화에 대한 환율을 숙지하여 정확하게 계산한다.

2 ▶ 환송(Farewell Service)

환송 서비스는 계산 서비스와 연속선상에서 이루어지며 고객이 레스토랑을 방문한 마지막 단계로서 레스토랑과 호텔에 대한 평가를 최종적으로 한다고 해도 과언이 아니

다. 따라서 정확한 계산과 더불어 친절한 배웅을 곁들여야 한다.

또한 레스토랑의 지배인이나 캡틴은 고객에게 "식사를 맛있게 하셨습니까?", "불편한 사항은 없었나요?", "직원들의 서비스는 어떠했나요?" 등의 질문을 하고 고객에게 전반적인 만족도를 평가한다. 부족한 부분은 직원 미팅시간에 교육을 통해 시정해 나갈 수 있도록 조치한다.

1) 환송 서비스의 기본 원칙

① 계산하고 떠나는 고객에게 친절히 배웅한다.
② 제공된 음식과 전반적인 서비스의 평가를 듣는다.
③ 감사의 인사를 한다.

2) 환송 서비스 Skill

① 옷과 소지품 그리고 분실물(Lost & Found)을 체크 요령에 따라 처리한다.
② 감사의 인사 전달과 추후 방문에 대한 인사를 한다.
③ 음식, 서비스, 불편사항 청취, 만족도 등을 확인한다.

08 레스토랑 접객 서비스

특급호텔의 레스토랑에서는 일정한 고객서비스 절차에 따라 고객을 영접하고, 테이블에 안내하며, 주문을 받고 식사와 음료를 서비스한다. 이러한 절차를 매뉴얼(Manual)화하여 모든 직원이 동일한 서비스를 제공하려 하고 있다.

1 레스토랑 접객 서비스

레스토랑에서의 고객서비스 순서와 절차는 모든 직원이 숙지해야 하고, 매뉴얼 (Manual)화된 시스템에 의해서 레스토랑의 서비스가 진행된다. 일반적으로 풀코스메 뉴를 식사하는 경우에는 다음과 같은 순서로 서비스한다.

표 4-3 레스토랑 접객 서비스 순서

서비스 절차	고객서비스 방법	고객 접객용어
예약 접수	날짜와 시간, 인원 확인	
영접	공손하게 인사하고 환영을 한다.	안녕하십니까? 좋은 아침입니다.
테이블 안내	고객의 앞에서 안내한다.	고객님, 제가 모시겠습니다(안내해 드리겠습니다).
착석보조	고객의 의자를 살짝 빼고 앉으실 때 밀어드린다.	여기 앉으십시오.
물 서비스	Water Pitcher를 사용하여 8부 정도 따른다.	실례하겠습니다. 차가운 물 서비스 하겠습니다.
식전주 주문	음료메뉴를 드리면서 주문을 받는다.	식사 전에 음료나 식전주 한잔하시겠습니까?
식전주 서비스	고객의 오른쪽에서 준비해 드린다.	실례하겠습니다. 주문하신 식전주 올려드리겠습니다.
메뉴 제공	고객의 왼쪽에서 노약자, 여성 순으로 제공한다.	메뉴 준비해 드리겠습니다. (적당한 메뉴를 추천한다.)
주문받기	고객의 왼쪽에서 공손히 주문받는다.	실례하겠습니다. 주문 도와드리겠습니다. 오늘의 세트메뉴를 추천해 드립니다.
와인 리스트 제공	와인리스트는 주로 호스트에게 제공한다.	실례하겠습니다. 와인리스트 준비해 드리겠습니다.
와인 주문받기	고객의 왼쪽에서 공손히 주문받는다.	실례하겠습니다. 와인 주문 도와드리겠습니다.

서비스 절차	고객서비스 방법	고객 접객용어
냅킨 서비스	고객의 오른쪽에서 냅킨을 펴서 무릎 위에 올려드린다.	실례하겠습니다. 냅킨 서비스하겠습니다.
빵 제공	고객의 왼쪽에서 제공하며, 버터와 오일도 함께 제공해 드린다.	실례하겠습니다. 빵 준비해 드리겠습니다.
와인 서비스	주문하신 와인의 라벨을 보여드리고 오픈 후 테이스팅, 서비스한다.	실례하겠습니다. 와인 준비해 드리겠습니다.
애피타이저 서비스	고객의 오른쪽에서 준비해 드린다.	실례하겠습니다. 주문하신 애피타이저 올려드리겠습니다.
애피타이저 치우기	고객의 오른쪽에서 치운다.(애피타이저 포크, 나이프도 함께 치운다.)	실례하겠습니다. 식사 마치셨으면 치워드리겠습니다.
수프 서비스	고객의 오른쪽에서 준비해 드린다.	실례하겠습니다. 주문하신 수프 올려드리겠습니다.
수프 치우기	고객의 오른쪽에서 치운다.(수프 스푼도 함께 치운다.)	실례하겠습니다. 식사 마치셨으면 치워드리겠습니다.
생선요리(파스타) 서비스	고객의 오른쪽에서 준비해 드린다.	실례하겠습니다. 주문하신 생선요리(파스타) 준비해 드리겠습니다.
생선요리(파스타) 치우기	고객의 오른쪽에서 치운다.(생선포크, 나이프도 함께 치운다.)	실례하겠습니다. 식사 마치셨으면 치워드리겠습니다.
셔벗 서비스	고객의 오른쪽에서 준비해 드린다.	실례하겠습니다. 주문하신 셔벗 준비해 드리겠습니다.
셔벗 치우기	고객의 오른쪽에서 치운다.(셔벗스푼도 함께 치운다.)	실례하겠습니다. 식사 마치셨으면 치워드리겠습니다.
샐러드 서비스	고객의 오른쪽에서 준비해 드린다.	실례하겠습니다. 주문하신 샐러드 준비해 드리겠습니다.
샐러드 치우기	고객의 오른쪽에서 치운다.(샐러드나이프, 포크도 함께 치운다.)	실례하겠습니다. 식사 마치셨으면 치워드리겠습니다.
메인요리 제공	고객의 오른쪽에서 준비해 드린다.	실례하겠습니다. 주문하신 스테이크 준비해 드리겠습니다.

서비스 절차	고객서비스 방법	고객 접객용어
메인요리 치우기	고객의 오른쪽에서 치운다.(스테이크 나이프, 포크도 함께 치운다.)	실례하겠습니다. 식사 마치셨으면 치워드리겠습니다.
테이블 정리	메인요리의 식사가 끝나면 테이블을 정리한다.	실례하겠습니다. 테이블을 정리해 드리겠습니다.
디저트 주문받기	고객의 왼쪽에서 주문을 받는다.	실례하겠습니다. 식사를 마치셨으니 디저트 메뉴를 보여드리겠습니다.
디저트 서비스	고객의 오른쪽에서 준비해 드린다.	실례하겠습니다. 주문하신 디저트 준비해 드리겠습니다.
커피, 차 주문받기	고객의 왼쪽에서 주문을 받는다.	실례하겠습니다. 커피나 차 메뉴를 보여드리겠습니다. 커피 한 잔 어떠십니까?
디저트와 커피 서비스	고객의 오른쪽에서 준비해 드린다.	실례하겠습니다. 주문하신 디저트와 커피 준비해 드리겠습니다.
식후주 주문받기	고객의 왼쪽에서 주문을 받는다.	실례하겠습니다. 식사를 마치셨으니 식후주 메뉴를 보여드리겠습니다. 소화를 돕기 위한 식후주를 추천해 드리겠습니다.
식후주 서비스	고객의 오른쪽에서 준비해 드린다.	실례하겠습니다. 주문하신 식후주 준비해 드리겠습니다.
계산	정확한 계산서를 테이블에 가져다 드린다.	실례합니다. 테이블에서 계산 도와드리겠습니다.
환송 및 만족도	의자를 빼드리고, 분실물을 확인한다.	즐거운 시간되셨습니까? 불편한 사항은 없으셨습니까? 다음에 또 뵙겠습니다.

09 고객 컴플레인 관리

불평(Complaints)을 표현하지 않은 불만족 고객은 불만을 표현한 고객보다 2배나 많은 사람들에게 부정적인 구전활동을 하는 반면, 고객의 불평에 대해 기업에서 공정하게 처리했을 경우 95%의 고객은 다시 돌아오게 된다는 연구결과가 있다.

이러한 연구결과에 의하면 불평을 제기하는 고객이 오히려 단골고객이 되며 충성도 높은 고객이 될 가능성이 높다고 할 수 있다. 호텔의 식음료부서는 식사와 음료를 고객에게 제공하기 때문에 고객의 컴플레인(Complaints)이 발생할 여건이 높다고 할 수 있다.

레스토랑에서는 컴플레인의 발생을 최대한 억제할 수 있도록 직원교육을 강화하고, 부득이하게 컴플레인이 발생하게 되면 최선을 다해 발생 즉시 해결하도록 노력해야 한다.

1 컴플레인 발생 유형

호텔에서 발생할 수 있는 고객의 불평(Complaints)유형에는 다음과 같은 내용이 있다. 따라서 사전에 고객의 불평이 발생하지 못하도록 억제해야 하며, 다음의 항목을 검토하여 발생요소를 사전에 차단해야 한다.

1) 시설이나 설비와 관련된 불평(Mechanical Complaints)

냉, 난방 기구의 오작동, 가구, 비품, 엘리베이터의 오작동으로 인한 불평 등 호텔의 시설이나 설비에 관련된 불평사항이다.

2) 직원의 서비스와 관련된 불평(Service Related Complaints)

직원의 상품에 대한 지식결여, 무성의한 태도, 무리한 판매권유, 일 처리 미숙 등으로 인한 불평사항이다.

3) 직원의 자세와 관련된 불평(Attitude Complaints)

무례한 언어나 행동, 고객을 불안하게 만드는 행위 등의 숙련되고 세련되지 못한 행동에 의한 불평사항이다.

4) 어쩔 수 없는 상황(Unusual Complaints)

갑작스러운 천재지변, 폭우, 폭설 등의 자연재해와 갑작스런 고객의 폭주에 따른 불평사항이다.

5) 고객의 실수에 의한 불평(Complaints from Guest's Mistake)

고객의 잘못된 기억의 착오, 요금 할인을 목적으로 한 고의적 불평 등이 해당된다.

호텔 식음료부서의 레스토랑에서 주로 발생하는 고객 컴플레인은 다음과 같은 내용으로 정리할 수 있으며, 이러한 내용을 숙지하고 직원교육 시간에 컴플레인 사례교육을 통해 사전에 방지하려는 노력을 기울인다.

① 레스토랑 직원의 불결한 복장과 개인위생 불량
② 직원들의 불친절한 태도
③ 직원들의 느린 서비스 및 느린 행동
④ 상품에 대한 지식의 결여
⑤ 제공된 음식이 맛없는 경우에 대한 불평
⑥ 직원들의 불손한 언어에 대한 불평
⑦ 기물의 청결 불량

⑧ 주문한 것과 다른 요리가 나오거나 늦게 제공되었을 때

⑨ 질문에 대한 응답이 틀리는 경우

⑩ 제공된 음식에 하자가 발생했을 때(이물질 발견이나 상한 음식의 제공 등)

⑪ 혼잡하고 시끄러운 레스토랑 분위기

⑫ 계산의 오류

2 컴플레인 처리 요령

호텔에서는 레스토랑에서뿐만 아니라 객실부서에서도 고객의 컴플레인을 예방하기 위해 최선의 노력과 서비스를 제공하지만, 앞서 제기한 사례와 같은 컴플레인이 어쩔 수 없이 발생하게 된다면 이를 오히려 전화위복의 기회로 삼고 적극적으로 해결하려는 노력을 기해야 한다.

제공된 서비스에 대해 불만을 제기하는 고객은 오히려 우리 레스토랑과 호텔에 대한 애정을 가지고 있다고 판단하고, 적극적으로 해결하여 단골고객으로 만들어야 한다. 따라서 고객의 컴플레인이 발생하면 다음과 같은 방법을 적극 활용하여 잘못된 서비스에 대한 이해를 구하고 다음 방문에는 이러한 일이 반복되지 않겠다는 의지를 심어준다.

① 고객의 불평을 끝까지 경청한다(1.2.3기법).

② 정당한 고객의 불평은 솔직히 인정한다.

③ 고객의 불평을 회피하지 마라.

④ 고객과는 작은 목소리로 대화한다.

⑤ 업장을 떠나기 전에 말끔히 해소해 주도록 한다.

⑥ 개선사항이나 문제점이 본인의 힘으로 해결되지 않을 경우 즉시 상사에게 보고하여 해결하도록 한다.

1) 컴플레인 처리 8단계

고객의 컴플레인을 완벽하게 처리하기 위한 8단계 방법을 제시한다. 평상시 직원들과 교육시간에 이를 교육자료로 활용하여 신속한 처리가 되도록 한다. 또한 레스토랑에서는 컴플레인 사례집을 활용하여 유사한 컴플레인이 발생하지 않도록 최선을 다한다.

(1) 주의 깊은 경청

① 고객의 항의에 경청하고 끝까지 듣는다.
② 선입견을 버리고 문제를 파악하는 데 중점을 둔다.
③ 대화의 1.2.3기법을 적용하여 고객의 말을 성실히 듣는다.

(2) 감사와 공감 표시

① 서비스의 부족함에 대해 해결의 기회를 준 것에 감사를 표시한다.
② 고객의 불평에 공감을 표시한다.
③ 고객의 말에 적당히 맞장구친다.

(3) 진솔한 사과

고객의 이야기를 듣고 문제점에 대한 인정과 잘못된 부분에 대해 깊이 사과한다.

(4) 해결약속

① 고객이 불만을 느낀 상황에 대해 동의를 하고 문제의 빠른 해결을 약속한다.
② 유사한 해결상황을 설명하고 이해를 구한다.

(5) 정보파악

① 문제해결을 위한 질문을 하여 정보를 얻는다.
② 최선의 해결방법을 찾기 어려울 때는 고객과 함께 해결할 수 있도록 조언을 구한다.

⑹ **신속처리**

잘못된 부분을 신속하게 시정한다.

⑺ **처리확인**

① 불만처리 후 고객에게 처리 결과에 만족하는지를 여쭙는다.

② 재발 방지를 위한 최선의 노력을 하겠다는 의지를 고객에게 표시한다.

⑻ **피드백**

① 고객 불만사례를 직원과 공유하고 동일한 문제가 발생하지 않도록 한다.

② 또한 해당 고객에게 적당한 시점에 감사의 표시를 한다.

Useful Expressions

1. I'd like to book a table.
   좌석을 예약하고 싶습니다.

2. For the coming Wednesday.
   돌아오는 수요일로 하겠습니다.

3. Would you mind spelling out your name, please?
   이름 철자를 말씀해 주세요.

4. Would you like a high chair for your child?
   어린이용 의자를 준비해 드릴까요?

5. May I cancel my reservation on May 10th.
   5월 10일에 예약을 취소하고 싶습니다.

6. Let me confirm your reservation.
   손님의 예약을 확인해 드리겠습니다.

7. Please reserve me on a table with a good view.
   전망 좋은 테이블로 예약해 주세요.

8. We're filled up.
   예약이 완료되었습니다.

9. How may many are with you?
   일행이 몇 분인가요?

10. Let me have a slice of New York cheesecake.
    뉴욕 치즈 케이크 한 조각 주세요.

호텔 식음료 · 레스토랑 실무

Hotel Food & Beverage
Restaurant Business

PART **02**

호텔 레스토랑
실무의 이해

Chapter 05 호텔 식음료의 기물

01 레스토랑 서비스 기물

　호텔 레스토랑에서 고객의 식사 시 사용하는 기물 및 필요한 도구들은 은기물류(Silverware), 글라스류(Glassware), 도자기류(Chinaware), 린넨류(Linen), 기타 소모품 및 기자재 등으로 분류할 수 있다. 이러한 기물은 테이블에서의 식사를 보다 풍성하게 해주고, 고급스러운 면과 세련됨을 강조해 주기 때문에 고객에게 긍정적인 측면에서 의미를 부여한다.

　따라서 레스토랑에서는 고객에게 서비스하는 식사에 적합한 기물을 미리 세팅하여 불편함이 없도록 하고, 당일 행사 및 영업에 필요한 기물을 준비하며, 손실 및 파손에 주의하여 철저히 관리해야 한다.

① 은기물류(Silverware)

　레스토랑에서 사용하는 은기물류(Silverware)는 순은제품과 은도금제품이 있는데, 일반적으로 은도금 기물을 사용하고 있으며, 과거에는 고급스러움의 대명사로 여겨져서 관리상의 불편함이 있더라도 은기물류를 사용하였다. 하지만 현재는 은기물류보다 고급스러운 스테인리스(Stainless)제품을 사용한다.

　고객이 테이블에서 식사할 때 사용하는 포크, 나이프, 스푼 등의 모든 은기물류, 스테인리스 기물은 커틀러리(Cutlery)라고 부르기도 한다.

표 5-1 은기물류의 종류

Silverware						
Knife	Fork	Spoon	Ladle	Scoop	Tongs	Others
Dinner	Dinner	Service	Soup	Ice Cream	Ice	Soup Tureen
Appetizer	Fish	Soup	Sauce	Block of	Bread	Wine Cooler
Fish	Salad	Dessert		Ice	Cake	Wine Stand
Butter	Dessert	Tea			Snail	Butter Bowl
Fruit	Oyster	Coffee				Candle Holder
		Ice Cream				Cake Knife
						Serving Tray

1) 은기물류의 종류

(1) Knife

　① Dinner(Main/Steak) Knife

　② Appetizer Knife

　③ Fish Knife

　④ Butter Knife

　⑤ Fruit Knife

(2) Fork

　① Dinner(Main/Steak) Fork

　② Fish Fork

　③ Salad Fork

　④ Dessert Fork

　⑤ Oyster Fork

(3) Spoon

   ① Service

   ② Soup

   ③ Dessert

   ④ Tea/Coffee

   ⑤ Ice Cream

(4) Ladle

   ① Soup

   ② Sauce

(5) Scoop

   ① Ice Cream

   ② Block of Ice

(6) Tongs

   ① Ice

   ② Bread

   ③ Cake

   ④ Snail

(7) Others

   ① Soup Tureen

   ② Wine Cooler

   ③ Wine Stand

   ④ Butter Bowl

   ⑤ Candle Holder

   ⑥ Cake Knife

   ⑦ Serving Tray

2) 은기물류의 취급

(1) 세척 및 관리

레스토랑에서 은기물류와 스테인리스 제품을 동시에 사용하고 있다면, 테이블 세팅과 고객서비스 그리고 취급, 세척 시에 별도로 관리하여 기물의 손상을 방지하도록 한다.

고객이 사용한 기물은 세척기(Dish Washer)에서 세척액을 사용하여 뜨거운 물로 충분히 씻어내며, 세척 후 기물을 종류별로 가지런히 모으고 뜨거운 물을 담은 용기에 잠깐 담갔다가 준비된 워시 타월(Wash Towel)을 이용하여 깨끗이 닦는다.

(2) 보관

여러 종류의 기물을 닦을 때는 부피가 큰 것부터 닦고, 닦인 기물은 기물함 또는 적당한 장소에 깨끗하게 보관한다. 기물을 운반할 때는 가급적 트레이(Tray)를 이용하고, 소리가 나지 않도록 주의한다.

(3) 위생

테이블에 세팅하거나 고객에게 은기물류를 직접 제공할 때는 음식이 닿는 부분을 잡지 않고 손잡이 부분을 파지한다. 기물은 최대한 위생에 주의하여 취급하고, 세팅하도록 한다. 또한 고객에게 기물을 서비스할 때에도 손으로 운반하지 말고 트레이 위에 올려서 운반하며 위생에 신경을 써서 서비스한다.

2 글라스류(Glassware)

호텔의 레스토랑에서 고객서비스 시 사용하는 글라스류(Glassware)는 그 종류도 다양하고 모양도 가지각색이어서 제공하는 음료나 주류에 따라 적합한 글라스를 선택해야 한다. 특히 글라스류는 쉽게 깨지고, 직원을 다치게 할 수 있으므로 특별히 주의를 기울여 취급해야 한다.

레스토랑의 지배인과 캡틴은 음료 교육시간을 통하여 와인을 비롯한 주류 및 음료 교육을 진행하고 각각의 음료에 적합한 글라스의 조화 및 선택에 대한 교육이 필요하다. 어떠한 글라스를 사용하느냐에 따라 분위기와 음료의 맛이 달라지기 때문이다.

표 5-2 글라스의 종류

Glassware			
Water Gls.	Wine Gls.	Beer & Juice Gls.	Cocktail & Liquor Gls.
Water Goblet	Red Wine Gls. White Wine Gls. Sherry Wine Gls. Champagne Gls.	Sour Gls. Pilsner Gls. Highball Gls. Tall Gls. Juice Gls.	Cocktail Gls. Brandy Gls. Liqueur Gls. Shot Gls. Old Fashioned Gls.

1) 글라스(Glassware)의 종류

⑴ 고블렛(Goblet)

① Water Goblet

⑵ 와인글라스(Wine Glass)

① Red Wine

② White Wine

③ Sherry Wine

④ Champagne

⑶ 맥주 & 주스 글라스(Beer & Juice Glass)

① Highball Glass

② Tall Glass

③ Pilsner Glass

④ Juice Glass

⑤ Sour Glass

⑷ 칵테일 & 주류 글라스(Cocktail & Liquor Glass)

① Cocktail Glass

② Brandy Glass

③ Liqueur Glass

④ Old Fashioned Glass

⑤ Sour Glass

⑥ Shot Glass

2) 글라스류의 취급

⑴ 글라스의 취급

모든 기물류는 취급 시 주의를 해야 하지만 특히 글라스류(Glassware)는 깨지기 쉬우므로 취급하는 직원의 안전에도 각별히 조심해야 한다. 실제 레스토랑에서는 글라스에 의한 안전사고가 종종 발생하기 때문에 주의를 요한다.

글라스를 다룰 때는 반드시 글라스의 아랫부분(Stem)을 잡아야 하고 글라스의 윗부분이나 글라스의 안쪽 부분에 손가락을 넣어서는 안된다. 스템(Stem)이 없거나 짧은 글라스는 바디(Body)의 아랫부분을 잡고서 서비스하거나 운반한다.

⑵ 트레이의 사용

글라스를 운반할 때는 가급적 트레이(Tray)를 이용하여 운반하고, 소리가 나지 않도록 주의하며, 트레이(Tray)에서 글라스가 미끄러지지 않도록 주의한다. 고객에게 음료나 주류를 서비스할 때는 내용물이 담겨 있기 때문에 쏟아지지 않도록 특히 주의한다.

실제 레스토랑에서 경험이 많지 않은 신입직원의 경우는 고객에게 서비스할 때 세심한 주의를 기울여야 하며 경험미숙으로 인한 실수를 하지 않도록 한다.

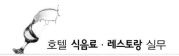

(3) 글라스의 세척

한번에 많은 양의 글라스를 운반하거나 보관할 때는 글라스 랙(Glass Rack)을 사용한다. 또한 세척 시에도 글라스 랙(Glass Rack)에 같은 종류의 글라스를 넣어서 세척한다. 세척 후 글라스를 닦을 때는 깨진 것이 있거나 스크래치가 심하게 난 글라스는 분리하여 파손처리한다.

(4) 글라스의 보관 및 청결

파손된 글라스를 분리해 내고 글라스를 닦을 때는 준비된 워시 타월(Wash Towel)을 이용하여 깨끗이 닦는다. 취급 시와 마찬가지로 글라스류는 닦을 때에도 깨지기 쉬우므로 무리한 힘을 주지 않도록 주의한다.

닦인 글라스는 은기물류와 마찬가지로 기물함 또는 적당한 보관장소에 깨끗하게 보관한다. 마지막으로 테이블에 세팅하거나 고객에게 글라스를 직접 제공할 때는 글라스의 윗부분을 잡지 않고 글라스의 아랫부분을 파지한다. 글라스류는 최대한 위생에 주의하여 취급하고, 파손되기 쉬우므로 주의한다.

③ 도자기류(Chinaware)

레스토랑에서 사용하는 도자기류(Chinaware)에는 커피 컵(Coffee Cup), 찻잔(Tea Cup), 수프 컵(Soup Cup), 접시(Plate), 포트(Pot) 등이 있다. 종래의 식기류는 흰색 원형 모양의 도자기가 대부분이었으나, 근래에는 각양각색의 기물류가 고객에게 서비스되고 있어 음식뿐만 아니라 제공되는 기물류 또한 새로운 서비스의 창출로 인식되고 있다.

표 5-3 도자기의 종류

Chinaware			
Plate	Bowl	Cup & Saucer	Others
Dinner (Main Dish) Appetizer Salad Dessert B & B (Butter & Bread)	Pasta/Spaghetti Soup Cream Sauce Sugar	Coffee Tea Demitasse Cup Soup Cup	Flower Vase Salt & Pepper Toothpick Holder Paper Napkin Holder

특히 글라스류와 마찬가지로 도자기류는 외부의 압력이나 취급상의 부주의로 쉽게 깨지기 쉬운 점은 주의해야 한다. 취급상의 부주의로 손실되는 기물은 회사의 자산이 사라진다는 의식을 가지고 특히 주의를 기울인다.

1) 도자기의 종류

(1) 플레이트(Plate)

① Dinner(Main Dish) Plate

② Appetizer Plate

③ Salad Plate

④ Dessert Plate

⑤ B & B(Butter & Bread) Plate

(2) 볼(Bowl)

① Pasta/Spaghetti Bowl

② Soup Bowl

③ Cream Bowl

④ Sauce Bowl

⑤ Sugar Bowl

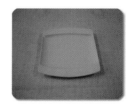
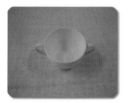

(3) **컵 & 소서(Cup & Saucer)**

① Coffee Cup & Saucer

② Tea Cup & Saucer

③ Demitasse Cup & Saucer

④ Soup Cup & Saucer

(4) Others

① Flower Vase

② Salt & Pepper

③ Toothpick Holder

④ Paper Napkin Holder

2) 도자기류의 취급

(1) 도자기류의 취급

플레이트를 운반하거나 취급할 때는 각각의 수량에 맞게 적절한 파지방법으로 안전하게 서비스한다. 고객에게 음식을 서비스할 때는 플레이트의 테두리(Rim) 안쪽으로 손가락이 절대 들어가지 않도록 주의해서 서비스하며, 플레이트를 많이 들려고 하지 말고 고객서비스에는 최대한 안전에 유의한다.

특히 요리가 담긴 여러 개의 플레이트를 겹쳐 들 때는 플레이트가 요리에 닿지 않도록 조심해야 한다.

(2) 도자기류의 서비스

플레이트류나 기타의 도자기류는 취급상의 부주의로 기물의 가장자리 부분이 깨지는 경우가 빈번히 발생하므로 취급 및 고객서비스 시에 주의해야 한다. 특히 고객에게 서비스할 때는 기물 간의 소음이나 충돌에 주의하며 최대한 정중하고 품위 있는 서비스를 제공한다.

4 린넨류(Linen)

린넨(Linen)은 호텔의 객실부서나 식음료업장에서 사용하는 천 재질로 된 냅킨, 클로스 등을 말한다. 객실부서의 린넨류는 침구류와 욕실의 타월, 가운 등이며, 식음료부서의 레스토랑에서는 식사 시 무릎 위에 올려놓는 클로스 냅킨(Cloth Napkin), 테이블 위에 세팅하는 테이블 클로스(Table Cloth) 등을 뜻한다.

일반적으로 레스토랑에서는 깨끗함을 강조하기 위해 흰색 린넨을 주로 사용해 왔으나, 최근에는 모임의 성격과 주최 측의 요구 등에 따라 다양한 컬러를 제작하여 고객에게 서비스하기도 한다.

1) 린넨의 종류

(1) 테이블 클로스(Table Cloth)

테이블 클로스로는 전통적으로 깨끗한 이미지의 흰색 클로스가 사용되어 왔으나, 근래에는 레스토랑 분위기와 행사의 성격, 주최 측의 요구 등에 따라 다양한 색상의 클로스를 사용하고 있으며, 또한 무늬를 넣어서 사용하는 경우도 많아졌다. 그리고 테이블 클로스의 위에 탑 클로스(Top Cloth)를 깔아서 식탁을 화려하게 장식하는 레스토랑이 늘고 있다.

(2) 미팅 클로스(Meeting Cloth)

미팅 클로스는 레스토랑보다는 연회행사가 주가 되는 연회장에서 회의나 세미나, 그리고 많은 사람이 참석하는 국제회의 등에 사용하는 녹색의 융단(Felt)으로 만든 천을 말한다. 녹색의 테이블 클로스(Green Felt)는 장시간 행사에 참여하는 참석자들의 눈의 피로를 풀어주기 위한 것이다.

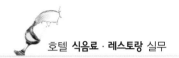
⑶ 냅킨(Napkin)

냅킨은 레스토랑에서 가장 많이 사용하는 린넨이며, 고객이 테이블에서 식사할 때 무릎 위에 올려놓아 음식물이 떨어져서 옷이 더러워지는 것을 방지하고, 식사 중에 입가의 음식물을 살짝 닦을 때 사용한다. 일반적으로 흰색 냅킨을 가장 많이 사용한다.

근래에는 테이블 클로스와 함께 여러 가지 색상을 만들어서 사용하기도 한다. 사이즈는 52cm×52cm가 적당하며, 냅킨은 테이블에 세팅되는 장식품 중에서 레스토랑의 분위기를 살리는데 가장 좋은 소품 중 하나이다.

⑷ 언더 클로스(Under Cloth)

언더 클로스(Under Cloth)는 테이블 클로스 밑에 까는 클로스이며, 레스토랑의 직원이 고객에게 서비스할 때 기물에서 소리가 나지 않도록 완충작용을 한다. 테이블의 촉감을 부드럽게 하고 소리가 나지 않는다고 하여 사일런스 클로스(Silence Cloth)라고도 한다.

언더 클로스(Under Cloth)는 부드럽게 하기 위해 털로 다져서 만든 천(Felt) 또는 면종류의 소재로 만든다. 언더 클로스는 테이블에 고정하여 사용하는 것이 일반적이다.

⑸ 워시 클로스(Wash Cloth)

워시 클로스(Wash Cloth)는 고객에게 서비스하는 린넨은 아니며, 레스토랑에서 사용하는 기물이나 집기류를 닦을 때 사용한다. 글라스 등의 기물을 닦을 때 사용하는 것이므로 면소재로 된 제품을 사용한다.

02 기타 식음료의 기물

레스토랑에서 사용하는 장비나 비품은 레스토랑의 종류에 따라서 각양각색의 모양과 용도를 가지고 있다. 다음은 레스토랑에서 주로 사용하는 장비류와 비품류이다.

1 장비류

1) 카트(Cart)

레스토랑에서 사용하는 카트는 고객에게 식음료를 서비스하기 위한 서비스 기구는 아니며, 린넨을 비롯하여 레스토랑에서 사용하는 식자재, 소모품 등을 운반할 때 사용하는 단순 운반용 도구이다.

2) 왜건(Wagon)

왜건(Wagon)은 서비스 왜건이라고도 부르며, 고객이 주문한 식사를 고객에게 서비스할 때 사용하는 도구이다. 프렌치 레스토랑에서 고객의 테이블 옆에서 조리할 때 사용하는 플람베 왜건(Flambee Wagon)이 있다.

왜건은 고객의 테이블 옆에서 각종 식음료를 서비스해 주는 도구이기 때문에 영업 전에는 팔걸이 타월(Arm Towel), 서빙스푼 & 포크(Serving Spoon & Fork), 트레이(Tray) 등의 소모품을 준비해 둔다.

(1) 플람베 왜건(Flambee Wagon)

프렌치 레스토랑에서 고객의 테이블 앞에서 전채요리나 후식 등을 간단히 조리할 때 사용하는 왜건이며, 필요한 양념류, 프라이팬, 소스류 등을 비치해 둔다.

(2) 로스트비프 왜건(Roast Beef Wagon)

로스트비프 왜건(Roast Beef Wagon)은 고객에게 육류요리를 직접 서비스해 주는 왜건이다. 뷔페식당이나 연회행사 시 주로 사용하며, 프라임 립 트롤리(Prime Rib Trolly)라고도 한다.

3) 트롤리(Trolly)

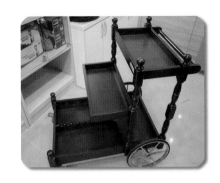

트롤리(Trolly)는 왜건과 마찬가지로 고객에게 식사와 음료를 서비스하기 위해 사용하는 도구이다. 용도에 따라 트롤리에는 룸서비스 트롤리(Room Service Trolly), 디저트 트롤리(Dessert Trolly), 바 트롤리(Bar Trolly) 등이 있다.

(1) 룸서비스 트롤리(Room Service Trolly)

룸서비스 트롤리(Room Service Trolly)는 객실에 투숙해 있는 고객에게 식음료를 제공하기 위한 도구이다. 주문한 음식을 객실에 신속하게 서비스하기 위한 트롤리이기 때문에 복잡한 모양보다는 단순한 디자인을 선호한다.

(2) 디저트 트롤리(Dessert Trolly)

디저트 트롤리(Dessert Trolly)는 레스토랑이나 카페, 커피숍 등에서 각종 케이크나 치즈 등의 디저트 음식을 진열하여 고객에게 판매를 목적으로 하는 트롤리이다. 룸서비스 트롤리에 비해 모양이 화려하고 치장되어 있어 고객의 시선을 끌어야 한다.

(3) 바 트롤리(Bar Trolly)

바 트롤리(Bar Trolly)는 각종 주류와 조주에 필요한 얼음, 글라스, 부재료, 기타 바 기물 등을 비치하여 다양한 칵테일이나 주류를 제공하는 트롤리를 말한다. 일명 식후주 트롤리(After Dinner Drink Trolly)라고도 부르며, 대규모 고객을 위한 연회장 바 트롤리(Banquet Bar Trolly) 등이 있다.

⑷ 서비스 트롤리(Service Trolly)

서비스 트롤리(Service Trolly)는 레스토랑에서 각종 식음료를 운반할 때 사용하며, 특히 단체고객이 식사한 뒤 기물을 치울 때 빠르고 안전하게 옮길 수 있는 트롤리이다.

4) 서비스 스테이션(Service Station)

서비스 스테이션(Service Station)은 레스토랑에서 고객에게 신속한 서비스와 필요한 기물을 제공하기 위한 도구로서, 사이드 테이블(Side Table), 서빙 테이블(Serving Table) 등으로 불리기도 한다.

서비스 스테이션에는 직원이 항상 상주하여 고객의 요청 시에 즉각적인 서비스가 이루어지도록 하며, 필요한 물품과 준비물 등은 수시로 확인하도록 한다.

② 비품류

1) 트레이(Tray)

트레이(Tray)는 레스토랑에서 고객에게 식음료를 제공할 때 가장 일반적으로 사용하는 도구이며, 손으로 서비스하기 힘든 도자기류나 글라스류 등을 안전하고 간편하게 운반할 때 사용한다.

레스토랑에서는 일반적으로 플라스틱(Plastic) 제품으로 된 트레이를 가장 많이 사용하고, 둥근형(Round), 사각형(Square), 직사각형(Rectangular)의 종류가 있다.

2) 글라스 랙(Glass Rack)

글라스 랙(Glass Rack)은 유리로 된 글라스를 안전하게 보관하는 랙이며, 글라스 세척기에 세척할 때나 세척 후 보관할 때 사용하기 편리하다. 글라스의 모양에 따라 각기 다른 모양을 하고 있으며, 보관할 수 있는 구멍의 수에 따라 16구 랙, 24구 랙, 30구 랙 등으로 분류할 수 있다.

3) 디캔터(Decanter)

디캔터(Decanter)는 음료나 와인 등의 주류를 담아둘 수 있는 용기를 말한다. 일반적으로 유리로 된 제품과 플라스틱 제품이 일반적이며, 유리로 된 제품의 디캔터는 취급 시 주의를 요한다.

4) 와인 바스켓(Wine Basket)

레드 와인을 고객에게 서비스하거나 테이블이나 장식장에 보관할 때 사용하는 바구니는 와인 바스켓(Wine Basket) 또는 파니에(Panier)라고 부른다. 그리고 화이트 와인은 차가운 얼음물에 담아서 서비스하기 때문에 와인 버킷(Wine Bucket) 또는 와인 쿨러(Wine Cooler)에 담아서 서비스한다.

5) 와인냉장고(Wine Refrigerator) /와인 셀러(Wine Cellar)

와인냉장고(Wine Refrigerator)는 화이트 와인, 레드 와인, 로제 와인, 샴페인 등을 보관할 수 있는 와인 전용 냉장고이며, 보관온도를 조절할 수 있다. 와인 셀러(Wine Cellar)는 고객에게 보여주기 위한 와인 보관장소를 말하며, 지정된 온도에 와인을 보관하는 장식장을 말한다.

③ 소모품

레스토랑에서 고객서비스에 필요한 소모품에는 다음과 같은 종류가 있으며, 실용성을 충분히 고려하여 디자인해야 한다. 특히 호텔 전체의 이미지와 디자인을 고려하여 동질감과 일관성을 가지고 소모품류의 디자인을 한다.

1) 메뉴(Menu)

① 식사 메뉴(Food Menu)

② 음료 메뉴(Beverage Menu)

③ 와인 리스트(Wine List)

2) 문구류 및 기타 소모품

① 볼펜, 연필

② 고객용 메모지

③ 페이퍼 냅킨

④ 이쑤시개(Toothpick)

⑤ 성냥(Match)

⑥ 코스터(Coaster)

⑦ 기타 공산품 등

표 5-4 가구류 및 소모품류

Table	Chair	Others	소모품류
Square	Arm Chair	Service Station	Salt & Pepper
Rectangular	Easy Chair	Menu Stand	Sugar
Deuce	Stocking Chair	Sign Board	Cream
Round		Reception Desk	Match
Oval			Paper Napkin
Half Moon			Toothpick
Quarter Moon			Coaster
			Muddler
			Candle
			Straw
			Cocktail Pick

Useful Expressions

• A : Host
• B : Guest

A : Hello. Good afternoon, how many?
B : I have three.

A : Do you have a reservation?
B : No, I don't.

A : Any preference for your seat?
B : Let me have a table by the window with a nice view.

A : Sure. This way, please.
B : Thank you.

A : 안녕하세요. 고객님. 일행이 모두 몇 분이세요?
B : 세 명입니다.

A : 예약하셨나요?
B : 아니요. 안했습니다.

A : 어느 자리로 안내해 드릴까요?
B : 바깥 경치가 좋은 창가 쪽 테이블로 부탁을 드리겠습니다.

A : 알겠습니다. 안내해 드리겠습니다.
B : 고맙습니다.

Chapter 06

메뉴와
조리부서의 이해

메뉴의 개요

메뉴(Menu)는 일반적으로 레스토랑에서 인쇄물 형태로 만들어진 메뉴판(Menu Book, Board)이라는 의미와 각각의 음식 아이템(Food Item)이라는 의미로 설명된다. 메뉴는 식음료부서 운영에 있어서 가장 중추적인 역할을 하는 관리도구이며, 통제도구이다.

1 메뉴의 유래

메뉴(Menu)의 어원은 라틴어의 '미누투스(Minutus)'에서 유래되었는데 이 말은 영어의 '미니트(Minute)'에 해당되며, '상세하게 기록한다'라는 의미이다. 원래는 조리사의 메모에서 출발하였는데, 요리의 재료와 조리하는 방법을 설명한 것이라고 한다.

1541년 프랑스 앙리 8세 때 브랑위그 공작이 베푼 만찬회 때부터 요리명과 순서를 기입한 리스트

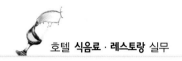

를 작성하여 그 리스트에 의해 음식물을 차례로 서비스하였다고 하며, 그 후 19세기에 이르러 프랑스에서 메뉴의 명칭이 일반화되어 사용되었다.

이러한 메뉴는 현재에 이르러 레스토랑의 운영에 있어 가장 중요한 핵심적인 요소로 부각되었으며, 레스토랑의 창업에 있어서도 가장 먼저 고려해야 할 사항으로 여겨지는 매우 중요한 것이다.

2 ▶ 메뉴의 정의

메뉴(Menu)를 사전적 의미로 정의하면 웹스터(Webster)사전에서는 'a detailed list of the served at a meal'이라고 하며, 옥스퍼드(Oxford)사전에서는 'a detailed list of the dishes to be served at a banquet or meal'이라 한다. 국어사전에서는 '메뉴는 차림표 또는 식단'이라고 정의하고 있다. 따라서 다양한 사전적 의미를 해석하면 메뉴는 '식사로 제공되는 요리를 상세히 기록한 목록표'라 할 수 있다.

메뉴는 일반적으로 '차림표', 또는 '식단'이라고 부르는데, 레스토랑에서 판매하는 식음료 상품에 대한 명칭과 가격 그리고 간략한 설명을 곁들일 수 있다.

표 6-1 메뉴의 정의

출 처	정 의
웹스터사전(미국)	a detailed list of the served at a meal
옥스퍼드사전(영국)	a detailed list of the dishes to be served at a banquet or meal
국어사전(한국)	식당이나 음식점에서 음식의 종류와 가격을 적은 판
본서(本書)의 정의	레스토랑에서 식사로 제공되는 요리를 상세히 기록한 목록표

3 ▶ 메뉴의 중요성

레스토랑에서 메뉴의 역할과 중요성은 그 어떤 것과도 비교될 수 없는데, 다음과 같은 내용에 초점을 두고 메뉴는 다루어져야 한다.

① 메뉴관리는 레스토랑 경영의 시작이며 경영의 핵심이다.

② 메뉴를 통해 레스토랑의 운영상태를 알 수 있다.

③ 메뉴는 레스토랑의 얼굴이며 품격을 나타낸다.

④ 메뉴는 판매를 도와준다.

⑤ 메뉴는 레스토랑의 개성과 분위기를 창출하는 도구이다.

⑥ 메뉴는 고객의 욕구를 충족시켜 준다.

⑦ 메뉴는 말 없는 판매자이다.

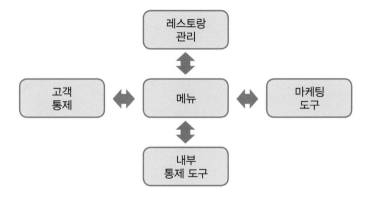

[그림 6-1] 메뉴의 중요성 및 역할

④ 메뉴의 종류

1) 식사 내용에 의한 메뉴

⑴ 정식 메뉴(Table D'hote)

호텔에서 제공하는 정식 메뉴는 요리의 종류와 순서가 정해져 있는 메뉴로서, 일반적인 레스토랑에서는 정식 메뉴를 세트메뉴(Set Menu) 또는 풀코스메뉴(Full Course Menu)라고 부른다.

정식 메뉴는 아침, 점심, 저녁, 연회 등을 막론하고 어느 때든지 서비스할 수 있으며, 시각적인 효과뿐만 아니라 영양분의 균형을 고려한 훌륭한 식사가 제공되며 고객의 선택 폭이 다양하다. 또한 정식 메뉴는 주기적으로 새로운 메뉴를 작성하여 고객의 기대와 호기심을 충족시켜 주어야만 한다.

레스토랑에서 제공하는 정식 메뉴는 식사를 시작하기 전에 식욕을 촉진하기 위한 가벼운 식전주(Aperitif)를 하며, 식사를 다 마친 뒤에는 소화의 의미로 알코올 도수와 풍미가 있는 식후주(Digestif)를 곁들여 마신다. 정식 메뉴의 제공 순서는 다음과 같다. (제공되는 메뉴의 코스에 대한 자세한 설명은 Chapter 9 서양식 요리의 이해 참조)

① 식전음료, 식전주(Aperitif)
② 전채요리(Appetizer)
③ 수프(Soup)
④ 생선(Fish) or 파스타(Pasta)
⑤ 셔벗(Sherbet)
⑥ 메인요리(Main Dish)
⑦ 샐러드(Salad)
⑧ 후식(Dessert)
⑨ 커피 또는 차(Coffee or Tea)
⑩ 식후주(Digestif)

또한 정식 메뉴는 레스토랑 측에서 사전에 세트 메뉴화하여 메뉴의 순서를 결정하여 판매하는 상품이기 때문에 단품메뉴(일품요리)에 비해 다음과 같은 장점 및 특징이 있다.

① 가격이 일품메뉴에 비해 비교적 저렴하다.
② 고객의 메뉴선택이 용이하다.
③ 일품메뉴에 비해 원가가 낮아진다.
④ 객단가 및 레스토랑의 매출액이 높다.
⑤ 가격이 고정되어 있어 예산계획이 쉽다.

⑥ 신속하고 능률적인 서비스를 할 수 있다.

⑦ 조리과정이 비교적 일률적으로 진행되며, 고객서비스에 일관성이 있다.

---

3 or (4) Course Menu
Appetizer – Main Dish – Dessert – (Coffee or Tea)

5 Course Menu
Appetizer – Soup – Main Dish – Dessert – Coffee or Tea

7 Course Menu
Appetizer – Soup – Fish – Main Dish – Salad – Dessert – Coffee or Tea

9 Course Menu
Appetizer – Soup – Fish – Sherbet – Main Dish – Salad – Dessert –
Coffee or Tea – Pralines

[그림 6-2] 정식 메뉴의 다양성

⑵ 일품요리(A la Carte)

레스토랑에서 일품요리의 메뉴 구성은 정식 메뉴의 식사 순서대로 주문할 수 있도록 준비되어 있으며, 메뉴별로 여러 종류를 나열해 놓고 고객이 기호에 맞는 음식을 선택하여 먹을 수 있도록 만들어진 메뉴이다. 따라서 정식 메뉴보다는 가격이 높은 편이다. 정식 메뉴는 고객이 메뉴를 일일이 선택할 수 없지만, 일품요리는 고객이 원하는 메뉴를 선택하여 식사할 수 있다.

일품요리는 한번 작성되면 메뉴 리스트에서 교체하기가 비교적 힘들다는 단점이 있다. 요리준비나 재료구입 업무에 있어서는 단순화되어 능률적이라 할 수 있으나, 원가상승에 의해 이익이 줄어들 수도 있다. 특히 단골 고객에게는 신선한 매력이나 맛을

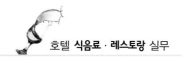

느낄 수 없게 만들어 판매량이 줄어들 수 있으므로 고객의 호응도를 감안하여 새로운 메뉴 계획을 꾸준히 시도해야만 한다. 또한 일품요리는 세트메뉴(코스요리)에 비해 다음과 같은 장점 및 특징이 있다.

① 고객의 입장에서 보면 메뉴 선택의 폭이 넓다.
② 메뉴의 재고관리가 어렵다.
③ 가격은 세트메뉴에 비해 비싼 편이다.

(3) 특별 메뉴(Special Menu)

특별 메뉴는 원칙적으로 매일매일 신선하고 특별한 재료를 구입하여 주방장이 최고의 기술을 발휘함으로써 고객의 식욕을 돋우는 메뉴이다. 이것은 기념일이나 명절과 같은 특별한 날이나 계절과 장소에 어울리는 산뜻하고 입맛을 돋우게 하는 메뉴라고 할 수 있다. 특별 메뉴의 종류는 다음과 같다.

① **축제메뉴**(Gala & Festival Menu)

특정 나라의 축제일이나 기념일에 일정기간 동안 고객에게 축제의 의미로 제공하는 음식이며, 추수감사절의 칠면조요리, 프랑스의 달팽이요리, 스위스의 치즈요리, 중국의 딤섬요리 축제 등 다양한 행사를 동반한 요리축제라 할 수 있다.

② **계절메뉴**(Seasonal Menu)

사계절이 뚜렷한 우리나라의 경우에는 각 계절에 맞는 독특한 음식으로 고객의 입맛을 사로잡을 수 있는 다양한 음식을 준비할 수 있다. 봄철의 상큼한 봄나물 축제, 여름철의 다양한 과일과 보양식 요리 축제, 가을의 송이버섯요리, 전어 등 향토성과 계절감을 겸비한 메뉴가 대표적인 계절메뉴라 할 수 있다.

③ **오늘의 특선메뉴**(Daily Special Menu / Today Special Menu)

오늘의 특선메뉴는 매일매일 신선한 식재료를 준비하여 고객에게 합리적인 가격으로 최상의 요리를 제공하는 메뉴를 말한다. 이러한 메뉴는 고객에게 신속한 서비스를 할 수 있고, 재료의 재고를 활용할 수 있다는 장점이 있다.

④ **주방장 특선메뉴**(Chef's Recommend Menu)

주방장 특선메뉴는 오늘의 특선메뉴와 같은 의미로 설명할 수 있으며, 주방장이 매일매일의 신선한 재료를 이용하여 고객에게 서비스하는 것을 말한다.

위와 같은 특별 메뉴는 레스토랑에 다음과 같은 운영상의 장점을 가져올 수 있다.

첫째, 매일매일 준비된 상품으로 신속한 서비스를 할 수 있다.

둘째, 재료의 재고를 최대한 활용할 수 있다.

셋째, 고객의 선택을 흥미롭게 할 수 있다.

넷째, 레스토랑의 매출액을 증진시킬 수 있다.

⑷ **연회 메뉴**(Banquet Menu)

호텔 연회행사 시 고객에게 제공되는 메뉴는 대체로 세트메뉴(Set Menu)가 많으며, 고객의 선택에 따라 뷔페 메뉴가 제공되는 경우도 있다. 연회행사 시 제공되는 세트메뉴는 양식, 한식, 일식, 중식 등으로 고객이 원하는 메뉴와 가격이 다양하게 준비되어 있다.

대규모 연회행사 시 세트메뉴는 주로 양식메뉴를 이용하는 경우가 많으며, 한식·일식·중식은 준비상의 문제로 인해 소규모 모임 위주의 행사에서 주로 이용한다. 연회 메뉴는 고객의 편의를 위해 세트메뉴를 미리 준비해 놓고 고객은 준비된 메뉴를 선택하여 행사를 진행한다.

⑸ **뷔페 메뉴**(Buffet Menu)

호텔에서 운영하는 뷔페 레스토랑에는 상설뷔페(Open Buffet)와 연회행사 시 고객의 요청

이 있을 경우 제한적으로 운영하는 주문식 뷔페(Close Buffet)가 있다.

상설뷔페(Open Buffet)는 호텔의 메인 뷔페 레스토랑으로서 매일 영업을 하고 있으며, 일정액의 금액을 지불하면 양껏 먹을 수 있는 레스토랑이다. 주문식 뷔페(Close Buffet)는 주로 연회장에서 연회 메뉴로써 진행하며, 고객의 요청에 따라 다양한 가격대와 메뉴를 제공하는 점에 그 차이가 있다.

2) 식사시간에 의한 메뉴

식사시간에 의한 메뉴의 종류는 Chapter 2의 4절에서 이미 설명하였으므로 여기서는 간략하게 소개한다.

① Breakfast(American Breakfast/Continental Breakfast/Korean Breakfast)
② Brunch
③ Lunch(Luncheon)
④ Afternoon Tea
⑤ Dinner
⑥ Supper

3) 사용기간(메뉴의 변화)에 의한 메뉴

① **고정메뉴** : 연중 지속적으로 제공되는 정기메뉴를 말한다.
② **주기적 사이클 메뉴** : 특정기간의 날짜를 주기로 순환, 또는 계절별로 변화를 주는 메뉴이다.
③ **단기메뉴** : 성수기의 재료로 계절감을 부각시키는 메뉴이다.

4) 취급품목에 따른 분류

① **서양식 메뉴**(Western Style Menu) : 프랑스, 이태리, 미국, 멕시코 등의 메뉴를 말한다.

② **동양식 메뉴**(Oriental Style Menu) : 한식, 일식, 중식, 인도식 등의 메뉴를 말한다.

③ **혼합식 메뉴**(Mix Menu) : 퓨전요리 등의 신개념으로 개발된 메뉴를 말한다.

02 메뉴계획 및 조리부서의 이해

메뉴는 호텔 식음료부서의 판매상품으로서 중요한 역할을 담당하고 있으며, 호텔 전체의 이미지와 서비스 수준 등을 결정할 수 있는 요소가 된다. 따라서 호텔의 식음료부서에서는 메뉴가 호텔 전체의 매출에 영향을 미친다는 점을 염두에 두고 레스토랑별 메뉴 계획 및 가격의 결정에 심혈을 기울여야 한다.

① 메뉴계획(Menu Planning)

메뉴계획(Menu Planning)이란 구체적으로 어디서, 누구에게, 무엇을, 어디서 구매하여, 어떻게 조리하여, 언제, 얼마의 가격에, 어느 정도의 양으로, 어떻게 제공해야하는가를 고려하여 고객이 원하는 아이템과 호텔 식음료부서의 목표를 달성할 수 있는 이상적인 메뉴의 아이템과 다양성을 결정하는 것을 말한다.

따라서 메뉴를 계획할 때는 고객의 기호, 수익성, 구입과 판매가능한 식품, 주방의 조리능력, 주방장의 능력, 영양적인 균형, 서비스 직원의 능력 등의 요소들을 종합적으로 판단하여 고려해야 한다.

또한 메뉴계획 시에는 주방의 책임자, 홀 서비스의 책임자, 경영자 등이 모두 참여하여 레스토랑의 메뉴에 대한 기본 콘셉트를 설정하고, 구체적인 작업을 진행해야 하며 다음과 같은 전략적인 판단이 필요하다.

1) 레스토랑 이용 고객의 욕구와 성향 파악

메뉴계획 시에 가장 중요하고 가장 먼저 다루어져야 할 부분이며, 레스토랑의 잠재적 이용계층을 면밀히 분석할 필요가 있다. 메뉴의 주요 이용 고객층과 고객들의 욕구와 성향을 파악해야 한다.

2) 메뉴 판매 시의 수익성 고려

메뉴 가격에는 기본 식재료 외에 직원의 인건비, 고정경비, 변동경비 등의 여러 비용 등이 포함된다. 따라서 메뉴의 판매가격은 이러한 경비 등을 신중히 고려하여 결정하도록 한다. 또한 경쟁 호텔 레스토랑의 판매가격도 신중히 검토한다.

3) 계절감과 즉시 구입 가능한 식자재 고려

메뉴계획 시에는 시장에서 쉽게 구입 가능한 식자재를 원료로 하는 메뉴계획이 선행되어야 한다. 또한 구입노선을 하나 이상의 거래선으로 확보하는 방안도 고려해야 한다.

4) 조리기구와 주방설비 등의 고려

레스토랑의 특성에 부합하는 주방기구와 주방장의 능력을 고려한 메뉴계획이 되어야 한다. 전문 설비기구와 조리기구를 고려하여 계획하고, 불가능한 아이템은 계획하지 않아야 한다. 메뉴계획 시 조리장이나 주방 스태프의 참여가 꼭 필요한 이유이다.

5) 영양적인 균형 고려

특히 세트메뉴와 같이 코스로 제공되는 메뉴는 각 제공단계별 메뉴의 특성을 고려하여 영양적인 면을 균형 있게 구성해야 한다. 또는 일품요리의 경우에도 레스토랑에서 메뉴화되는 전체적인 메뉴에 대하여 각 음식의 양 · 맛 · 질 등을 고려한 메뉴계획이 되어야 한다.

② 메뉴 가격 결정

레스토랑의 메뉴 가격은 호텔 전체의 이미지와 호텔의 평가와도 직결되는 문제이기 때문에 많은 고려를 해야 한다. 메뉴 가격은 현재의 시장에서 형성되어 있는 수요와 공급의 법칙, 경쟁사의 가격, 고객의 가격에 대한 심리적인 부담 등으로 결정되는데 상황에 따른 적절한 대응과 합리적인 가격 결정이 되어야 한다.

호텔 레스토랑에서의 메뉴 가격 결정방법은 다음과 같다.

1) 비용 지향적 가격 결정방법

(1) 마진확보 방법

레스토랑이나 호텔에서 목표로 한 마진을 메뉴원가에 추가하는 방법이다. 예를 들어 메뉴원가가 10,000원이고 마진 20%를 메뉴원가에 결정했다면 판매가는 12,000원이 된다.

> 예 판매가격 = 메뉴원가 + 결정된 마진(12,000원 = 10,000원 + 10,000원 × 0.2)

(2) 목표원가에 의한 방법

총 식재료 비용을 레스토랑이나 호텔에서 목표로 한 원가로 나누어 가격을 결정하는 방법이다. 예를 들어 총 식자재 비용이 20,000원이고 식자재의 목표원가를 32%로 책정했다면 판매가는 62,500원이 된다.

> 예 판매가격 = 총 식자재 비용 ÷ 식자재 목표원가(62,500원 = 20,000원 ÷ 0.32)

2) 경쟁 지향적 가격 결정방법

경쟁 지향적 가격 결정방법은 경쟁하고 있는 호텔이나 레스토랑의 가격을 분석하여 결정하는 방법이다. 이러한 방법은 경쟁호텔의 레스토랑별 메뉴가격을 모두 조사하여 비교분석하는 방법으로 실제 호텔에서 적용하는 방법이다.

특급호텔에서는 규모 면이나 서비스의 수준 등을 고려하여 가격을 결정하는데 자사와 비슷한 경영을 하는 호텔 레스토랑의 가격을 비교의 대상으로 한다.

⑴ 경쟁 레스토랑과 비슷한 가격 형성

메뉴와 목표원가, 서비스 수준 등의 비교대상이 비슷한 경우에는 경쟁사와 비슷하거나 같은 가격을 형성한다.

⑵ 경쟁 레스토랑의 가격보다 높은 가격

경쟁사와 비교하여 메뉴와 서비스형태가 차별화되어 있다고 판단한 경우는 가격대를 높게 유지한다.

⑶ 경쟁 레스토랑보다 낮은 가격

경쟁사 시장의 틈새를 잠식하거나 방어하기 위한 전술로서 경쟁사의 품질보다 낮다고 판단한 경우는 가격을 낮게 유지한다.

③ 조리부서의 이해

1) 조리부서의 직무

조리부서는 식음료 상품을 생산해 내는 부서이며, 고객의 다양한 기호를 충족시키면서 예술적 작품으로 승화시키는 작업과정으로서 숙련된 최고의 기술을 요구한다. 따라서 조리사는 본인의 분야에서 최고의 음식을 만들어내야 하며, 위생과 청결에도 관심을 기울이고 전문 직업인으로서의 자부심과 긍지를 가지고 근무에 임한다.

시대의 변화에 따라 가치관과 직업관이 변화하게 되는데 최근에는 해외 유학과 해외 유명 호텔에서의 화려한 근무경력 등을 바탕으로 스타급 조리장들이 대거 등장하면서 조리사에 대한 인식이 급변하고 있다.

조리사, 요리사, 주방장 등의 호칭보다는 셰프(Chef)라는 호칭이 친숙한 이유일 것이다. 셰프라는 화려함과 유명세 뒤에는 조리에 대한 열정과 고객에게 훌륭한 식사를 대접하고자 하는 직업의식이 숨어 있다는 사실을 간과해서는 안된다.

2) 주방의 개념

주방(Kitchen)은 레스토랑에서 고객에게 제공하는 음식을 조리하는 데 있어 각종 조리기구와 저장설비를 사용하여 기능적이고 위생적인 조리작업으로 음식물을 생산하고 고객에게 서비스하는 시설을 갖춘 작업공간을 말한다.

3) 주방의 설계

레스토랑에서 주방(Kitchen)은 조리공간으로서의 특수한 성격을 가지고 있으며, 레스토랑을 운영하는 핵심 부서라고 할 수 있으므로 주방을 설계하는 시점부터 다음과 같은 내용에 주의한다.

① 각종 조리용 설비를 설치하기 적합한 위치로 주방설계
② 메뉴에 적합한 주방기구의 선택
③ 조리사의 작업동선을 감안한 레이아웃 설계
④ 조리방법에 따른 작업공간의 분리 및 연계
⑤ 가스 및 전기 등의 안전 고려
⑥ 쾌적하고 위생적인 작업공간 고려
⑦ 식자재 반입이 용이하도록 고려
⑧ 홀 서비스 직원의 동선 및 고객서비스 공간 최대한 고려
⑨ 주방의 안전과 위생을 고려한 바닥소재의 선택
⑩ 환기시설은 가스나 음식 냄새를 배출할 수 있도록 설계
⑪ 주방의 벽 소재는 청소가 쉽고 방수가 잘되는 소재 선택

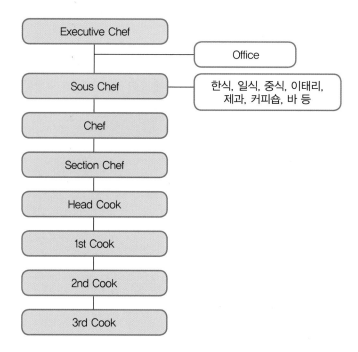

[그림 6-3] 주방의 조직도

Coffee Break

Useful Expressions

• A : Guest
• B : Host

A : Do you have a table for eight?

B : Sorry, but we don't have any available at the moment, Sir.

A : How long of a wait will be?

B : Maybe, it'll be 15 minutes long.

A : I'm expecting company.

B : Tell me the name of your friend.

A : His name is James Kim.

B : Ok, James Kim. I'll guide him to your table.

- -

A : 지금 8명 자리가 있나요?

B : 죄송하지만, 지금은 자리가 없습니다. 고객님.

A : 오래 기다려야 하나요?

B : 약 15분 정도 걸립니다. 고객님.

A : 일행이 올 겁니다.

B : 성함이 어떻게 되시죠?

A : James Kim이라고 합니다.

B : 알았습니다. James Kim이라고요? 오시면 안내해 드리겠습니다.

오리엔탈 레스토랑의 이해

01 한식 레스토랑의 이해

1 한식의 특성과 메뉴

한식은 쌀과 국, 반찬 등으로 이루어진 요리로서, 향토음식, 궁중음식, 민간신앙음식, 관혼상제음식, 사찰음식, 계절음식, 발효음식, 떡, 과자 등 분야별로 변화의 과정을 거치면서 독특한 조리기술 개발과 상차림 및 독창적인 식기문화의 변천과 더불어 우리의 식문화가 발전되었다고 할 수 있다. 특히 쌀을 주식으로 김치, 된장찌개, 김치찌개, 불고기, 비빔밥 등

이 역사와 함께 유지되어 온 것이 한국요리의 특성이라 할 수 있다.

이러한 한식의 특성, 우수성에도 불구하고 특급호텔에서는 한식 레스토랑이 외면을 당하고 있다. 서울시내의 경우 20여 개 특1급 호텔 중 4개 정도의 특급호텔에서 한식 레스토랑을 운영하고 있다. 이는 한식 레스토랑의 경우 일반외식업체의 한식 레스토랑들이 고객에게 많은 인지도와 사랑을 받고 있으며, 호텔에서 운영하기에 많은 인건비와 경제적 가치가 없다는 이유 때문이다.

정부에서는 한식의 세계화 추세에 힘입어 각종 한식 관련 정책을 세우고 세계 속에 우리 한식을 홍보하고 있다. 특급호텔에서도 경제논리에 근거하여 한식에 접근할 것이 아니라 다양한 방법으로 한식을 내국인뿐만 아니라 외국인 고객에게 선보이는 방안을 마련해야 할 것이다.

1) 한식의 특성

① 주식과 부식의 구별이 뚜렷하다.
② 반찬(부식)의 종류가 많아서 일손이 많이 가고 상차림이 복잡하다.
③ 많은 종류의 부식으로 인해 낭비가 많이 발생한다.
④ 뚜렷한 사계절로 인해 계절감이 돋보이는 음식이 발달되었다.
⑤ 간장, 된장, 고추장 등의 발효음식이 발달했다.
⑥ 손맛이 음식의 맛을 좌우한다.

2) 한식의 메뉴

(1) 밥류

한식에서 가장 중요한 주식이며, 종류는 쌀을 주재료로 하여 만드는 흰밥, 보리밥, 잡곡밥, 팥밥, 콩밥, 차조밥, 찰수수밥, 오곡밥, 감자밥, 고구마밥, 밤밥, 찰밥 등이 있다.

(2) 죽류

밥을 대체할 만한 주식으로 발달된 죽은 별미, 보양식, 환자식, 이유식 등이 있으며, 재료에 따라 흰죽, 두태죽, 장국죽, 어패조류죽, 비단죽, 잣죽, 깨죽, 밤죽, 미음 등으로 크게 나누어진다.

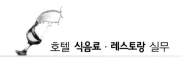

⑶ 국류(탕류)

국과 탕은 같은 말이며 찌개와는 구분이 된다. 찌개가 국물이 적고 약간 짜게 졸이는 음식인 데 비해 국은 찌개보다 국물을 훨씬 더 많게 한다. 국은 맑은 장국, 토장국, 곰국, 찬국 등으로 크게 나눌 수 있다.

⑷ 찌개류(조치류)

찌개를 궁중용어로는 '조치'라 한다. 찌개는 국에 비해서 건더기가 많고 국물이 적으며 간이 짠 밥반찬으로서 어울린다. 된장찌개, 고추장찌개, 김치찌개 등 각각의 찌개에 넣는 재료에 따라 이름이 다양해지며 그 종류가 대단히 많다.

⑸ 찜류

찜은 적은 양의 물에 재료를 덮을 정도로 다시 국물을 붓고 무르게 익히면서 양념을 하고 간이 어울릴 때까지 중탕으로 끓여 국물을 졸이는 음식이다. 고명을 얹어서 뜸을 들인 후 찜그릇에 담아 알지단과 실백 등을 얹으며, 종류로는 갈비찜, 생선찜, 송이찜, 닭찜, 우설찜 등으로 다양하다.

⑹ 구이류

구이는 가장 기본적인 조리법으로써 우리나라에서는 일찍부터 '적'이라는 조리법에서 발달하였다. 구이요리는 파, 마늘을 필수 조미료로 하여 꼬챙이에 꽂아서 구워 요리한 것이 특징이다.

⑺ 국수류(면류)

면류의 종류에는 냉면, 온면, 비빔국수 등이 있으며, 잔치, 생일날의 점심에는 장수를 비는 뜻으로 반드시 면류를 장만하였다.

3) 한식의 상차림

우리 식생활에는 상차림의 목적에 따라 반상, 면상, 주안상, 교자상, 돌상, 큰상, 제상 등의 형식이 있다. 대표적인 상차림을 소개하면 다음과 같다.

(1) 반상

　밥을 주식으로 하는 형식의 상이다. 식사는 밥, 탕, 김치, 간장, 조치(찌개, 찜) 등 기본식과 반찬류, 후식으로 이루어지는데, 반찬의 수를 첩 수라 하여 그 수에 따라 3첩 반상, 5첩 반상, 7첩 반상, 9첩 반상, 12첩 반상으로 나뉜다. 여기에서 첩이란 뚜껑 있는 반찬그릇을 말하는 것으로 밥, 국, 김치, 장, 찌개 등을 제외한 반찬그릇의 수에 따라 첩 수를 세며 반상기에서 반찬 담는 그릇을 쟁첩이라고 한다.

① 3첩 반상
- **기본식** : 밥, 탕, 김치, 간장　※ 조치는 없음
- **반찬**(3가지) : 생채, 숙채, 구이 혹은 조림
- **후식** : 단것, 과일, 차

② 5첩 반상
- **기본식** : 밥, 탕, 김치, 간장, 조치 1가지
- **반찬**(5가지) : 생선, 구이, 숙채, 전유어, 마른 찬
- **후식** : 단것(떡종류, 한과류), 과일, 차

③ 7첩 반상
- **기본식** : 밥, 탕, 김치, 간장, 초간장, 초고추장, 조치, 전골
- **반찬**(7가지) : 생채, 숙채, 구이, 전유어, 마른 찬, 회, 찜
- **후식** : 떡, 한과류, 과일, 차, 화채

④ 9첩 반상
- **기본식** : 밥, 탕, 김치, 간장, 초간장, 초고추장, 조치, 전골
- **반찬**(9가지) : 생채, 찜, 구이 2가지, 숙채, 전유어, 마른 찬, 회, 조림
- **후식** : 떡, 한과류, 과일, 차, 화채

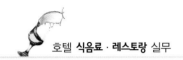

⑤ 12첩 반상

• **기본식** : 밥, 탕, 김치, 간장, 초간장, 초고추장, 조치

• **반찬**(12가지) : 생채 2가지, 숙채 2가지, 구이 2가지, 편육, 회 2가지, 조림, 찜, 마른반찬

• **후식** : 떡, 한과류, 과일, 차, 화채

⑵ **주안상**

주안상은 주류만을 대접하기 위한 상으로 술안주를 중심으로 차린다. 술안주 요리에는 여러 가지 육포, 어포, 건어, 전류와 편육류, 신선로, 고추장찌개, 겨자채 같은 생채 요리, 김치 등이 있다.

⑶ **교자상**

축하연이나 회식, 모임 등에 쓰이는 상차림이며, 많은 인원이 함께 식사하는 방법으로 4명, 5명, 8명의 분량을 한 식기에 담아서 차려낸다.

⑷ **면상**

면상은 가정에서 연회용으로 차리는 점심 상으로서 온면, 냉면, 떡국 등의 간단한 것이다.

② 한식의 테이블 세팅(Table Setting)

한식 레스토랑의 테이블 세팅은 숟가락과 젓가락, 물잔을 기본으로 하여 준비되고 기타의 기물은 제공되는 요리에 맞는 집기가 사용되므로 정해진 원칙에 따라 고객이 식사 시 불편함이 없도록 준비한다.

〈한식의 기본 세팅〉

02 일식 레스토랑의 이해

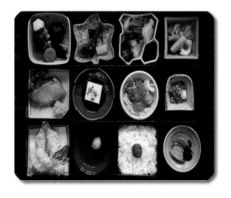

일본은 사면이 바다로 둘러싸여 있어 해산물요리가 발달하였으며, 일본인이 일상 먹는 요리를 총칭하여 일식이라 한다. 일본 열도는 북동에서 남서로 길게 뻗어 있고 바다로 둘러싸여 있어서 지형과 기후의 변화가 많다. 따라서 사계절에 생산되는 재료가 다양하고 계절에 따라 맛도 달라지며 해산물이 매우 풍부하다.

특히 일본요리는 '눈으로 먹는다'는 말이 있듯이 맛뿐만 아니라 시각적인 장식도 중요하게 여긴다. 또한 일식은 우리나라 사람들에게 고급 음식으로서 많은 사랑을 받고 있어 특급호텔에서는 고급 손님의 접대, 소중한 모임의 장소 등으로 일식 레스토랑을 운영하고 있다. 따라서 특급호텔에서 운영 중인 일식 레스토랑의 메뉴 가격은 상당히 높은 가격대를 형성하고 있다.

① 일식의 특성과 메뉴

1) 일식의 특성

① 어패류를 재료로 하는 요리가 발달하였다.

② 생식요리(生食料理)가 발달하였으며 조리법에서 재료가 갖고 있는 맛을 최대로 살릴 수 있는 장점이 있다.

③ 계절감이 뚜렷하게 요리에 나타난다.

④ 요리를 담는 기물이 다양하고 예술적이고 화려하다.

⑤ 요리를 담을 때 공간과 색상의 조화를 매우 중요시한다.

⑥ 비교적 요리의 양이 적으며 섬세하다.

⑦ 전채요리가 계절별로 다양하다.

⑧ 양식과 중식에 비해 강한 향신료의 사용은 비교적 적은 편이다.

2) 일식의 메뉴

일본 요리는 형식에 따라 본선요리(本膳料理), 회석요리(懷石料理), 차회석요리(茶懷石料理), 정진요리(精進料理), 보차요리(普茶料理) 등으로 크게 분류할 수 있다.

(1) 혼젠요리(本膳料理)

혼젠요리는 '일본의 정식요리'라고 할 수 있으며, 에도시대로 들어서면서 문화 변천의 영향으로 상이 화려해지고 요리도 예술성을 띠어 정식 향연요리에 이용하게 되어 지금까지 전해 내려오고 있다.

그러나 요즈음은 격식을 차려야 할 중대한 연회나 혼례요리 외에는 별로 이용하지 않는 형식이다.

(2) 가이세키요리(懷石料理)

주로 연회석 상차림에 쓰이는 가이세키요리(懷石料理)이다. 일본인들이 거의 일상적으로 접할 기회가 많다고 하는데 오늘날의 일본 요리형태라고 말할 수 있다. 그러나 최근엔 회석(懷石)요리 중에서도 본선요리(本膳料理) 형식의 흐름을 이은 것과 회석요리(懷石料理) 형식의 흐름을 이은 것이 구별되고 있다.

일반적으로 본선요리(本膳料理)는 대중음식점에서 쓰는 다리 달린 밥상에 요리가 처음부터 세팅되어 있는 것이고, 회석요리(懷石料理)는 고급식당에서 쓰는 오시키라고 하는 네모난 쟁반에 요리를 차례대로 서비스하는 것이다.

(3) 쇼진요리(精進料理)

정진요리는 다도가 보급되는 전후시기에 서민에게 전달되었다. 불교의 전래로 일본에 귀화하는 중국의 불교승이 많아지자 비린 냄새가 나는 생선과 수조육을 전혀 사용하지 않는 정진요리가 점차 보급되었다.

쇼진요리란 有精(동물)을 피하며 無情(식물)인 채소류, 곡류, 두류를 이용해서 만들었다는 뜻으로 미식(美食) 즉 맛있는 음식을 피하고, 조식(粗食) 즉 검소한 음식 먹는 것을 뜻한다.

(4) 후챠요리(普茶料理)

보차요리는 오바쿠요리(黃檗料理)라고도 불리며 중국에서 찾아오는 선종승을 대접할 때 황벽산 만복사에서 조리했던 정진요리로 아직도 중국식으로 음식명을 붙이고 있다.

3) 조리방법에 따른 메뉴

① 생선회 : 활어회, 흰살생선회, 참치회 등
② 국 : 계란맑은국, 흰된장국, 닭다시맑은국
③ 절임류 : 배추절임, 다쿠앙, 우메보시
④ 구이요리 : 소금구이, 데리야키

⑤ **조림, 삶은 요리** : 생선 아라다키, 쇠고기, 데리니, 야채조림

⑥ **튀김요리** : 차새우튀김, 흰살생선튀김, 야채튀김, 쇠고기텐푸라, 닭고기튀김

⑦ **찜요리** : 생선술찜, 닭고기술찜, 전복술찜

⑧ **무침요리** : 야채 시라아에, 이가모미지아에

⑨ **초회** : 새우초회, 게초회, 문어초회

⑩ **냄비요리** : 복지리냄비, 도미지리냄비, 샤브샤브, 냄비우동, 스키야키

⑪ **면류** : 데우치우동, 기쓰네우동

⑫ **밥** : 밤밥, 죽순밥, 굴밥, 천연송이밥

⑬ **초밥** : 기초밥, 생선초밥, 상자초밥

② 일식의 테이블 세팅(Table Setting)

일식의 테이블 세팅은 기본 테이블 세팅과 스시카운터 세팅으로 분류할 수 있다. 일식은 스푼을 세팅하지 않고 하시(젓가락)만을 세팅한다. 따라서 미소시루(장국) 같은 국물은 스푼을 사용하지 않고 그릇을 들고 마시면 된다.

〈일식의 기본 세팅〉

03　중식 레스토랑의 이해

　중국 요리는 중국 대륙에서 발달한 요리의 총칭으로 일명 청요리(清料理)라고도 한다. 중국은 오랜 역사와 넓은 영토에서 얻는 다양한 재료 및 풍부한 해산물을 이용하여 많은 요리를 개발함으로써 세계적인 요리로 각광받고 있다.

　중국 요리는 독특한 맛과 풍부한 영양이 있는 요리로서 세계적으로 많은 이들의 사랑을 받고 있고, 우리나라에서도 많은 사람들이 중국 요리를 선호하고 있다. 일식 레스토랑과 더불어 중식 레스토랑은 고급 레스토랑으로서 특급호텔에서 고객들이 많이 이용하는 레스토랑이다.

① 중식의 특성과 메뉴

1) 중국 요리의 특성

　중국은 광활한 영토에서 나오는 풍부한 식재료를 바탕으로 하여 요리를 준비하며, 요리의 종류와 특징이 다양한데 그 특징은 다음과 같이 요약할 수 있다.

① 대체로 요리재료의 선택이 자유롭고 광범위하다.
② 맛이 다양하고 광범위하다.
③ 다양한 요리에 비해 조리기구는 간단하고 사용하기 편리하다.
④ 조리방법이 다양하고 기름을 많이 사용한다.
⑤ 조미료와 향신료가 풍부하다.

⑥ 요리가 대체로 풍요롭고 화려하다.

⑦ 찬 요리보다는 따뜻한 요리가 많다.

2) 중국 요리의 종류

⑴ 북경요리(北京料理)

북경(베이징)은 중국의 수도로서 정치, 경제, 사회, 문화의 중심지였고, 고급요리문화를 이룩한 곳이며 지리적으로 북방이기 때문에 육류를 중심으로 강한 화력을 이용한 튀김요리와 볶음요리가 특징이다.

대표적인 요리로는 오리통구이와 양통구이, 물만두 등이며 계절에 맞는 꽃향기를 넣어 풍미를 살리는 것이 특징이다.

⑵ 남경요리(南京料理)

중국 중부지역인 난징, 상하이, 쑤조우, 양조우 등의 요리를 총칭한다. 상하이는 따뜻한 기후와 농산물, 풍부한 해산물을 이용하여 다양한 요리를 개발해 냈다. 이 지역 요리는 간장과 설탕을 많이 사용하며 상하이게장, 오향우육, 꽃빵, 홍소육 등이 유명하다.

⑶ 광동요리(廣東料理)

'모든 음식은 광동에 있다'는 말이 있을 정도로 요리가 다양하고 특이한 요리가 많은 것이 특징이며, 중국 남부를 대표하는 광동요리는 광주요리를 중심으로 복건요리, 조주요리, 동강요리 등 지방요리를 말한다. 예부터 서양인들의 왕래가 잦아서 국제적 감각의 요리가 발전하였다.

요리의 특징은 담백함인데 서유럽의 영향을 받아 소고기, 서양채소, 토마토 케첩, 우스터 소스 등의 서양 소스가 요리에 이용되어 왔다. 대표적인 요리는 광동식 탕수육, 생선찜, 제비둥지, 뱀의 뼈, 고양이, 상어지느러미찜, 볶음밥 등이 있다.

⑷ 사천요리(四川料理)

중국 양쯔강 상류 산악지대의 요리로서 더위와 추위가 심해 이를 극복하기 위해 향신료를 많이 쓴 요리가 발달하였고 다채로운 맛을 내는 것이 특징이다. 대개 매운 요리이고, 마늘, 파, 고추를 사용하는 요리가 많다.

대표적인 요리로는 마파두부, 새우칠리소스, 새우누룽지튀김 등이 있으며, 우리나라에서도 사천요리가 유명하며 많은 이들이 선호하는 메뉴 중 하나다.

② 중식의 테이블 세팅(Table Setting)

〈중식의 기본 세팅〉

Useful Expressions

1. Excuse me, but can get through?
   실례합니다. 좀 지나갈까요?

2. Is anyone joining you, Sir?
   더 오실 일행분이 계신가요?

3. We can seat you soon.
   잠시 뒤면 바로 안내가 가능하십니다.

4. Can you wait in line until a table is free?
   자리가 준비될 때까지 잠시만 기다려주시겠습니까?

5. I'm sorry to have kept you waiting.
   기다리게 해서 죄송합니다.

6. The host will show you to table.
   저 직원이 자리로 안내해 드릴 겁니다.

7. Would you prefer to sit at the table or at the bar?
   테이블과 바 중 어느 자리로 안내해 드릴까요?

8. Your server will be right with you.
   담당 직원이 곧 도와드리겠습니다.

9. Refrain from smoking in this area.
   여기에서는 금연입니다.

10. I'll call on you when your table is ready.
    자리가 준비되면 알려드리겠습니다.

Chapter 08

웨스턴 레스토랑의 이해

01 양식 레스토랑의 개요

특급호텔의 레스토랑은 크게 동양식 메뉴를 주로 판매하는 오리엔탈 레스토랑(Oriental Restaurant)과 서양식 메뉴가 주된 아이템인 웨스턴 레스토랑(Western Restaurant)으로 분류한다. 오리엔탈 레스토랑은 이미 살펴본 바와 같이 한식 레스토랑, 일식 레스토랑, 중식 레스토랑 등이 영업을 하고 있으며, 웨스턴 레스토랑은 양식 레스토랑, 커피숍, 라운지, 카페, 바, 뷔페 레스토랑, 룸서비스 등이 영업 중이다.

특히 양식 레스토랑은 전통적으로 메인메뉴가 서양식 메뉴인 육류요리(스테이크)로서 이태리 레스토랑, 스테이크 하우스, 프렌치 레스토랑 등으로 구분하여 영업 중이다. 본 절에서는 양식 메뉴를 판매하고 있는 레스토랑에 대한 이해를 돕고자 한다.

1 이태리 레스토랑 (Italian Restaurant)

이태리 레스토랑은 호텔의 식음료부서 레스토랑 중에서 양식을 제공하는 대표적인 레스

토랑으로써 영업을 하고 있다. 이태리 음식은 우리나라 음식의 특성과 비슷한 점이 많고 특히 우리나라 국민들의 성향이 이태리 사람들과 비슷한 점이 많은 것도 이태리 레스토랑의 인기 비결과 연관이 있다.

　이태리는 반도국가인 것이 우리나라와 공통점이고 산악지형이 많이 분포되어 있어 대표적인 농산물로 쌀, 보리, 밀 등이 생산된다. 따라서 이러한 농산물을 이용하여 이태리의 남부지방은 파스타(Pasta)요리가 대표적인 메뉴이며, 북부지방은 리조토(Risotto)와 육류 요리가 발달했다.

1) 이태리 레스토랑의 메뉴 제공

⑴ Antipasti(Appetizer)

　안티파스티는 본격적인 식사 시작 전에 간단히 먹는 애피타이저를 말하며, 성게알, 캐비아, 거위간, 철갑상어알, 해산물을 이용한 다양한 요리가 제공된다.

⑵ Zupa(Soup)

　야채수프, 크림수프, 생선수프 등 다양한 종류의 수프가 제공된다.

⑶ Insalate(Salad)

　야채샐러드를 말하며 스테이크와 함께 제공되는 것이 일반적이다. 스테이크 직전에 서비스(영국, 미국)하는 경우와 스테이크 이후에 서비스(프랑스)하는 경우가 있다.

⑷ Carme(Meat)

　육류요리를 말하는데 일반적으로 소고기가 제공되며, 레드와인과 함께 마시는 것이 좋다. 이태리에서는 송아지요리의 인기가 높다고 하며, 어린 양을 구워먹는 요리도 유명하다고 한다.

⑸ After Dinner Drink

이태리의 국민주이자 식후주로 그라파(Grappa)가 가장 유명하고 삼부카(Sambuca)도 즐겨 마신다.

⑹ 피자(Pizza)

우리나라에서도 인기가 많은 피자는 전 세계인이 즐겨 먹는 대표적인 요리가 되었으며, 원래는 나폴리(Napoli) 사람들이 처음 만들었다고 한다. 다양한 종류의 피자가 벽돌로 된 오븐이나 전기오븐 등에서 구워져 제공되고 있다.

⑺ 파스타(Pasta)

이태리의 대표적 메뉴 중 하나인 파스타요리는 밀(Wheat)로 만들어지며, 스파게티(Spaghetti), 마카로니(Macaroni), 라자니아(Rasagne), 링귀네(Linguine), 라비올리(Ravioli) 등이 유명하다.

② 스테이크하우스, 그릴(Steak House, Grill)

이태리 레스토랑이 전형적인 이태리 음식을 제공한다면, 스테이크하우스 즉 그릴에서는 메인요리를 석쇠에 구워서 서비스하는 레스토랑으로 아메리칸 스타일의 양식당이라고 할 수 있다. 특급호텔에서는 레스토랑의 이름을 그릴(Grill)이라 하여 영업하는 곳도 있다.

전반적인 영업의 형태는 이태리 레스토랑과 동일하다고 할 수 있으며, 호텔의 경영진에서 양식 레스토랑의 영업 콘셉트를 어떤 방향으로 설정하여 영업하는가에 따라 전체적인 분위기가 달라질 수 있다.

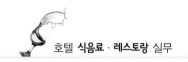

1) 핑거볼 서비스(Finger Bowl Service)

그릴(Grill)이나 레스토랑에서는 핑거볼 서비스(Finger Bowl Service)를 제공한다. 이는 테이블에서 고객의 손가락을 가볍게 적시는 역할을 하고, 새우요리나 바닷가재요리 등의 핑거푸드(Finger Food)를 위해 손가락을 씻는 역할도 한다.

③ 프렌치 레스토랑(French Restaurant)

프랑스의 전통요리를 제공하는 레스토랑을 프렌치 레스토랑이라고 하며, 오늘날 특급호텔에서는 정통 프랑스 요리를 제공하는 레스토랑보다는 이태리 레스토랑과 그릴 형태의 양식 레스토랑이 선호되고 있다.

프랑스 요리는 와인의 종주국답게 와인을 이용한 다양한 요리가 발전하였고, 식탁에서는 와인이 빠지지 않을 정도로 와인과 리큐어 종류가 사랑받고 있다.

1) 플람베 서비스(Flambee Service)

플람베 서비스는 프렌치 레스토랑에서 고객의 테이블 앞에서 생선이나 육류요리에 리큐어의 향을 가미하고 간단한 조리방법으로 제공하는 불꽃쇼를 말한다. 플람베 서비스는 주방직원이 하는 것이 아니라 셰프 드 랑(Chef de Rang), 콤 드 랑(Commes de Rang)이라 불리는 홀 서비스 직원들에 의해 조직적으로 서비스된다.

02 커피숍, 라운지, 카페, 바의 개요

커피숍, 라운지, 카페, 바 등의 호텔 업장은 식사를 제공하는 데 주목적이 있는 레스토랑이 아니라, 주로 음료(Beverage)를 제공하며 가벼운 식사나 스낵류를 제공하는 데 그 목적이 있는 업장이다.

일반적으로 고객은 만남이나 비즈니스를 위한 장소로서 이용하고, 호텔 측에서는 고객에게 휴식과 여흥을 위한 장소를 제공하는 것이다.

1 커피숍(Coffee Shop)

커피숍은 업장의 이름에서 알 수 있듯이 주로 커피와 차 종류를 고객에게 제공한다. 그리고 조식에서 저녁까지 가벼운 식사를 제공하기도 한다.

커피숍에서는 객실 투숙고객과 일반고객을 대상으로 하여, 아침조찬을 제공하기도 한다. 동서양의 조식과 일품요리 또는 뷔페음식을 서비스한다. 호텔 커피숍에는 가장 많은 고객의 방문이 이루어지고 있으며, 고객의 테이블 회전율이 높지만 객단가는 높지 않은 것이 특징이다.

1) 커피숍의 주요 메뉴

① **콘티넨털 브렉퍼스트**(Continental Breakfast) : 간단한 빵종류, 주스류, 커피 또는 차종류

② **아메리칸 브렉퍼스트**(American Breakfast) : 콘티넨털 브렉퍼스트 + 계란요리 (Two Eggs)

③ **건강식 조식**(Healthy Breakfast) : 건강을 위한 고단백 저지방식품으로 구성(생과일 주스, 플레인 요구르트, 과일, 빵, 커피)

④ **한국식 조식**(Korean Breakfast) : 밥과 국, 그리고 4~5가지 정도의 기본 찬

⑤ **일본식 조식**(Japanese Breakfast) : 죽 또는 흰밥과 장국, 그리고 3~4가지 정도의 기본 찬

⑥ **조식 뷔페**(Breakfast Buffet) : 단체고객 및 일반 투숙고객과 외부고객을 위한 뷔페식 조찬 제공

⑦ **기타 일품요리 제공** : 샌드위치류, 파스타류, 가벼운 한식 등 단품메뉴 제공

2 라운지(Lounge)

라운지(Lounge)는 로비층에 위치한 로비라운지(Lobby Lounge)와 전망이 좋은 스카이라운지(Sky Lounge)로 구분할 수 있다. 물론 호텔의 영업방침에 따라 운영여부는 결정된다. 또한 호텔의 식음료부서 영업전략에 따라 커피숍과 통합하여 운영하는 경우도 있고, 커피숍과 라운지를 별도로 운영하는 경우도 있다.

로비라운지와 스카이라운지를 별도로 운영하는 경우, 영업전략상 로비라운지는 가벼운 음료 위주로 영업을 하고, 스카이라운지는 주로 저녁시간에 하드 드링크(주류) 위주의 영업을 한다.

1) 로비라운지(Lobby Lounge)

주간영업 위주의 커피와 차 그리고 일품요리와 스낵

2) 스카이라운지(Sky Lounge)

야간영업 위주로 음료뿐만 아니라 주류 위주의 영업

3) 라운지의 메뉴

① **커피, 차 종류** : 다양한 종류의 커피와 차 종류를 준비

② **주스류 및 소프트 드링크** : 신선한 생과일 주스류 및 소프트 드링크 종류

③ **와인** : 세계 각국의 다양한 와인

④ 하드 드링크 : 알코올 도수가 높은 위스키류, 코냑 등

⑤ 기타 안주 및 스낵류 : 가벼운 식사류와 안주류를 준비

③ 카페(Cafe)

카페(Cafe)의 고객서비스와 주요 제공 메뉴는 커피숍 또는 라운지와 중복되는 개념이 될 수 있다. 가벼운 식사류를 제공하고 고객에게 다양한 음료를 서비스하는 공간이며, 카페의 업장도 호텔의 영업방침에 따라 커피숍과 통합하여 운영하는 경우도 있고 별도로 운영하는 호텔도 있다.

커피숍과 더불어 많은 고객이 방문하며, 전문 레스토랑에 비해서는 객단가가 높지 않다. 호텔에 따라 조식 뷔페를 제공하기도 하고, 점심의 샐러드 뷔페, 오후의 애프터눈 티 타임 등 고객서비스와 매출액 상승을 위해 다양한 프로모션을 전개한다.

1) 카페(Cafe)의 메뉴

① 커피, 차 종류 : 다양한 종류의 커피와 차 종류를 준비

② 주스류 및 소프트 드링크 : 신선한 생과일 주스류 및 소프트 드링크 종류

③ 와인 : 세계 각국의 다양한 와인

④ 하드드링크 : 알코올 도수가 높은 위스키류, 코냑 등

⑤ 조식과 점심의 뷔페 : 간단한 뷔페와 샐러드 뷔페 운영

⑥ 일품요리 운영 : 일품요리(동, 서양) 위주의 메뉴를 구성하여 고객서비스

⑦ 애프터눈 티 타임(Afternoon Tea Time) : 커피와 차 종류에 쿠키, 케이크, 샌드위치 등의 세트메뉴

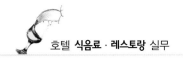

4 바(Bar)

바(Bar)는 고객에게 유흥과 엔터테인먼트적인 요소를 제공하는 점이 일반 레스토랑과는 차이가 있다. 따라서 식사류보다는 주류 위주의 메뉴를 구성하여 고객에게 서비스한다. 또한 바는 주간영업보다는 늦은 오후부터 새벽까지의 시간대에 영업을 하는 것이 특징이라고 할 수 있다.

바는 초저녁(대략 오후 6시~8시 정도)에 해피아워(Happy Hour), 해피타임(Happy Time)을 운영하여 할인행사 및 다양한 이벤트를 통해 고객창출, 매출액 증대 등의 마케팅활동을 하고 있다. 그리고 가수와 다양한 연주인들의 라이브 공연을 연출하고 있다.

또한 일부 특급호텔의 바는 일정액의 금액을 예치하고 다양한 서비스를 제공받는 회원제로 운영하는 곳도 있다.

1) 바의 종류

① **메인바**(Main Bar) : 호텔의 메인이 되는 일반적인 바
② **펍바**(Pub Bar) : 경쾌한 느낌과 분위기로 라이브 음악을 즐기는 바
③ **나이트클럽, 클럽**(Night Club, Club) : 춤 출 수 있는 무대가 준비된 바
④ **가라오케**(Karaoke) : 노래 부를 수 있는 룸이 마련된 공간

2) 바(Bar)의 메뉴

① **와인** : 세계 각국의 다양한 와인
② **하드 드링크** : 알코올 도수가 높은 위스키류, 코냑 등
③ **칵테일** : 다양한 종류의 칵테일 조주
④ **간단한 일품요리 및 안주류** : 일품요리(동, 서양) 위주의 메뉴와 다양한 종류의 술안주

03 뷔페 레스토랑의 개요

우리나라의 특급호텔에서는 대부분 뷔페 레스토랑을 운영하고 있으며, 호텔 측에서 보면 효자 레스토랑 중에 하나이다. 한국인의 식문화 정서에 뷔페 레스토랑이 일치하는 점이 많으며, 일정금액만 지불하면 양껏 먹을 수 있는 장점이 있다.

따라서 소규모 가족모임에서부터 중, 대규모의 모임에 이르기까지 다양한 행사를 치를 수 있는 레스토랑으로도 손색이 없다.

1 뷔페 레스토랑(Buffet Restaurant)

뷔페 레스토랑(Buffet Restaurant)은 대표적인 셀프 서비스(Self Service) 레스토랑이며, 일정액의 금액을 지불하면 세계 각국의 다양한 음식을 제공받을 수 있는 레스토랑이다. 호텔에서의 뷔페 레스토랑은 조식 뷔페의 경우 주로 객실투숙객에게 제공하는 조찬메뉴이며, 중식 뷔페와 석식 뷔페는 투숙객보다는 내국인 위주의 일반고객을 대상으로 영업하고 있다.

서울시내 특급호텔 뷔페 레스토랑의 석식 1인의 가격은 8만 5천 원에서 9만 원대이다. 이러한 높은 가격에 비례하여 호텔에서는 최상의 메뉴 품질을 유지하기 위한 노력을 하고 있으며, 직원의 서비스에서도 최선의 노력을 기울이고 있다.

1) 뷔페 레스토랑의 분류

(1) 오픈 뷔페(Open Buffet)

오픈 뷔페(Open Buffet)는 일상적인 레스토랑처럼 일정한 영업시간을 정해두고, 조식, 중식, 석식 영업을 하는 레스토랑을 말한다. 특급호텔에서는 뷔페 레스토랑을 운영하는데, 내국인들이 뷔페식을 선호하기 때문에 인기 있으며, 투숙고객의 조찬 레스토랑으로도 활용한다.

(2) 클로스 뷔페(Close Buffet)

클로스 뷔페(Close Buffet)는 주로 연회장에서 운영하는 뷔페 레스토랑의 형태이며, 특정모임이나 연회행사 시에 고객이 원하는 시간과 장소에서 고객이 원하는 가격, 인원에 적합한 음식을 차려놓고 제공하는 뷔페 서비스를 말한다.

따라서 평상시에는 영업을 하지 않고, 고객의 예약이 있을 때에만 운영하는 레스토랑의 형태이다.

2) 뷔페 레스토랑의 특성(장단점)

① 세계 각국의 다양한 음식을 맛볼 수 있다.
② 셀프서비스로 운영되므로 인건비의 비중이 낮다.
③ 직원의 서비스 숙련도가 전문식당에 비해 높지 않아도 된다.
④ 고객은 기호에 맞는 음식을 선택해서 식사하므로 비교적 불평이 적다.
⑤ 식사의 메뉴를 기다리지 않고 신속한 식사를 할 수 있다.
⑥ 뷔페의 특성상 음식을 보관하기 어려워 원가(Cost)가 높다.
⑦ 레스토랑에서는 음식을 미리 준비할 수 있다.
⑧ 소규모 모임에서부터 가족모임, 돌잔치까지 다양한 모임이 가능하다.
⑨ 셀프서비스 레스토랑이기 때문에 고객의 이동으로 혼잡하거나 번거로울 수 있다.

3) 뷔페 레스토랑의 메뉴구성

뷔페 레스토랑은 전문레스토랑에 비해서 각국의 다양한 음식을 맛볼 수 있다는 장점이 있고, 메뉴는 한식, 일식, 중식, 서양식 등으로 다양하게 구성되어 있다. 자세한 메뉴의 내용은 다음과 같다.

① **전채요리 및 샐러드** : 다양한 야채와 소스를 곁들인 샐러드

② **다양한 수프 및 빵 종류** : 세계 각국의 다양한 수프와 빵

③ **메인요리** : 차가운 요리, 뜨거운 요리

④ **한식** : 밥 종류와 각종 나물류

⑤ **일식** : 회 종류와 초밥 등

⑥ **중식** : 다양한 중국식 요리

⑦ **이태리 요리 및 서양식** : 피자, 파스타 등의 서양식 메뉴

⑧ **즉석요리** : 즉석 철판요리, 갈비코너 등

⑨ **해산물요리** : 바닷가재, 새우 등

⑩ **디저트** : 과일, 케이크, 쿠키, 떡 등

⑪ **음료** : 각종 주스, 커피, 차, 전통음료

⑫ **주류** : 와인, 위스키, 맥주, 칵테일 등

⑬ **기타 세계 각국의 다양한 음식** : 지중해식, 멕시칸요리, 인도식 등

04 룸서비스의 개요

특급호텔에 투숙하는 고객이라면 객실에서 원하는 메뉴와 음료를 주문하여 식사하기를 원할 것이다. 개인의 사생활이 철저히 보장되는 객실에서의 식사는 24시간 가능하며 특급호텔의 프라이빗(Private)하고, 품격 있는 서비스 중의 하나이다.

1 룸서비스(Room Service)

특급호텔의 룸서비스(Room Service)는 24시간 연중무휴로 영업하고 있으며, 객실 투숙고객이 객실에서 식사할 수 있도록 식사와 음료를 객실까지 직접 서비스하는 부서를 말한다.

룸서비스의 장점은 고객이 외부에 외출하지 않아도 객실에서 편안히 원하는 시간에 식사할 수 있다는 점에서 편리하고 24시간 주문이

가능한 점이고, 단점은 일반 레스토랑에서 식사하는 것에 비해 가격이 높다는 점이다.

룸에서의 식사 및 음료의 주문은 전화로 직접 할 수도 있고, 아침식사 주문서(Door Knob)를 이용하여 주문할 수도 있다.

1) 룸서비스의 특성

① 객실에까지 이루어지는 서비스(Delivery Service)이다.

② 투숙고객에게 제공하는 제한된 서비스이다.

③ 직원의 업무동선이 길다.

④ 룸서비스 전용 엘리베이터를 이용하여 객실 고객에게 신속하게 서비스한다.

⑤ 일반적으로 24시간 주문과 식사가 가능하다.

⑥ 일반 레스토랑에서 식사하는 것에 비해 가격이 높다.

⑦ 트레이 서비스(Tray Service)와 트롤리 서비스(Trolly Service)가 이루어진다.

⑧ 객실이라는 한정된 공간에서 프라이빗(Private) 서비스와 버틀러 서비스(Butler Service)가 제공된다.

2) 룸서비스의 주요 업무

⑴ VIP 투숙고객의 서비스

룸서비스에서는 VIP 투숙고객을 확인하여 투숙 전 환영(Welcome)의 의미로 꽃이나 과일, 초콜릿, 와인, 쿠키 등 어메니티(Amenity)를 투입한다. 또한 투숙기간에 고객의 요청과 VIP고객을 위해 버틀러 서비스(Butler Service) 등의 세심한 서비스를 제공한다.

⑵ 아침식사 주문서(Door Knob) 수거 및 조식서비스

룸서비스에서는 새벽시간에 전 객실을 라운딩하면서 객실 문고리에 걸어둔 아침식사 주문서(Door Knob)를 수거하여 고객이 원하는 시간에 조식을 서비스한다. 아침식사 시간에는 도어 놉 이외에도 일반 전화주문에 의한 식사 주문이 많으므로 아침시간에 근무할 수 있는 충분한 직원이 필요하다.

일반적으로 아침식사 주문서에는 서비스를 원하는 시간과 품목을 체크하여 새벽 3시 전에 복도 쪽 문고리에 걸어두면 된다. 또는 전화를 하여 아침식사 주문서를 직접 Pick-up하게 해도 된다.

⑶ 객실의 식사기물 픽업(Pick-up)

룸서비스의 직원은 객실에 투입된 식사용 기물과 룸서비스용 트롤리(Trolly)를 수시로 확인하여 픽업(Pick-up)한다. 객실과 복도에 있는 기물은 미관상 좋지 않고 또한 음식물의 냄새가 퍼지게 되므로 즉시 픽업(Pick-up)해야 한다.

⑷ 고객에게 특별한(Special) 서비스(Service) 제공

장기 투숙고객이나 단골고객 또는 VIP고객에게는 고객이 원하는 특별한 서비스를 제공한다. 예를 들면 와인의 세팅, 과일바구니, 축하카드 작성, 객실의 가구 및 기물의 변경 등과 관련된 내용 등이다.

3) 룸서비스 오더 테이커(Order Taker)

객실 투숙객의 식사와 음료의 주문은 룸서비스에 근무하는 오더 테이커(Order Tak-er)가 직접 받는다. 일반적으로 특급호텔에서는 룸서비스 단독의 오더 테이커(Order Taker)가 24시간 근무를 하여 고객을 응대한다.

오더 테이커의 직무와 전화응대 요령은 다음과 같다.

① 24시간 투숙객의 전화를 응대한다.
② 투숙고객과 대화가 가능하도록 영어와 일본어 등의 외국어 능력을 갖춘다.
③ 메뉴의 가격과 품목 등을 숙지하고 있어야 한다.
④ 전화는 가급적 즉각적으로 응대하도록 하며, 자리를 비우지 않는다.
⑤ 전화를 끊기 전에 주문받은 메뉴와 수량, 룸 번호, 고객의 성명 등을 복창(Repeat)하여 실수가 없도록 한다.
⑥ 주문받은 내용을 주방과 룸서비스 직원에게 정확하게 전달한다.
⑦ 전화응대를 적절히 하여 고객의 컴플레인(Complaints)이 발생하지 않도록 한다.

② EFL(Executive Floor Lounge) 서비스

이그제큐티브 플로어(Executive Floor)는 호텔 속의 호텔 또는 귀빈층, 비즈니스층 등으로 불리며, 비즈니스 플로어(Business Floor)라고도 한다. 일반층에 투숙하는 객실고객에 비해서 특별한 서비스가 제공되는 업그레이드 된 전용층을 말하며, 고객들이 이용할 수 있는 전용라운지를 EFL 라운지라고 한다.

EFL층은 일반층에 비해 고층에 위치해 있고, 투숙고객에게는 일반층에 제공하는 서비스보다 다양한 서비스가 제공되므로 일반

룸보다는 가격이 높다. EFL층은 전용 체크인 데스크를 운영하고, 퇴숙 시에도 라운지에서 체크아웃 서비스(Check-Out Service)가 제공된다.

비즈니스 고객을 위해서 라운지에는 복사기, 팩스, 컴퓨터, 무선 인터넷 공간과 회의할 수 있는 공간도 제공된다. 또한 이곳에는 아침식사와 해피아워시간을 위한 칵테일이나 와인, 각종 주류 및 스낵류 등을 무료로 제공한다. EFL층 라운지의 식음료 관리는 일반적으로 룸서비스에서 담당한다.

1) EFL 투숙고객의 주요 서비스 내용

EFL층에 투숙하는 고객들에게는 호텔에서 다양한 서비스를 제공하는데, 다음과 같은 내용들이 포함된다.

① 익스프레스 체크 인, 아웃(Express Check-In, Out) 서비스
② 라운지 무료 사용(간단한 아침식사, 무료음료, 해피아워 이용 등)
③ 웰컴 음료쿠폰(Welcome Drink Coupon) 제공
④ 무료 공항 셔틀버스 제공
⑤ 사우나, 수영장 무료
⑥ 조간신문 및 시사잡지 무료 제공
⑦ 소회의실 사용 가능
⑧ 컴퓨터 등 각종 사무기기 무료 사용
⑨ 항공 및 호텔 예약 서비스

Useful Expressions

• A : Server
• B : Guest

A : Good afternoon, Sir. What would you like for lunch?
B : New York steak, please.

A : How would you like your steak?
B : I want it medium.

A : How about a drink?
B : Does it come with main dish?

A : You can choose coffee or tea.
B : And decaf with cream, please.

A : 안녕하세요. 점심식사로 무엇을 하시겠습니까?
B : New York STEAK로 하겠습니다.

A : 굽기는 어떻게 해드릴까요?
B : 중간으로 해주세요.

A : 음료는 무엇으로 준비해 드릴까요?
B : 주요리와 함께 나오나요?

A : 커피나 홍차가 가능하십니다.
B : 그러면 디카페인 커피와 크림으로 해주세요.

Chapter 09 서양식 요리의 이해

1 식전주의 의의

　식전주(Aperitif)는 식사를 시작하기 전에 식욕을 촉진하기 위해 마시는 술을 말한다. 라틴어의 'Aperire'에서 나왔으며 영어의 'Open'이라는 뜻이다. 식사의 시작이라는 의미라고 볼 수 있다. 쓴맛이나 신맛이 나는 술 종류를 주로 마신다.

　연회행사나 만찬의 식전 행사로 또는 와인 시음회나 기타의 프레젠테이션(Presen-tation)에서 참가자의 아이스 브레이킹(Ice Breaking)을 위해서 주최 측에서는 메인행사장의 입구 쪽에 리셉션(Reception)을 설치하여 가벼운 음료와 식전주로 분위기를 돋우는 행사를 진행하곤 하는데 이때에도 많은 양의 음료와 주류는 본 행사를 그르칠 수 있으므로 한두 잔 정도가 적당하다.

　식전주를 제공하는 행사에서 주최 측은 호텔 레스토랑 관계자와의 협의를 통해 술을 마시지 못하는 고객을 위한 논알코올 드링크류의 식전주를 준비해야 하며, 직원들은 수시로 고객의 주문사항이나 음료의 리필(Refill)에 주의를 기울여야 한다.

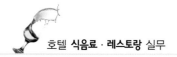
② 식전주의 종류

알코올 도수가 높거나 향이 진하거나, 탄산을 함유한 음료, 포만감을 주는 음료 또는 주류는 식전주로는 부적합하다. 위액을 살짝 자극할 정도의 쓴맛과 신맛의 주류 및 음료가 식전주로 적당하다. 레스토랑에서 식전주로 즐겨 마시는 종류는 다음과 같다.

1) 버무스(Vermouth)

백포도주에 여러 가지 약초와 향료를 섞어서 만든다. 원래는 식전주(Aperitif)용이었으나 근래에는 칵테일의 재료로 많이 쓰인다.

2) 캄파리(Campari)

이태리의 국민주이며 쓴맛이 특징이다. 캄파리 소다, 캄파리 오렌지 등의 칵테일이 유명하다.

3) 맨해튼(Manhattan)

여성에게 잘 어울리는 식전주 칵테일로 사용된다.

4) 마티니(Martini)

남성에게 잘 어울리는 식전주 칵테일로 즐겨 마신다.

5) 드라이 셰리(Dry Sherry)

스페인산 백포도주(헤레스, Jeres)로서 맛이 담백하다. 크림셰리(여성용)와 드라이 셰리가 있다.

6) 샴페인(Champagne)

축하용으로 즐겨 마시는 샴페인은 식전주, 테이블와인, 식후주 어디에든 잘 어울린다.

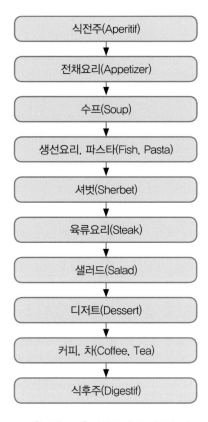

[그림 9-1] 서양요리의 제공순서

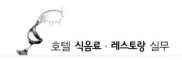

02 빵(Bread)

1 ▶ 빵(Bread)의 개요

서양요리에서 빵(Bread)은 요리의 시작과 함께 제공되며, 전채요리, 수프, 생선요리, 메인요리를 마칠 때까지 함께 식사한다. 보통 서양식 레스토랑에서 주문을 마쳤을 때 제공해 주는 빵은 처음에 너무 많이 먹지 않도록 한다. 빵에 대한 식사 매너와 내용은 다음과 같다.

1) 빵 먹는 순서

빵은 요리와 함께 먹기 시작해서 디저트를 들기 전에 끝내는 것이다. 빵은 요리의 맛이 남아 있는 혀를 깨끗이 하여 미각에 신선미를 주기 때문이다. 레스토랑이나 패밀리 레스토랑에서는 고객의 주문이 끝나면 바로 빵을 준비해 주는 곳이 많다.

처음에 제공되는 빵을 너무 많이 먹으면 포만감으로 인해 애피타이저나 메인요리를 먹을 때 요리 본연의 맛을 느끼지 못하고 또한 음식을 남기는 경우가 있으므로 주의해서 적은 양만 먹도록 하며 메인요리가 끝날 때까지 조금씩 먹는다.

대개 빵 접시는 식탁의 왼쪽에 놓이는데 긴 테이블에서 식사할 경우 또는 결혼식이나 큰 행사 시에 오른쪽에 있는 빵 접시를 잘못 사용하는 실수를 하지 않도록 주의한다.

2) 빵 자르는 법

빵을 먹을 때에는 일반적으로 포크나 나이프를 사용하지 않는 것이 상식이다. 레스토랑의 직원이 여러 종류의 빵을 서비스하게 되면 자신의 손으로 빵을 들고 조금씩 잘라서 먹는 것이 좋다.

빵을 손으로 자르다 보면 빵 부스러기가 떨어지기 쉬우므로 가능하면 빵 접시(Bread Plate) 위에서 자르도록 하고 테이블 위에 부스러기가 떨어졌어도 손으로 털거나 할 필요는 없다.

3) 빵 먹는 방법

　빵과 함께 곁들이면 좋은 것은 버터(Butter)와 잼(Jam)이 일반적이다. 물론 호텔 조찬 레스토랑에서는 버터와 잼을 제공한다. 하지만 근래에는 웰빙(Wellbeing)의 열풍을 타고 빵과 함께 올리브 오일(Olive Oil)과 발사믹 식초(Balsamic Vinegar)를 서비스하는 레스토랑이 많다.

　또한 점심이나 저녁을 제공하는 레스토랑에서는 잼(Jam)을 서비스하지 않는 경우가 있다. 말하자면 잼(Jam)은 조찬 레스토랑에서 제공한다고 할 수 있다.

2 빵(Bread)의 종류

① **바게트**(Baguette) : 표면은 바삭바삭하고 속은 부드러운 대표적인 프랑스 빵으로 레스토랑에서 고객에게 자주 제공한다 (French Bread라고도 함).

② **호밀빵**(Rye Bread) : 호밀을 주원료로 하여 만든 대표적인 독일식 빵이다.

③ **모닝롤**(Morning Roll) : 동그란 모양으로 부드러운 감촉이 일품이다.

④ **하드롤**(Hard Roll) : 모닝롤과 유사한 모양이나 단단한 것이 특징이다.

⑤ **포카치아**(Focaccia) : 둥글납작하면서 약간 부풀어오르는 모양의 이탈리아 정통 빵으로 이태리 레스토랑과 패밀리 레스토랑 등에서 서비스된다.

　빵과 함께 제공되는 버터와 올리브 오일, 발사믹 식초와 함께 먹으면 고소하고 다양한 맛을 즐길 수 있다.

03 전채요리(Appetizer)

1 전채요리의 의의

오르되브르(Hors D'oeuvre), 즉 전채요리(Appetizer)는 식욕을 촉진시키기 위해 식사 전에 가볍게 먹는 요리를 총칭하는 것으로, 메인코스(Main Course) 전에 먹는 엑스트라(Extra)요리라는 의미가 있다.

전채요리의 특징은 식욕을 돋우어야 하므로 우선 풍미가 있어야 하고 다소 짠맛이나 신맛이 나야 하며, 양은 적은 편이고 대부분 찬 음식들이 서비스된다. 전채요리와 함께 마시면 잘 어울리는 음료 및 주류를 식전주(Aperitif)고 한다.

1) 전채요리의 특징

① 시각적으로 보기 좋아야 한다.
② 짠맛과 신맛, 매운맛이 있어 위액의 분비를 왕성하게 해서 식욕을 돋우게 해야 한다.
③ 가급적 소량이어야 한다.
④ 향토성이나 계절감을 곁들이면 더욱 훌륭한 전채요리이다.

2) 세계 3대 전채요리

① **철갑상어알**(Caviar) : 최고급 철갑상어의 알
② **송로버섯**(Truffle) : 우리나라에서는 생산되지 않는 송로버섯
③ **거위간**(Foie Gras) : 거위의 간을 이용한 요리

② 전채요리의 종류

1) 차가운 전채요리

① 육류요리 : 냉동 소고기

② 어패류 : 새우, 게, 연어알, 굴

③ 난류 : 달걀, 오리알, 메추리알

④ 치즈류 : 각종 치즈류

⑤ 훈제요리 : 연어, 소시지, 돼지고기, 햄

⑥ 채소류 : 셀러리, 당근, 오이, 피망, 토마토

2) 뜨거운 전채요리

① 꼬치요리 : 새우, 치즈, 굴, 채소 등을 꼬치에 꽂아서 기름에 튀긴 요리

② 패스트리류 : 슈크림 종류의 소형 빵

③ 구워낸 요리 : 오리고기, 달팽이요리, 조개요리

④ 튀김요리 : 새우튀김, 굴튀김, 조개튀김

04 수프(Soup)

1 수프의 의의

우리가 흔히 말하는 수프(Soup)에는 포타주(Potage)와 콩소메(Consomme) 두 종류가 있는데, 미국에서는 진한 수프를 포타주, 맑은 수프를 콩소메로 구분하고 있는데 엄격히 말하면 포타주는 수프의 총칭이다. 콩소메는 포타주 클리어(Potage Clear)라고 해서 맑은 수프, 그리고 진한 수프는 포타주라고 하는 야채수프, 크림수프 등이 해당된다.

반면 진한 수프의 경우는 콩소메보다 섬세한 맛은 덜하나 감자·옥수수·야채 등의 내용을 첨가해 맛이 좀 더 진하다. 따라서 포타주 수프의 경우에는 담백한 요리가, 콩소메의 경우는 진한 맛의 요리가 어울리며 코스가 많은 정찬요리에 적합하다.

수프를 먹을 때 소리를 내서는 안되며 스푼으로 뜬 수프를 한 번에 먹지 않고 조금씩 나눠 마시는 버릇도 좋지 않다. 하지만 손잡이가 달려 있는 컵인 경우 손으로 들고 마셔도 된다.

2 수프의 종류

일반적으로 호텔 레스토랑이나 이태리 식당, 패밀리 레스토랑 등에서 제공되는 수프는 온도에 따라서 뜨거운 수프(Hot Soup)와 차가운 수프(Cold Soup)로 나뉘며 농도에 따라서는 국물이 맑은 수프(Clear Soup)와 국물이 진한 수프(Thick Soup)로 분류한다.

1) 국물이 맑은 수프(Clear Soup)

(1) 콩소메(Consomme)

스톡에 쇠고기와 야채를 넣어 끓인 다음 기름을 걸러내어 맑게 한 수프로서 맛이 담백하고 깔끔한 게 특징이며 시원한 맛이 일품이다.

(2) 부용(Bouillon)

스톡에 육류와 야채, 허브를 함께 삶아 풍미가 우러나면 걸러서 만든 맑고 향기로운 수프로서 허브향이 은은하게 후각을 자극하여 한 잔의 허브티를 연상케 한다.

2) 국물이 진한 수프(Thick Soup)

(1) 크림수프(Cream Soup)

밀가루를 버터에 볶은 루(Roux)에 생크림과 계란 노른자로 마무리하여 만든 수프로서 주재료에 따라 양송이 크림수프, 바닷가재 크림수프, 단호박 크림수프 등이 있다.

(2) 퓌레(Puree)

당근, 감자, 옥수수, 호박 등의 야채를 바짝 졸인 후 체에 걸러내어 묽게 만든 야채수프로 은은한 향이 일품이다.

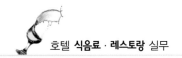
⑶ **차우더(Chowder)**

육류, 어패류, 채소류 등을 큼직하게 썰어 넣고 건더기를 많게 한 수프이며 우유나 크림을 넣어 맛을 부드럽게 하고 그윽한 향기를 깊게 한다. 불어로는 비스크(Bisque)라고도 한다.

3) 오늘의 수프(Today Soup)

레스토랑에서는 오늘의 수프를 매일매일의 영업상황에 따라 변화를 주어 운영하기도 한다. 종전에는 재고처분용으로 오늘의 수프, 오늘의 요리라고 하여 고객들이 주문하기를 망설였으나 근래에는 오히려 판매신장을 위해서 좋은 재료와 계절에 맞는 신선한 재료를 이용하여 프레시(Fresh)한 요리를 선보인다.

수프뿐만 아니라 오늘의 요리와 같은 특별한 요리와 주방장 특선요리는 계절감에 맞는 신선한 재료를 이용하여 요리하므로 맛있는 식사를 할 수 있다.

4) 세계 각국의 유명한 수프

⑴ **미네스트로네 수프(Minestrone Soup)**

여러 가지 야채와 스파게티 면, 베이컨, 마늘 등으로 만들어 향이 강하고 국물이 진한 이태리 야채수프이다.

얼큰한 맛을 좋아하는 분에게 어울리는 수프이며 자극적인 맛과 특유의 향신료 향이 특색 있다.

⑵ **어니언 수프(Onion Soup)**

콩소메, 양파, 치즈를 주재료로 하여 만든 남프랑스의 대표적인 수프로서 양파향이 강하며 치즈를 얹어서 치즈의 맛을 함께 느낄 수 있는 수프이다. 수프가 담겨 나오는 볼이 뜨겁기 때문에 주의해야 한다.

레스토랑에 따라서는 오븐에 구워서 조리되어 마치 계란찜처럼 부풀어올라오는 어니언 수프가 있다.

(3) 클램 차우더 수프(Clam Chowder Soup)

대합을 주재료로 하여 만든 미국의 대표적인 수프로서 시원한 국물 맛이 일품이다.

05 생선요리(Fish)

1 생선요리의 의의

생선요리는 수프 다음에 제공되는 코스 음식(Middle Course)에 해당되나 육류를 대체하는 주요리의 역할도 한다. 또한 오늘날에 있어서는 육류요리를 기피하는 사람들이 선호하는 요리가 되었다.

특히 생선요리는 지방성분이 적고 비타민과 칼슘이 매우 풍부하므로 많은 사람들이 건강식으로 즐겨 찾을 뿐만 아니라 여성들이 선호하는 메뉴이며, 담백하고 소화가 잘 되기 때문에 어린이와 노인에게 특히 좋은 요리가 된다. 생선요리를 대신하여 파스타(Pasta)가 제공되기도 한다.

2 생선요리의 종류

레스토랑에서 일반적으로 메뉴화할 수 있는 생선의 종류는 다음과 같다.

① **바다생선(Fish)** : 대구(Cod), 청어(Herring), 도미(Sea Bream), 농어(Sea Bass), 참치(Tuna), 넙치(Halibut), 혀가자미(Sole) 등

② **패류(Shellfish)** : 전복(Abalone), 홍합(Mussel), 가리비(Scallop), 대합(Clam), 굴

(Oyster) 등

③ **갑각류**(Crustacea) : 왕새우(Prawn), 바닷가재(Lobster), 게(Crab), 새우(Shrimp) 등

④ **연체류**(Mollusca) : 오징어(Cuttle Fish), 문어(Octopus) 등

⑤ **민물생선**(Fresh Water Fish) : 송어(Trout), 연어(Salmon), 은어(Sweet Fish) 등

1) 생선요리 먹는 방법

통째로 요리된 생선은 머리부분이 왼쪽으로 오고 배부분은 자기 쪽으로 향하게 한다. 통째로 요리된 생선을 먹으려면 우선 포크로 머리부분을 고정시키고 나이프로 머리부분과 몸통을 자른 후 꼬리부분도 잘라낸다. 그 다음에 지느러미부분을 발라내고 머리와 꼬리, 지느러미는 접시의 위쪽에 한데 모아놓은 후 뼈를 따라 왼쪽에서 오른쪽으로 나이프를 수평으로 움직여 위쪽의 살과 뼈를 발라 놓는다.

위쪽의 살을 다 먹은 다음에는 생선을 뒤집지 말고 그 상태에서 다시 나이프를 뼈와 아래쪽의 살부분 사이에 넣어 살과 뼈를 발라 놓는다. 발라낸 뼈는 접시 위쪽의 머리 · 꼬리 등과 함께 놓아두고 남은 생선의 살을 동일한 방법으로 조금씩 잘라가며 먹는다. 만약 생선의 가시를 씹었을 경우에는 입 속에서 발라내 왼손으로 입을 가린 후 포크로 가시를 빼거나 오른손으로 살짝 빼내어 접시 가장자리에 올려놓는다.

통째로 요리하지 않고 몸통부분만을 굽거나 그릴한 경우는 제공된 대로 식사를 하면 된다.

2) 레몬과 생선요리

생선요리에는 비린 냄새를 없애기 위하여 레몬을 제공하는데 레몬을 짜는 방법으로는 먼저 레몬의 한쪽 끝을 포크로 고정시키고 나이프로 가볍게 눌러 즙을 낸다. 즙을 짠 레몬은 접시 한쪽에 놓는다.

생선프라이나 석쇠구이 등의 요리에는 하프 레몬이 곁들여지는데 이때는 오른손의 엄지 · 중지 · 집게손가락으로 즙을 내어 생선 위에 뿌린다.

⑴ 레몬스퀴저(Lemon Squeezer) 사용

레몬을 손쉽게 짤 수 있는 레몬스퀴저(Lemon Squeezer)에 레몬을 서비스하면 가볍게 눌러서 즙을 내어 생선에 뿌리면 된다. 레몬을 짤 때 즙이 튀지 않도록 왼손으로 가리면서 짜면 안전하게 할 수 있다. 많은 양의 레몬은 생선요리 고유의 향을 자극할 수 있으므로 주의해서 적당량만 생선에 얹어서 식사한다.

06 셔벗(Sherbet)

1 셔벗(Sherbet)의 의의

셔벗(Sherbet)은 양식 코스요리의 과정에 서비스되는 요리이며, 생선요리 다음 육류요리(스테이크) 이전에 제공되는 것이 일반적이다. 셔벗은 생선요리의 비린내와 텁텁한 입맛을 제거하고, 소화를 도우며 입안을 상쾌하기 위해서 서비스한다.

셔벗이 아이스크림과 다른 점은 계란과 유지방을 사용하지 않는다는 것이다. 주된 재료는 과즙, 설탕, 물, 계란 흰자 등이며, 셔벗은 저칼로리이고 깨끗하며 상쾌한 맛이 특징이다.

2 셔벗의 종류

셔벗은 차갑게 제공하는 것이 일반적이며, 주로 과일을 원재료로 한 다음과 같은 종류의 셔벗이 레스토랑에서 주로 제공된다.

① 레몬 셔벗(Lemon Sherbet)

② 샴페인 셔벗(Champagne Sherbet)

③ 페퍼민트 셔벗(Peppermint Sherbet)

④ 오렌지 셔벗(Orange Sherbet)

⑤ 키위 셔벗(Kiwi Sherbet)

⑥ 레드와인 셔벗(Red Wine Sherbet) 등

07 육류요리(Meat, Steak)

1 육류요리의 의의

레스토랑에서 준비하는 세트메뉴와 일품요리 등에는 메뉴의 종류가 다양하지만 식사의 중심에 해당되는 메뉴는 단연 육류요리(스테이크)라 할 수 있다. 서양식 요리의 중심이 되는 것으로 조리방법과 종류가 다양하고 세계 각국마다 즐겨 먹는 육류의 종류에도 차이가 있다.

레스토랑에서 제공하는 육류요리로는 소고기 · 송아지고기 · 양고기 · 돼지고기 등이 있지만 일반적으로 소고기가 그 중심이 되며 고객들의 선호도 역시 소고기가 최고이다. 주요리를 앙트레(Entree)라고 하는 것은 영어의 'Entrance(입구)'의 의미로 본격적인 식사를 시작한다는 의미이다. 레스토랑에서는 주로 다음과 같은 스테이크가 제공된다.

② 육류요리의 종류

1) 안심스테이크(Tenderloin Steak)

불어로 필레(Filet)란 안심을 뜻한다. 안심이란 소의 등뼈 안쪽으로 콩팥에서 허리에 이르는 가느다란 양쪽 부위를 말한다. 주위는 지방으로 둘러싸여 있지만 안심 자체는 지방이 거의 없는 부드러운 육질로 되어 있어 소고기 중 최상급에 속한다. 실제로 레스토랑에서도 많은 고객들이 안심 부위의 스테이크를 선호한다.

안심스테이크 중 최고급 스테이크가 앞쪽 넓은 부분의 안심을 이용하여 만든 샤토브리앙(Chateaubriand)이다. 부위에 따라 앞부분부터 스테이크를 구분하면 다음과 같다.

① 헤드(Head)
② 샤토브리앙(Chateaubriand)
③ 필레(Filet)
④ 투르네도(Tournedos)
⑤ 필레미뇽(Filet Mignon)
⑥ 필레 팁(Filet Tip)

2) 등심스테이크(Sirloin Steak)

쇠고기의 등심 부위로 만든 스테이크이다. 영국 왕 찰스 2세가 즐겨 먹던 스테이크로서 남작의 작위를 수여할 만큼 훌륭하다고 하여 로인(Lion) 앞에 'Sir'를 붙여 'Sirloin'이라고 한다.

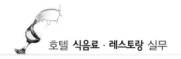

고기의 이름에 'Sir'를 붙인 것으로 봐서도 그 명성을 짐작할 수 있으며 그 맛 또한 일품이어서 레스토랑에서 많은 이들에게 사랑받는 고기 부위 중 하나이다. 등심 부위로 조리한 스테이크에는 다음과 같은 종류가 있다.

(1) 미뉴에트스테이크(Minute Steak)

등심 부위를 얇게 두들겨 펴서 구운 스테이크를 말한다.

(2) 뉴욕컷스테이크(New York Cut Steak)

등심 중에서 기름기가 가장 적은 가운데 부분을 잘라 놓은 모습이 뉴욕 주의 지도와 비슷하다고 해서 붙여진 이름이다.

(3) 포터하우스스테이크(Porterhouse Steak)

안심 쪽에 가까운 허리 부분의 등심스테이크로 큼직하게 제공된다. 실제 레스토랑에서는 양이 많기 때문에 2인분으로 제공된다.

3) 갈비스테이크(Rib Steak)

쇠고기의 등 쪽에 있는 갈비 부위로 만든 스테이크이며 보통 립아이스테이크(Ribeye Steak)라고 부른다.

4) 티본스테이크(T-bone Steak)

T자형의 뼈를 사이에 두고 한쪽은 등심, 다른 한쪽은 안심으로 되어 있어 한번에 두 종류의 맛을 볼 수 있는 스테이크이다. 보통 뼈의 무게까지 하면 280g 정도로 일반 스테이크에 비해서는 양이 많다.

(1) 스테이크의 굽는 정도

스테이크는 굽는 정도에 따라 맛도 달라지므로 스테이크를 주문할 때는 취향대로 레스토랑의 직원에게 굽는 정도를 알려주어 한다. 스테이크는 오랜 시간 굽게 되면 육즙이 빠져나가 고기의 맛이 떨어지며 씹는 맛이 질길 수 있다. 스테이크의 굽는 정도와 시간은 다음과 같으나 조리사와 주방의 여건에 따라 다소의 차이는 있을 수 있다.

표 9-1 다양한 스테이크 굽기

스테이크 굽기 (Temperature)	스테이크의 상태	스테이크 굽는 시간
레어(Rare)	표면만 약간 굽고 중간은 붉은 날고기 상태로 비릿한 향이 나며 서양인이 선호	3~5분
미디엄 레어 (Medium Rare)	중심부가 핑크색으로 붉은색의 레어보다 조금 더 구운 상태	4~6분
미디엄(Medium)	중심부가 핑크색을 띠는 정도이며 한국인에게 인기 있는 굽기	5~8분
미디엄 웰던 (Medium Welldone)	중심부를 연갈색으로 구운 상태	7~10분
웰던(Welldone)	표면과 중심부 모두 갈색으로 육즙이 거의 없이 구운 상태로 질감이 거칠다	9~14분

(2) 스테이크 소스

스테이크는 소스 없이(No Sauce) 먹기도 하지만, 일반적으로 스테이크와 잘 어울리는 소스류에는 다음과 같은 종류가 있으니 본인의 기호에 따라 선택하도록 한다. 또는 선택한 스테이크와 어울릴 만한 소스를 직원에게 추천받는 것도 좋은 방법이다.

① **양송이 소스**(Mushroom Sauce) : 양송이를 볶다가 생크림을 넣어 만든 소스로서 고소한 양송이향이 일품이다.

② **레드와인 소스**(Red Wine Sauce) : 포트와인과 레드와인을 프라이팬에 졸인 후 요리한다.

붉은 포도주 빛의 아름다운 소스이며 와인 고유의 맛과 그윽한 향이 일품이다.

③ **데리야키 소스**(Teriyaki Sauce) : 간장, 청주, 물엿, 설탕으로 만든 소스로, 갈비구이용으로 많이 사용하며 단맛이 약간 강하다. 특히 일본인 고객들이 선호하기도 한다.

④ **머스터드 소스**(Mustard Sauce) : 겨자의 열매와 씨로 만들어서 톡 쏘는 매운맛이 강하다.

⑤ **홀그레인 머스터드 소스**(Whole Grain Mustard Sauce) : 머스터드 소스와는 달리 홀그레인은 겨자씨가 통째로 들어 있어 씹히는 맛이 일품이며 스테이크와 함께하면 훌륭한 맛을 느낄 수 있다.

5) 기타 육류요리

특급호텔의 양식 레스토랑에서는 주로 메인요리로 소고기요리(스테이크)를 준비하여 서비스하는 것이 일반적이며, 고객의 기호와 소고기 파동 등의 영향으로 다양한 육류를 준비하여 고객에게 서비스하고 있다.

⑴ 송아지고기

송아지고기(Veal)는 생후 12주(약 3개월)를 넘기지 않은, 어미 소의 젖으로만 기른 것으로 적은 지방층과 많은 양의 수분을 갖고 있어 맛이 연하고 부드럽지만 성숙한 소고기 보다는 맛과 향이 떨어진다. 송아지요리는 다음과 같은 것이 대표적이다.

① 스칼로피네(Scaloppine)

송아지의 다리부분에서 잘라낸 작고 얇은 고기로 소금과 후추로 양념하여 밀가루를 뿌린 후 소테(Saute)하여 조리하고 소스를 곁들인다.

② 빌 커틀릿(Veal Cutlet)

뼈를 제거한 송아지고기를 얇게 저민 후 납작하게 두들겨서 칼집을 내고 소금과 후추를 뿌린 다음 계란, 빵가루를 입혀 소테(Saute)한 요리이다.

(2) 양고기

1년 이하의 어린 양고기로 요리한 음식을 램(Lamb)이라 하는데 육질이 부드럽고 담백하다. 1년 이상 자란 양고기로 요리한 음식은 머튼(Mutton)이라 부르는데 섬유질이 많아 약간 질기며 맛도 램(Lamb)에 비해 담백하지 못한 것이 특징이다.

(3) 돼지고기

돼지고기의 주성분은 단백질과 지방질이며, 무기질과 비타민류가 소량 함유되어 있다. 돼지고기는 소고기와 달리 보수력이 매우 약하므로 상온에 방치해 두면 쉽게 육즙이 생겨 조리 시 양이 줄어드는 경우가 있다.

돼지고기는 소고기 다음으로 많이 소비되는 육류이고 햄, 소시지, 베이컨 등의 가공식품으로도 많이 이용된다. 돼지고기로 만든 요리로는 바비큐포크찹(Barbecue Pork-chop), 포크커틀릿(Pork Cutlet), 햄버거스테이크(Hamburger Steak) 등이 있다.

(4) 가금류

가금류(Poultry)는 영양분이 풍부하여 육류를 싫어하는 고객이 즐겨 찾으며 호텔에서 주로 취급하는 가금류는 닭, 오리, 거위, 칠면조 등이고 닭을 제외한 가금류는 대부분 통째로 로스트(Roast)하여 요리된다.

칠면조는 아메리카 대륙이 원산지이며 추수감사절이나 크리스마스에 등장하는 특별 요리로서 많은 이들의 사랑을 받고 있다. 하지만

일 년 내내 먹기 시작한 것은 비교적 근래의 일이며 칠면조는 크기에 비해 고기가 적으며 저렴한 가격에 제공된다.

실제 호텔이나 레스토랑에서는 쇠고기파동, 육류파동 등의 악재가 있을 경우 해산물과 더불어 가금류를 대체식품으로 사용하는데 이들의 메뉴도 인기가 높다. 레스토랑의 조리장은 가금류 메뉴를 개발하여 다양한 요리를 고객에게 선사한다.

표 9-2 육류의 다양한 조리방법

조리 스타일	조리방법
로스팅(Roasting)	고깃덩어리를 오븐에 넣어 익혀내는 조리방법
브로일링(Broiling)	석쇠나 팬을 이용하여 굽는 조리방법
브레이징(Braising)	소량의 물을 붓고 약한 불로 장시간 찌는 조리방법
그릴링(Grilling)	고기를 석쇠에 끼워 오븐의 복사열로 짧은 시간에 요리하는 것으로 영양분과 향기의 보존 가능
프라잉(Frying)	기름으로 튀기는 조리방법
소테(Saute)	버터 또는 오일을 이용하여 굽는 조리방법
스튜잉(Stewing)	고기를 여러 가지 재료와 함께 장시간 약한 불로 졸이는 조리방법

③ 가니쉬(Garnish)

육류요리인 스테이크와 함께 제공되는 야채의 종류를 가니쉬(Garnish)라고 하며, 스테이크는 산성식품이기 때문에 영양학적 균형을 맞추기 위해 알칼리성인 야채를 함께 서비스한다. 스테이크와 함께 제공하는 가니쉬의 제공 목적은 다음과 같다.

① 영양의 균형을 맞추기 위해서인데, 산성식품인 스테이크와 알칼리성인 야채와의 영양학적 균형을 위해 제공한다.
② 시각적으로 돋보이기 위함이다. 함께 제공되는 야채는 적색류(당근, 적색 피망 등), 녹색류(브로콜리, 아스파라거스, 녹색 피망 등), 흰색류(감자, 무, 파인애플 등) 등이 조화를 이룬다.
③ 식욕을 돋우기 위해서이다. 조리된 음식 위에 뿌리거나 음식 주위를 장식하는 방법으로 식욕을 돋운다.

08 샐러드(Salad)와 드레싱(Dressing)

① 샐러드의 의의

샐러드는 양식을 제공하는 레스토랑에서 스테이크와 함께 식사하기 좋은 메뉴로 많은 고객들로부터 인기가 있다. 특히 샐러드는 웰빙(Wellbeing)의 트렌드에 부합하는 메뉴이며, 건강식 메뉴이다. 따라서 최근에는 건강식 메뉴를 강조한 샐러드바(Salad Bar) 형태의 레스토랑이 급속히 늘고 있다.

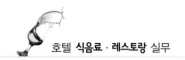

샐러드(Salad)란 라틴어 'Sal'에서 유래되었는데 '싱싱한 야채를 주재료로 하여 소금을 가미한 것'이라는 뜻이다. 그러나 요즘 샐러드는 야채뿐만 아니라 과일, 육류, 생선 등 다양한 부산물을 첨가하여 드레싱(Dressing)과 함께 제공되기도 한다.

샐러드는 앙트레 다음 코스에 제공(대개 프랑스)되었으나 요즘에는 직전에 제공(영국, 미국식)되기도 한다. 결국 산성인 육류 섭취 전후에 알칼리성인 샐러드를 섭취함으로써 영양의 균형을 도모하는 것이다. 일반적으로 레스토랑에서 제공하는 샐러드의 종류는 다음과 같다.

2 샐러드의 종류

샐러드는 몇 가지의 야채만을 섞어서 만든 순수 샐러드와 야채에 과일, 생선, 육류 등이 혼합된 혼합 샐러드로 분류할 수 있다.

1) 순수 샐러드(Simple Salad)

① 믹스 샐러드(Mixed Salad) : 여러 가지 야채를 혼합하여 만든 샐러드
② 계절 샐러드(Seasonal Salad) : 계절감에 부합하는 야채를 이용하여 만든 샐러드
③ 시저 샐러드(Caesar Salad) : 로마시대 시저가 즐겨 먹던 샐러드로써 고객의 기호에 맞는 각종 재료 및 양념을 넣어 즉석에서 만들어주는 샐러드

2) 혼합 샐러드(Combined Salad)

① 과일 샐러드(Fruit Salad) : 야채에 과일이 혼합된 샐러드
② 생선 샐러드(Fish Salad) : 야채에 생선이 혼합된 샐러드로 참치 샐러드(Tuna Salad), 게살 샐러드(Crabmeat Salad), 오징어 샐러드 등이 있다.
③ 육류 샐러드(Meat Salad) : 야채에 육류가 혼합된 샐러드로 소고기 샐러드(Beef Salad) 등이 있다.
④ 셰프 샐러드(Chef's Salad) : 양상추, 햄, 치즈, 닭고기, 계란, 토마토, 올리브 등을 이용하여 만든 주방장 특선 샐러드이다.

③ 드레싱(Dressing)

샐러드에는 일반적으로 소스를 곁들여 먹는데 샐러드와 함께하는 소스를 드레싱(Dressing)이라고 한다. 미국에서는 드레싱이란 표현을 쓰지만 유럽에서는 그냥 소스(Sauce)라고 한다. 우리나라 레스토랑에서는 소스와 드레싱을 모두 사용하고 있다.

드레싱이란 용어는 본래 몸단장을 마무리한다는 뜻으로 소스를 샐러드 위에 뿌리면 여자가 옷을 치장하는 것처럼 여겨지는 데서 유래되었다. 드레싱은 샐러드의 맛을 한층 높여주고, 시각적인 면에서 돋보이게 한다.

1) 드레싱의 종류

고객의 기호와 취향이 다양하듯 레스토랑에서 사용하는 드레싱의 종류 또한 다양하다. 일반적으로 레스토랑에서 사용하는 드레싱은 다음과 같은 종류가 있다. 드레싱은 각각의 향과 맛이 독특하므로 본인의 입맛에 맞게 선택하여야 한다.

⑴ 사우전드아일랜드 드레싱(Thousand Island Dressing)

일명 '천 드레싱'이라고도 불리며 마요네즈에 칠리 소스, 토마토 케첩, 계란, 양파, 피망, 피클 등을 혼합하여 만들었으며, 시중에서도 기성품으로 쉽게 구할 수 있는 드레싱이다.

⑵ 프렌치 드레싱(French Dressing)

식용류, 식초, 소금, 후추에 양파, 파슬리, 피망 등을 다져 넣고 겨자와 향료를 가미하여 만들어 향이 강하다.

⑶ 이탈리안 드레싱(Italian Dressing)

적포도주, 레몬즙, 올리브유, 소금, 후추, 향료 등을 넣어 만든다.

(4) 기타 드레싱

① 하우스 드레싱(House Dressing)

② 당근 드레싱(Carrot Dressing)

③ 타르타르 소스(Tartar Dressing)

④ 미국식 칵테일 소스(American Cocktail Dressing)

⑤ 발사믹 드레싱(Balsamic Dressing)

⑥ 포도 식초(Red Wine Vinegar)

⑦ 시저 드레싱(Caesar Dressing)

⑧ 요구르트 드레싱(Yoghurt Dressing)

⑨ 치즈 드레싱(Cheese Dressing)

09 디저트(Dessert)

1 디저트의 의의

레스토랑에서 제공하는 풀코스요리의 마지막 단계인 디저트는 식사를 마무리하며, 입안을 개운하게 하고 식후주 또는 커피, 차와 함께 담소를 나누는 타임이다. 디저트(Dessert)는 식사의 마지막 부분에 먹는 후식으로서 어원은 불어 데세르비르(Desservir)에서 유래되었는데 '치우다', '정돈하다'라는 뜻이며, 오늘날에도 디저트를 서비스할 때는 테이블 위의 모든 기물과 음식을 치운 후에 제공한다.

디저트는 식사가 끝난 후에 입안을 개운하게 하기 위한 것으로 감미롭고 향기로운 음식을 제공한다. 그러므로 디저트에는 일반적으로 단맛(Sweet), 향미(Savoury), 과일(Fruit)의 3가지 요소가 포함된다.

② 디저트의 종류

디저트에는 아이스크림, 과일과 같은 찬 디저트(Cold Dessert)와 크레페 수제트(Crepe Suzette), 푸딩(Pudding)과 같은 따뜻한 디저트(Hot Dessert)가 있다. 또한 강한 향기와 맛이 나는 치즈(Cheese), 달콤한 초콜릿(Chocolate) 등이 있다. 자세하게 분류하면 다음과 같다.

1) 기본 분류

① 무스(Mousse)류

② 파이(Pie)류

③ 케이크(Cake)류

④ 푸딩(Pudding)류

⑤ 과일(Fruits)류

⑥ 젤라틴(Gelatin)류

⑦ 아이스크림(Ice Cream)류

⑧ 셔벗(Sherbet)류

⑨ 치즈(Cheese)류

2) 차가운 디저트(Cold Dessert)

① 아이스 수플레(Ice Souffle)

② 파르페(Parfait)

③ 샤를로트(Charlotte)

④ 아이스크림(Ice Cream)

⑤ 셔벗(Sherbet)

3) 뜨거운 디저트(Hot Dessert)

① 크레페(Crepes)

② 수플레(Souffle)

③ 푸딩(Pudding)

④ 플람베(Flambee)

⑤ 그라탱(Gratin)

4) 치즈(Cheese)

(1) 연질치즈

① 숙성시키지 않은 치즈 : 프로마주 브란, 커티지 치즈, 크림 치즈, 마스카르포네, 모차렐라

② 숙성시킨 치즈 : 카망베르, 브리도, 모누 샤루테, 그랑제

(2) 반경질치즈

① 곰팡이에 의해 숙성된 치즈 : 고르곤촐라, 브루스틸론, 다나블

② 세균에 의해 숙성된 치즈 : 브릭, 문스타

(3) 경질치즈

① 가스기공이 없는 치즈 : 체더, 에담, 그루젤

② 가스기공이 있는 치즈 : 에담, 고다

⑷ 초경질치즈

① 세균에 의해 숙성된 치즈 : 파르메산, 페코리노 로마노

10 커피(Coffee)와 차(Tea)

1 커피

전 세계적으로 석유 다음으로 많은 교역량이 바로 커피이며, 커피를 전량 수입하고 있는 우리나라에서도 커피공화국이라 불릴 만큼 커피전문점이 늘고 있으며, 커피의 수요 또한 급상승하고 있다. 커피(Coffee)의 어원은 에티오피아의 '카파(kaffa)'라는 말에서 유래되었고, 에티오피아에서 최초로 커피를 발견하였다고 한다.

또한 아프리카의 예멘은 커피를 최초로 경작한 나라로 알려져 있다. 커피는 쓴맛, 떫은맛, 신맛, 단맛, 구수한 맛이 잘 조화되어 만들어진 음료로서 피로감을 없애주고, 머리를 맑게 하고, 혈액순환을 도와주는 성분이 함유되어 있으며 특유의 맛과 향을 지니고 있어 세계인의 기호음료가 되었다.

1) 커피의 품종

⑴ 아라비카종(Coffea Arabica)

아라비카종은 아프리카의 에티오피아가 원산지이며, 세계 커피 생산량의 약 70%를 차지하는 최고급 커피 품종이다. 우리가 커피전문점에서 마시는 모든 스페셜티 커피는

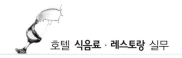

이 아라비카종으로 만든다.

아라비카종은 연평균기온 15~24도, 해발 900~2,000m 정도의 고산지대에서 생산된다. 배수가 잘되고 미네랄이 풍부한 화산재 토양에서 잘 자라며, 브라질, 콜롬비아, 자메이카, 멕시코, 과테말라, 케냐, 인도, 탄자니아, 코스타리카 등의 국가에서 주로 재배되는 최고급 품종이다.

(2) 로부스타종(Coffea Robusta)

로부스타종은 '카네포라'라고 부르기도 하는데 일반적으로 로부스타로 총칭한다. 아라비카종에 비해 병충해와 추위에 강하고 성장이 빠른 것이 특징이다.

재배환경은 연평균기온 24~30도 정도로, 아라비카종에 비해 기온이 높고, 800m 이하의 저지대에서도 잘 자라는 특징이 있다. 현재 전 세계 생산량의 25% 정도를 차지하며 대부분 동남아시아 일대에서 생산한다.

우리가 마시는 인스턴트 커피와 캔 음료로 마시는 커피가 모두 로부스타종에 의해 제조된다. 아라비카종에 비해 품질과 가격이 월등히 낮으며, 우간다, 콩고, 카메룬, 인도네시아, 타이, 베트남 등에서 재배한다.

2) 커피의 종류

커피는 알코올이 함유되지 않은 비알코올성 커피와 위스키나 주류가 첨가된 알코올성 커피로 분류하는데, 근래에는 이러한 구분보다는 카페라테, 마키아토, 아메리카노, 에스프레소, 카푸치노 등이 인기 있는 커피 메뉴이다.

(1) 비알코올성 커피(Non-Alcoholic Coffee)

① **아메리카노 커피**(Americano Coffee) : 에스프레소에 뜨거운 물을 희석하여 마시는 연한 커피이다.

② 디카페인 커피(Decaffeined Coffee) : 커피에 있는 카페인을 제거하여 카페인 없이 마시는 커피이다.

③ 에스프레소 커피(Espresso Coffee) : 에스프레소 커피 머신을 이용하여 추출하는 이태리식 농축커피로 진한 맛이 특징이다.

④ 비엔나 커피(Vienna Coffee) : 휘핑크림 또는 아이스크림을 얹은 커피이다.

⑤ 카푸치노 커피(Cappuccino Coffee) : 전통 이태리식 커피로서 따뜻한 우유를 섞고 부드러운 우유거품을 올려 마시는 커피이다.

⑥ 카페오레(Cafe au Lait) : 추출한 에스프레소 커피에 뜨겁게 데운 우유를 섞은 커피이다.

(2) 알코올성 커피(Alcoholic Coffee)

① 아이리시 커피(Irish Coffee) : 아이리시 위스키와 휘핑크림을 넣은 커피이다.

② 로열 커피(Royal Coffee) : 브랜디를 넣어 마시는 커피이다.

③ 칼루아 커피(Kahlua Coffee) : 멕시코의 커피 리큐어 칼루아를 넣은 커피이다.

④ 트로피컬 커피(Tropical Coffee) : 화이트 럼과 레몬에 불꽃을 피워 남국의 정열적인 이미지를 주는 커피이다.

② 차

1) 홍차

홍차는 커피나 코코아와 같이 강한 맛은 없지만 섬세하고 독특한 향이 특색이다. 디저트 후의 음료로는 주로 커피와 차(Tea)를 즐긴다. 차를 제공할 때는 레몬이나 우유가 곁들여지는데 이는 홍차의 풍미를 높이기 위함이다. 특히 우유는 홍차의 떫은맛을 제거시켜 맛을 부드럽게 해준다.

홍차는 일반적으로 찻잎의 배합방법에 따라 스트레이트(Straight), 블렌디드(Blended), 플레이버리(Flavery)로 나뉜다. 첫째, 스트레이트는 한 가지 종류의 찻잎으로 만드는 차를 말하며 실론, 아삼, 다즐링 등이 있다. 둘째, 블렌디드는 두 종류 이상의 찻잎을 배합한 것을 말하며, 마지막으로 플레이버리는 향이 첨가된 것으로 과일향을 첨가한 것이 대부분이다.

(1) 홍차의 종류

① 스트레이트 티(Straight Tea)

- 다즐링(Darjeeling) : 다즐링은 인도 북동지방 서벵골주의 북단, 히말라야 산맥 남쪽 기슭에 위치한 피서지이자 홍차의 산지이다. 퍼스트플러시(3, 4월에 수확하는 어린잎)가 가장 비싸고 붉은 기를 조금 띠는 노란색으로 찻물이 연하며 독특한 풀잎향이 있다.

- 아삼(Assam) : 일명 블랙티인 아삼은 중국이 원산지이고 인도의 북동부지방이 산지인데 세계 최대의 홍차 생산지이기도 하다. 타닌의 함유량이 많기 때문에 색은 약간 검은빛을 띤 적갈색이 되며 강한 맛이 특징이다.

- 실론(Ceylon) : 홍차의 황금이라 불리는 실론은 최대 규모의 차산지인 실론섬의 고지대에서 재배된다. 우려낸 차의 빛깔이 황금색에 가까워 홍차의 황금이라 불리며 강한 향에 개운한 맛과 감칠맛이 특징이다.

- 기문(Keemun) : 색상은 흑색이고 우려낸 차 빛깔이 밝은 오렌지 빛에 가까운 선홍색으로 난초향 같은 특이한 향이 일품이다. 기문은 인도의 다즐링, 스리랑카의 우바와 함께 세계 3대 홍차로 불린다.

② 블렌디드 티(Blended Tea)

- 잉글리시 브렉퍼스트 : 실론차(스리랑카)와 인도차를 블렌드한 것으로 주로 밀크티용으로 만들어지며 향과 맛이 강하고 카페인이 많은 홍차이다. 영국에서는 주로 아침식사와 함께 마시는 티로 인기가 높다.

③ 플레이버리 티(Flavery Tea)

- 얼그레이(Earl Grey) : 주로 중국의 흑차에 베르가못 나무의 기름 향을 더한 훈제차로 시원한 느낌의 향이 독특해 속이 텁텁할 때 마시면 좋다. 색은 진한 오렌지

색이며 스트레이트 티 또는 아이스티로 마신다. 얼그레이는 아침보다는 식사 후에 마시는데 주로 오후 3~4시경 우유를 넣지 않은 상태로 쿠키와 함께 먹는 애프터 눈 티(Afternoon Tea)로 마시면 좋다.

• **과일차**(Fruit Tea) : 과일 향이 담긴 홍차로 기분을 상쾌하게 해주는 것이 특징이 며, 스트로베리, 레몬, 사과, 망고, 레몬&라임, 시나몬 차 등이 있다.

2) 녹차

녹차는 발효시키지 않은 찻잎으로 만든 차를 말한다. 녹차를 처음 생산하여 사용하기 시작한 곳은 중국과 인도이다. 이후 아시아의 여러 나라와 우리나라에도 소개되어 가정뿐만 아니라 호텔의 레스토랑과 커피숍에서도 고객들에게 인기가 높다.

녹차는 부드러운 향과 그윽한 맛이 일품이며, 각성작용, 이뇨작용, 해독작용, 소염 작용, 살균작용 등에 효능이 있는 것으로 알려져 있다. 호텔의 레스토랑이나 커피숍 에서는 식후 또는 일품 메뉴로 녹차를 서비스하고 있다.

11 식후주(Digestif)

① 식후주의 의의

식후주(Digestif)는 양식을 제공하는 레스토랑에서 풀코스의 식사를 모두 마치고 소화의 의미로 마시는 술을 말한다. 식전주(Aperitif)가 식사를 시작하면서 식욕을 촉진 시키기 위해 가볍게 마시는 술이라면, 식후주는 식사의 마지막이며 소화를 돕고 입맛을 개운하게 하기 위해 마시는 향이 있고 알코올 도수가 높은 술이다.

일반적으로 식후주로는 코냑이나 브랜디, 위스키 종류, 포트와인, 드라이 셰리, 혼성주 등이 적당하다.

② 식후주의 종류

1) 브랜디

브랜디(Brandy)는 대부분 포도로 만든 와인을 증류한 알코올 도수(45~50도)가 높은 술을 총칭한 것으로, 1909년 프랑스 국내법에 의하면 자국의 코냑 지방에서 생산되는 브랜디만을 '코냑(Cognac)'이라 부를 수 있으며 아르마냑 지방에서 생산되는 브랜디만을 '아르마냑(Armagnac)'이라 부르고 있다.

포도 이외의 과실류로 만든 브랜디도 있는데 노르망디 지방의 사과(Apple)브랜디인 칼바도스(Calvados)와 알자스 지방의 체리브랜드인 키르슈(Kirsch) 등이 있다. 브랜디는 향기가 좋고 뒷맛이 감미로워 식후주로 사랑받고 있다.

2) 셰리주

셰리주는 스페인의 도시 헤레스데라프론테라(Jerez de la Frontera)에서 나오는 술로 영국인들이 이 지역을 셰리(Sherry)라고 부른 데서 비롯되었다. 애피타이저나 후식용 와인으로 주로 사용되는 셰리주는 세계 최고급 리큐어 와인으로 통한다.

이 포도주는 팔로미노 포도에서 짠 포도즙을 아메리카 참나무로 만든 작은 통에 넣어 발효시키고 발효가 끝난 뒤 원하는 형태에 따라 브랜디를 혼합하여 알코올 도수를 높이기도 한다.

피노셰리(Fino Sherry)는 엷은 색을 띠며 단맛이 없고 드라이한 맛이 난다. 알코올 도수를 15%로 높인 것으로 질감이 중후한 올로로소(Oloroso) 종류는 알코올 도수를 18%로 높인 것이다.

3) 포트와인

포트와인(Port Wine)은 40종 이상의 포도품종으로 빚는데, 알코올 도수가 8%에 이를 때까지만 발효시키고 그 후에는 포도즙이 본래 지니고 있는 단맛을 보존하기 위해 브랜디를 첨가하여 발효를 멈춘다. 셰리주와 마찬가지로 포트와인에도 다양한 종류가 있으며 식후주로 즐겨 마신다.

4) 혼성주

혼성주는 증류주에 과일, 식물 등의 천연향료를 배합한 후 다시 감미료나 착색류를 첨가하여 만든 것으로 리큐어(Liqueur) 또는 코디얼(Cordial)이라고도 한다. 리큐어는 스트레이트로 마실 수 있고 칵테일의 기주로 사용하기도 하며, 브랜디처럼 식후주로 애용된다. 식후주로 사용되는 혼성주에는 다음과 같은 종류가 있다.

⑴ 베네딕틴 디오엠(Benedictine D.O.M)

1510년경 프랑스의 한 수도원에서 성직자가 코냑에 허브 향료를 첨가하여 만들었다. D.O.M은 라틴어 Deo Optimo Maximo의 약어인데 '최고로 좋은 것을 신에게 바친다'라는 뜻이다.

⑵ 쿠앵트로(Cointreau)

오렌지의 에센스를 추출하여 브랜디와 혼합하여 만든 술이다.

⑶ 드람브이(Drambuie)

드람브이는 '사람을 만족시킨다'는 뜻으로 스카치위스키에 꿀을 넣어 만든 술이다.

Useful Expressions

• A : Server
• B : Guest

A : What will you have today?

B : I'll have a Monte Cristo Sandwich.

A : Would you like something to drink?

B : Yes, let me have a large Coke.

A : Do you need anything else?

B : Does it come with French fries?

A : Yes, it does.

B : Good.

A : 주문하시겠습니까?

B : 몬테크리스토 샌드위치 주세요.

A : 음료는 무엇으로 준비해 드릴까요?

B : 콜라 큰 컵으로 주세요.

A : 그 밖에 필요하신 것은 없으세요?

B : 감자튀김이 함께 나오나요?

A : 네, 그렇습니다.

B : 좋네요.

Chapter 10

테이블 매너

01 식사와 매너

레스토랑에서 식사를 하기 위해서는 복장과 용모 그리고 적합한 식사예절이 필요하다. 또한 격식 있는 레스토랑의 이용을 위해서는 예약이 꼭 필요하며, 테이블에서의 세련된 테이블 매너가 요구된다. 다음은 레스토랑에서 지켜야 할 식사 매너에 대한 내용이다.

1 레스토랑의 예약

레스토랑에서 즐거운 식사를 하고 싶다면 반드시 예약을 해야 한다. 예약할 경우에는 우선 자신의 성명을 명확히 밝히고 행사 날짜와 시간 및 참석자의 수를 정확히 알려준다. 레스토랑에서는 행사일에 원활한 식사가 진행되도록 준비하고, 예약한 고객은 예정된 예약일에 도착하도록 한다.

만일 예약한 날에 식사하기가 어렵다면 꼭 취소전화를 하여 다른 고객에게 레스토랑 이용할 수 있는 기회를 주어야 한다. 레스토랑에서는 예약을 하고 나타나지 않는 고객 (No Show Guest)을 최소화하기 위한 대책을 마련하고, 노쇼율(No Show Rate)을 낮추기 위해서는 고객에게 확인전화를 하도록 한다.

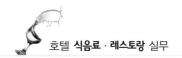

2 테이블 안내

식사를 하기 위해 레스토랑에 도착하면 입구에서 지배인 혹은 리셉셔니스트가 고객을 맞이하여 지정된 테이블까지 안내해 준다. 따라서 이러한 일반적인 관례를 무시하고 레스토랑의 아무 테이블에나 앉아버리는 행위는 에티켓에 벗어나는 일이다. 이러한 테이블 안내는 예약된 고객이나 예약하지 않고 방문하는 고객(Walk-in Guest) 모두에게 해당된다. 테이블에서는 노약자(연장자), 여성, 어린이, 남성 순으로 착석하도록 한다.

3 풀코스 기물 사용 요령

서양식 레스토랑에서는 식사메뉴가 세트화하여 식사의 처음과 마지막까지 정해진 메뉴로 식사를 하는 풀코스(세트메뉴)메뉴가 있는데, 이런 경우 테이블에 세팅되어 있는 기물은 다음과 같이 그 종류가 다양하다.

세트메뉴 식사 시 기물은 제공되는 메뉴에 따라 가장 바깥쪽에 세팅되어 있는 것부터 사용하는 것이 바람직하다. 그리고 좌측에 있는 빵과 우측에 있는 물 잔 및 와인 잔이 내것이 된다. 이를 '좌빵우수'라고 하는데 여러 명의 식사가 세팅되어 있을 때는 이러한 규칙에 따라 식사하면 된다.

① 버터나이프(Butter Knife or Bread Knife)

② 애피타이저 포크(Appetizer Fork)

③ 샐러드 포크(Salad Fork)

④ 생선 포크(Fish Fork), 파스타 포크(Pasta Fork)

⑤ 메인 포크(Main Fork)

⑥ 메인 나이프(Main Knife)

⑦ 생선 나이프(Fish Knife), 파스타 스푼(Pasta Spoon)

⑧ 수프 스푼(Soup Spoon)

⑨ 샐러드 나이프(Salad Knife)

⑩ 애피타이저 나이프(Appetizer Knife)

⑪ 디저트 스푼(Dessert Spoon)

⑫ 디저트 포크(Dessert Fork)

⑬ 고블렛, 물컵(Goblet)

⑭ 레드와인 글라스(Red Wine Glass)

⑮ 꽃병(Flower Base)

[그림 10-1] 풀코스 테이블 세팅

④ 테이블에서의 올바른 매너

1) 식사 중 소지품은 테이블에 올려놓지 않는다

레스토랑이나 연회에 참석할 때는 모자나 코트·가방 등의 짐은 클로크룸(Cloak Room)에 맡기는 것이 원칙이다. 다만 여성의 경우 핸드백이나 소지품은 자신의 등과 의자의 등받이 사이에 놓으면 된다. 또한 식사하는 테이블 위에는 가급적 다른 소지품을 올려놓지 않는다.

2) 재채기와 하품은 주의한다

식사 중에 큰소리를 내거나 웃는 것은 매너가 아니다. 또한 실수로 재채기와 하품을 했을 때도 반드시 옆 손님에게 "미안합니다" 하고 사과해야 한다. 식사 중에 발생할 수 있는 다양한 생리현상은 테이블에 오기 전에 화장실 등에서 미리 해결하고 또한 테이블에서는 적당한 긴장감으로 불현듯 찾아오는 생리현상을 미연에 방지할 수 있도록 한다.

식사 중이나 식사 후의 트림은 상대방에게 불쾌감을 줄 수 있으므로 주의한다.

3) 무선전화기의 사용을 가급적 자제한다

식사 중에는 가급적 무선전화기의 사용을 자제하고 소음으로 인해 다른 사람에게 피해를 줄 수 있으므로 진동모드로 한다. 중요한 통화는 동반고객에게 양해를 구한 뒤 밖에서 통화하되 가급적 빠른 시간 안에 통화를 마치고 돌아온다.

4) 화장실은 미리 다녀온다

식사 중 화장실에 가는 것은 동반고객에게 큰 실례이며 품위 없어 보일 수 있다. 따라서 식사 테이블에 오기 전에는 반드시 볼일을 보고 머리나 복장의 흐트러짐이 없는지 확인한 후 착석하도록 한다.

5) 식사 중에는 가벼운 주제의 대화가 좋다

식사를 하면서 환담을 나누는 것은 중요한 매너의 요령이다. 특히 입안에 음식물을 넣은 상태로 우물우물하면서 말을 하는 것은 보기에도 흉할뿐더러 품위를 떨어뜨리는 행위이기 때문에 입안에 음식물이 있을 때는 상대방에게 신호를 보내고 나중에 답하도록 한다.

상대방이 음식물을 씹고 있을 때는 가급적 말을 시키지 않고, 한입에 너무 많은 음식을 넣지 않도록 한다. 또한 식사 중에는 가벼운 주제로 이야기하며 가급적 개인적인 문제, 종교, 정치, 타인 험담, 외설스러운 이야기는 피하도록 한다.

6) 레스토랑 이용 시 가급적 정장차림이 좋다

레스토랑이나 특별한 식사에 초대받은 경우는 그날의 드레스코드(Dress Code)가 정해져 있는지를 확인해야 한다. 호텔 레스토랑의 이용 시 복장에 대한 특별한 규칙은 없으나 정찬시간(오후 6시 이후)에는 가능하면 남녀 모두 정장차림이 좋으며 격식을 요하는 자리에는 자유스러운 복장으로 출입하는 것을 되도록 삼가는 것이 좋다.

7) 식사 중 얼굴이나 머리를 만지거나 다리를 포개지 않는다

식사 중에는 본인의 청결상태와 위생뿐만 아니라 상대방을 배려하는 마음이 있어야 한다. 따라서 동반고객과 함께 식사할 때 손으로 입술을 만지거나 귀나 코 등을 긁는 등의 행동은 삼가야 한다. 또한 올바른 자세로 식사하도록 한다.

8) 식탁에 세팅되어 있는 나이프와 포크는 바깥쪽 기물에서 안쪽 기물 순으로 사용한다

나이프와 포크는 요리접시를 중앙에 두고 우측에 나이프와 스푼, 좌측에 포크로 정해져 있으므로 사용하는 순서에 맞추어 바깥쪽에서 안쪽으로 차례로 세팅되어 있다. 풀코스(Full Course)의 경우 전채요리부터 시작하여 수프, 생선요리, 육류요리 순으로 되어 있는데, 제공되는 음식의 순서에 맞추어 바깥쪽 기물부터 사용하여 순서대로 식사하면 된다.

레스토랑에서 풀코스로 세팅된 테이블을 보면 여러 가지 기물과 글라스류의 용도에 당황스러워지는 경우가 있는데 이때 제공되는 음식에 따라 사용 가능한 기물부터 이용하면 된다.

9) 포크 사용 시 왼손에서 오른손으로 옮겨 잡아도 무방하다

왼손잡이나 오른손잡이를 불문하고 테이블의 순서는 오른손에 나이프 왼손에 포크로 되어 있는데 왼손잡이가 많은 서양에서도 나이프는 꼭 오른손에 잡도록 엄격하게 습

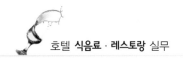
관을 들이고 있다. 그렇다고 해서 포크를 오
른손으로 옮겨 잡을 수 없는 것은 아니다.

나이프와 포크를 번갈아 가며 식사하는 방
식을 지그재그 식사(Zigzag Eating) 혹은 미
국식이라고도 한다. 요즈음은 유럽에도 많이
보급되어 있다. 하지만 정도에 어긋날 정도
로 자주 바꿔서 혼란스러울 정도가 되면 동반
고객에 대한 예의가 아니므로 주의해야 한다.

10) 식사 중 손에 쥔 나이프와 포크를 세워서는 안된다

담소를 나누면서 식사하는 것은 즐거운 일이다. 그러나 이야기에 열중하다 보면 무
의식중에 양손에 든 나이프와 포크를 손에 쥔 채로 식탁 위에 팔꿈치를 세울 때가 있
는데 이러한 행동은 옆에 앉은 사람에게 불안감을 주는 행동이므로 절대 삼가야 한다.

그리고 나이프는 어떠한 경우라도 입에 가져가서는 안된다.

11) 뜨거운 음식을 먹었을 때 당황하지 않는다

음식이 너무 뜨거우면 즉시 물이나 찬 음료수를 마신다. 마실 것이 가까이에 없으면
종이 냅킨에 뱉어서 처리한다. 이때 동반고객에게 피해를 주지 않도록 주의해서 조용
히 처리한다.

12) 이물질을 먹었을 때 조용히 처리한다

음식에 머리카락이나 기타 이물질이 들어 있을 때는 직원을 불러서 잘못을 지적한
후 음식의 교체를 요구할 수 있다. 가정집에 초대받은 상황이라면 남의 눈에 띄지 않
게 재빠르게 제거한 후 식사를 계속한다. 만약 이미 입안에 들어간 상태라면 되도록
조용히 뱉어 처리한다.

13) 식사 중 테이블에서 실수했을 때에는 당황하지 않는다

식사 중 물을 엎지르거나 식기를 떨어뜨리는 등의 실수를 했을 경우 직접 처리하지 않고 직원을 불러서 도움을 요청한다. 가능한 다른 동반고객에게 피해를 주지 않도록 하며 동반고객도 가능한 모른 척하는 것이 예의이다. 만약 레스토랑 측의 변상이 필요한 경우라면 책임을 회피하지 말고 즉시 처리하여 준다.

14) 식사 중 아는 사람과 마주쳤을 때는 조용히 목례한다

레스토랑에서 아는 사람을 만나거나 식사 중에 아는 사람과 만나면 가볍게 목례하는 게 좋다. 길게 인사를 나누는 것은 동반한 사람에 대한 예의가 아니며 특별한 경우가 아니면 동반고객을 소개할 필요는 없다.

15) 요리를 끝마친 후 나이프와 포크는 나란히 접시 오른쪽 아래로 비스듬하게 놓는다

나이프와 포크를 어떤 형태로 접시 위에 놓는가는 테이블에서 직원에게 보내는 무언의 신호이다. 요리를 끝마친 후에 나이프는 바깥쪽, 포크는 안쪽으로 나란히 접시 중앙에서 오른쪽(시계 5시) 방향으로 비스듬하게 놓아둔다. 이때 나이프의 날은 안쪽(자신)으로 향하게 하고, 포크는 등을 밑으로 한다.

식사가 끝나지 않았다고 하더라도 이렇게 나이프와 포크를 놓게 되면 웨이터는 식사를 마친 것으로 간주하고 접시를 치울 수가 있으므로 식사 중일 때는 포크와 나이프를 접시의 중앙에서 팔자(八字) 형식으로 놓아두거나 접시에 살짝 걸쳐놓는다.

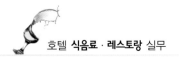

16) 냅킨을 수건으로 사용하면 안된다

냅킨은 무릎 위에 얹어놓고 옷을 더럽히지 않게 하는 것이 목적이다. 그 외에 입을 닦거나 식사 도중 손에 묻은 소스나 버터, 잼 등을 닦는 데 사용한다. 냅킨으로 식기나 나이프 또는 포크 등을 닦는 것은 매너에 어긋난다.

식탁에 물이 엎질러졌을 경우에는 냅킨으로 닦지 않고 직원이 처리하도록 한다. 입가를 닦을 때도 너무 힘을 주어 문지르는 것보다 가볍게 문지르는 것이 좋다. 이때 냅킨에 립스틱을 묻히지 않도록 주의해야 한다.

17) 식기를 과도하게 움직여서는 안된다

양식은 식탁과 입의 거리가 가장 이상적으로 되어 있으므로 테이블에서 식기를 움직여서는 안된다. 스테이크에 붙어 있는 지방분을 잘라내기 위해 접시를 이쪽저쪽으로 돌리는 것은 매너가 아니다. 잘라내기 어려울 때는 고기부분만을 돌려서 나이프와 포크로 자르면 된다.

18) 식사 중 과도한 음주는 피한다

초대받은 자리 또는 지인, 가족 간의 식사에서 과도한 음주는 삼간다. 과한 음주는 즐거운 식사 분위기를 해칠 수 있기 때문이다.

19) 식사를 모두 마쳤을 때는 감사의 인사를 한다

식사를 모두 마쳤을 때는 동반고객이나 초대한 고객 그리고 서비스해 준 레스토랑 직원에게 감사의 인사를 한다. 테이블 매너는 손님답게 행동하는 것이 초대해 준 분에 대한 예의라고 할 수 있다. 또한 본인의 인격에 관한 문제가 될 수 있기 때문에 올바른 테이블 매너를 익히는 것이 중요하다.

Coffee Break

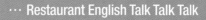

Useful Expressions

• A : Server
• B : Guest

A : Can I help you with your order?

B : What do you recommend?

A : How about the seafood?
I believe the prawn curry is worth trying.

B : Sorry, but I can't eat shellfish.
I'm allergic to it.

A : Then, how do you want your steak cooked?

B : Medium, please.

A : By the way, white wine goes well with your dish.

B : All right. Let me order a glass of white house wine.

A : 주문해 주시겠어요?

B : 무엇이 먹을 만한가요?

A : 해산물은 어떠세요? 새우 카레요리가 먹음직스럽습니다.

B : 미안하지만, 저는 갑각류는 먹지를 않습니다.
알레르기가 있습니다.

A : 그러시다면, 스테이크는 어떻게 요리해 드릴까요?

B : 중간으로 익혀주세요.

A : 그리고 고객님의 주요리에 화이트 와인이 어울립니다.

B : 좋아요. 화이트 하우스 와인 한 잔 주세요.

호텔 식음료 · 레스토랑 실무

Hotel Food & Beverage
Restaurant Business

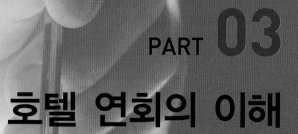

PART 03

호텔 연회의 이해

Chapter 11 ● 호텔 연회의 이해

Chapter 11 호텔 연회의 이해

01 호텔 연회의 개요

　과거에는 호텔에서의 연회행사가 일반인들과는 다소 거리가 먼 것으로 여겨졌으나 근래에는 교육수준의 향상, 소득의 증대, 생활수준의 향상, 인식의 전환, 세계화의 급속한 진전 등으로 인해 급격히 증가하고 있다. 특히 교통·통신의 발달과 사회 각 분야 간 교류의 확대, 국가 간 다양한 네트워크의 강화로 인해 호텔에서 연회행사가 차지하는 비중이 날로 높아져 가고 있다.

1 호텔 연회(Banquet)의 의의

　일반적으로 연회는 "고객이 원하는 장소에 행사성격에 부합하는 분위기를 연출하고 음식을 제공하여 행사목적의 달성과 여흥을 즐길 수 있게 정성을 다하여 모든 서비스를 제공하는 것"이라 한다. 그리고 "호텔이나 외식업 등 식음료를 판매하는 시설을 갖춘 장소에서 2인 이상의 단체고객에게 식음료와 기타 부수적인

사항을 첨가하여 모임의 목적을 달성할 수 있도록 하여 주고 그 대가를 수수하는 일련의 행위"라고 정의할 수 있다.

특급호텔에서의 연회업무는 고객이 원하는 다양한 연회장(Banquet Room)을 준비하여 축하, 환영, 피로연, 석별의 정 그리고 회의, 전시회, 설명회, 세미나, 교육, 패션쇼, 공연, 이벤트 등의 각종 행사를 유치하여 행사를 수행하는 다목적 기능을 가진 의미로 설명할 수 있다.

특급호텔 연회행사의 성격은 점차 세분화·다양화되어 가고 있으며, 연회 수입과 규모 역시 높아지고 있다. 따라서 호텔에서 연회부서의 위상이 높아진 것도 사실이며 과거에는 연회부서가 식음료부서에 종속된 호텔들이 많았으나 근래에는 연회부서가 독립적으로 운영되는 호텔이 늘고 있다.

특급호텔에서 제공하는 연회서비스는 단시간에 많은 고객들의 식음료 서비스와 부수적인 연회서비스의 제공으로 고객의 행사목적을 달성할 수 있으며, 호텔 측에서는 인력의 효율적인 운영, 대량구매로 인한 식재료 원가 절감, 이를 통한 이윤의 극대화, 호텔의 시설과 서비스에 대한 홍보효과 등의 강점으로 연회부서의 중요성이 높아지고 있으며, 경영진의 관심과 투자도 또한 높다.

또한 호텔의 연회장이라는 한정된 공간에서 이루어지는 행사로 인한 매출액의 한계와 고객서비스의 제한성을 탈피하고자 호텔에서는 케이터링 서비스(Catering Service)를 고객에게 제공하고 있다. 케이터링 서비스는 고객이 원하는 어느 곳이든지 외부의 공간에서 호텔의 식음료 서비스를 제공하는 업무를 하기 때문에 이 또한 고객의 요구와 시장의 규모가 점차 증가하고 있다.

② 호텔 연회행사의 종류

호텔에서 진행하는 연회행사는 소규모의 가족모임에서부터 대규모의 국가적인 행사에 이르기까지 그 종류가 다양하고 성격 또한 각양각색이다. 어떤 성격의 모임과 행사이건 간에 호텔의 연회행사 담당자는 행사의 내용과 목적을 파악하여 고객서비스에 만전을 기해야 한다.

1) 테이블서비스 파티, 정찬파티(Table Service Party)

연회행사 중 가장 격식을 갖춘 행사로써, 그 비용도 높을 뿐만 아니라 사교상 어떤 중요한 목적이 있을 때 개최된다. 테이블서비스 파티의 테이블 세팅은 연회장의 넓이와 참석자 수, 연회의 목적에 따라 주최 측과 협의하여 다양하게 세팅할 수 있다.

2) 칵테일 리셉션(Cocktail Reception)

칵테일 리셉션은 여러 가지 주류와 음료를 주제로 하고 간단한 전채요리를 곁들이면서 스탠딩 형식으로 행해지는 연회를 말한다. 칵테일 리셉션은 정찬파티에 비해 경제적이고, 자유롭게 이동하면서 참가자들끼리 자연스럽게 담소할 수 있다.

또한 참석자들의 복장이나 시간도 별로 제한받지 않기 때문에 현대인에게 더욱 편리하고 특히 사교모임이나 본 행사의 시작 전에 진행하는 사전행사로 적당한 파티이다.

3) 뷔페 파티(Buffet Party)

연회장에서 이루어지는 뷔페행사는 클로스 뷔페(Close Buffet)이며, 이는 다시 입식 뷔페(Standing Buffet)와 착석뷔페(Sit Down Buffet)로 분류된다.

입식뷔페(Standing Buffet)는 보통 가벼운 식사 또는 음료 위주로 구성되는 메뉴이며, 착석뷔페(Sit Down Buffet)는 다양한 종류의 음식을 준비해 놓고 진행한다. 뷔페 파티는 일상적으로 셀프서비스 형식으로 진행되기 때문에 다소 복잡할 수 있다는 단점이 있다.

4) 가든 파티(Garden Party)

개인의 정원이나 경치가 좋은 야외에서 이루어지는 칵테일 리셉션, 뷔페 파티 등의 연회행사를 말한다. 야외에서 이루어지기 때문에 자연의 풍경이나 경치를 만끽할 수 있으나, 다만 우천 시와 기온 급변 등의 자연현상 변화에 대한 대비책을 사전에 강구해야 한다.

5) 티 파티(Tea Party)

티 파티는 일반적으로 본 행사가 진행되는 동안 브레이크 타임에 간단하게 개최되는 파티로 보통 좌담회, 간담회, 발표회 등에서 많이 하는 파티의 일종이다. 또한 과일, 샌드위치, 케이크 등의 간단한 핑거푸드(Finger Food)를 준비하기도 한다.

6) 케이터링 파티(Catering Party)

케이터링 서비스는 호텔의 한정된 장소를 탈피하여 고객이 원하는 장소, 시간에 따라 호텔 외부에서 행하여지는 연회행사로서 식사와 음료, 테이블, 글라스, 린넨, 각종 비품 등을 준비하여 고객에게 서비스하는 파티를 말한다.

근래에 고객들의 서비스 요청이 늘고 있어 성장 가능성이 매우 높으며, 행사진행 이전에 행사장소를 답사하여 행사준비에 만전을 기해야 한다. 가든 파티와 마찬가지로 기상변화에 따른 대책이 마련되어야 한다.

7) 기타 특정목적의 파티

① **모금파티**(Fundraising Party) : 원래는 미국에서 선거를 준비하면서 특정한 후보의 정치자금을 마련하기 위해 개최했던 행사를 말한다. 근래에는 다양한 성격의 모금파티가 열리고 있다.

② **포트럭 파티**(Potluck Party) : 가까운 사람들끼리 행사의 성격에 맞는 음식을 조금씩 준비해 와서 하는 친목의 성격이 강한 파티

③ **샤워파티**(Shower Party) : 결혼을 앞둔 신랑, 신부를 위한 파티

④ **댄스파티**(Dance Party) : 댄스 동호회나 댄스와 관련된 모임의 행사

3 연회행사 업무 절차

호텔에서의 연회행사는 예약 접수에서부터 행사를 종료하는 시점까지 일관되고 품위 있는 서비스를 수행해야 한다. 또한 고객이 요구하는 다양한 내용을 수용할 수 있도록 노력해야 한다.

1) 연회행사 예약 접수

연회예약의 접수 경로는 고객이 직접 내방하거나 판촉사원을 통하여 또는 전화, 팩스(Fax), 인터넷 등을 통하여 예약이 가능하다. 연회행사는 레스토랑에서 식사하는 것과는 다소의 차이점이 있어 호텔을 직접 방문하여 행사장을 확인하고 예약하는 경우가 많다.

연회예약을 담당하는 직원은 호텔에서 활용가능한 연회의 구성요소를 충분히 숙지해야

한다. 예를 들어 연회장의 규모, 시설이나 기자재, 식음료의 메뉴와 가격, 좌석배치, 무대, 현재 활용가능한 행사장 등 전반적인 사항을 파악하고 있어야 한다.

또한 연회예약 담당자는 경쟁사의 상품에 대해서도 자세히 파악하고 있어 고객이 경쟁사와의 비교를 원할 때는 자사의 상품과 비교하여 설명할 수 있도록 한다. 고객과의 상담이 완료되면 연회예약서(Function Reservation Sheet)를 작성하고 이를 토대로 행사를 준비하도록 한다.

연회행사의 예약과 상담 시에 고객과 세심하게 살펴보아야 할 내용은 다음과 같다.

① 행사 일시 확인
② 행사 가능한 장소의 확인
③ 행사명
④ 주최자와 초청손님

⑤ 행사성격

⑥ 참석인원

⑦ 1인당 예산

⑧ 장식 : 꽃, Carving, 연출되는 여러 가지 상황

⑨ 음식결정

⑩ 식탁 및 좌석배치, 행사장 디자인

⑪ 지불방법 확인

⑫ 예약금 지불 여부

⑬ 기타 특별한 요구사항 확인

2) 행사장의 배정

특급호텔에서는 고객이 필요로 하는 대, 중, 소규모의 연회장을 보유하고 있으므로 연회장을 적절히 배정하는 것도 연회장의 효율적인 운영과 매출의 극대화를 기할 수 있는 부분이다.

연회예약 담당자의 능력 중 하나는 행사의 인원 수와 성격 등을 고려하여 효율적·합리적으로 연회장을 배정하여 매출의 극대화를 도모하는 것이다.

3) 견적서 작성(Banquet Quotation)

견적서는 가능하면 고객의 예산에 맞게 작성하는 것이 매우 중요하며, 고객의 요구사항을 모두 기록하여 반영해야 한다. 특히 추가적인 음료와 식료 등의 가격부분은 고객과의 사전협의가 필요하다.

또한 견적서를 작성할 때에는 행사를 진행하는 실제 연회장의 도면과 좌석배치, 레이아웃(Layout) 등을 제출한다.

4) 계약서 작성 및 예약금

계약서는 사용일자와 장소, 메뉴와 음료, 지불방법, 계약해지에 따른 손해배상 등의 내용으로 구성되어 있다. 일반적으로 예약금은 행사 진행 총 금액의 20~30% 정도로 한다.

5) 행사지시서, 연회요구서의 작성 및 배부

연회예약서를 작성하고 행사를 진행하려면 행사지시서, 연회요구서(Banquet Event Sheet, Function Sheet, Event Order)를 작성한다. 연회행사와 관련하여 고객과 협의한 모든 사항을 연회요구서 또는 행사지시서에 기록하고 관련부서에 배부하여 행사의 준비에 소홀함이 없도록 한다.

① **청소사항** : 행사장과 입구, 고객의 동선이 있는 공간은 청소 용역에 의뢰
② **테이블 및 의자 배치** : 행사의 목적과 성격에 부합하도록 배치
③ **필요한 집기류, 비품류, 린넨류 준비** : 필요 기물 등을 리스트화하여 준비
④ **무대 및 조명 설치** : 주최 측과 협의하여 행사목적에 부합하도록 설치
⑤ **음향** : 주최 측과 협의하여 행사에 부합하는 음향 선정
⑥ **냉, 난방 점검** : 적절한 실내온도 유지
⑦ **네임카드**(Name Card) : 테이블 네임카드 및 개인 네임카드 준비
⑧ **테이블 세팅** : 연회운영 서비스 팀과 협의하여 세팅
⑨ **서비스에 필요한 부가적 사항 점검** : 행사 주최 측과 협의하여 행사 준비
⑩ **차량**(주차)**관련 협조** : VIP 주차공간, 대형버스 주차공간, 일반고객 주차공간 확보
⑪ **작업 신청** : 특별한 이벤트에 필요한 각종 무대장치 및 효과
⑫ **기타 특별한 고객의 요청** : 해당 부서에 적극적으로 요구

6) 본 행사의 진행

고객과 약속된 내용을 충실히 수행하면서 행사를 진행하고, 행사의 진행은 연회팀의 연회서비스 부서에서 전담한다.

02 연회서비스의 업무

특급호텔의 연회부서(Banquet)는 연회판촉(Banquet Sales & Marketing), 연회예약 (Banquet Reservation), 연회서비스(Banquet Service) 등으로 나누어 업무를 수행하게 되는데, 연회서비스 부서는 실제 연회장에서 고객에게 식사와 음료뿐만 아니라 호텔에서 제공하는 모든 사항을 책임 있게 서비스해야 하는 의무가 있다.

또한 연회서비스 부서는 연회 운영팀이라고도 하며, 실제 고객의 식음료 서비스 및 행사의 진행을 전담하게 된다. 따라서 연회서비스 부서는 연회예약 부서와 연회판촉 부서와의 유기적인 업무조율이 필요하며, 고객 만족 서비스를 위해 최선을 다한다.

1 호텔 연회서비스의 개요

1) 연회서비스 부서의 직무

연회서비스 부서는 실제 행사를 총괄적으로 진행하며, 고객에게 모든 서비스를 제공한다. 따라서 행사를 진행함에 있어서 모든 직원은 고객의 불평과 불편이 최소화되도록 서비스에 만전을 기해야 한다.

연회서비스 부서의 직원은 직무기술서(Job Description)에 바탕을 두고 업무를 수행하도록 한다.

(1) **연회서비스 지배인**(Banquet Service Manager)

연회서비스 지배인은 연회행사에서 필요한 제반사항을 점검하고 준비해야 한다. 타부서와의 유기적인 업무협조, 고객서비스 전반에 대한 책임, 행사에 적당한 인원의 배치 그리고 행사에 참여하는 VIP고객의 접대 등 행사에 관련된 모든 업무를 조율한다.

(2) **부지배인**(Assistant Manager)

부지배인은 지배인을 보좌하고, 행사의 성격에 따라 적정한 인원을 배치하고 테이블 세팅과 제공되는 식음료에 대해서도 점검한다. 행사 전 직원들과의 미팅을 주재하고, 고객의 컴플레인(Complaints)이 발생하지 않도록 교육한다.

(3) **캡틴**(Captain)

캡틴은 부서의 모든 직원들에게 모범을 보이며, 직원들과 지배인의 가교역할을 하고, 고객서비스에 소홀함이 없도록 행사를 준비한다. 고객의 특별주문사항을 숙지하고 행사진행에 차질이 없도록 한다.

(4) **웨이터**(Waiter), **웨이트리스**(Waitress)

웨이터, 웨이트리스는 행사장에서 직접 고객의 서비스를 담당하고, 고객의 불평이 없도록 최선을 다한다. 행사에 필요한 기물과 집기류를 준비하고, 행사가 끝난 후에는 각종 기물류를 정리 정돈한다.

② **호텔 연회 식음료 서비스**

연회서비스 부서는 연회예약 부서로부터 접수된 연회요구서(Function Sheet)를 자세히 검토하고 행사준비를 시작한다. 연회행사에 따라서 다양한 식음료 서비스가 제공되기 때문에 이를 충분히 검토하고 최상의 서비스를 제공해야 한다.

1) 행사 전 준비사항

접수된 연회요구서(Function Sheet)를 바탕으로 행사를 준비하며, 행사 시작 전 점검해야 될 사항은 다음과 같다.

① 연회의 성격 및 목적
② 행사 참석 인원 수
③ 준비된 메뉴와 음료
④ 테이블 세팅
⑤ 고객서비스 방법
⑥ 무대장치, 사인보드(Sign Board), 특수조명, 음향장치 등
⑦ 지불방법 및 계약금 액수

2) 연회서비스 계획

성공적인 연회행사를 진행하기 위해서는 다음과 같은 내용을 사전 미팅을 통해서 전 직원이 공유하고 준비할 수 있도록 한다.

① 연회행사에 필요한 직원의 확보
② 서비스 테이블 및 담당구역 지정
③ 진행되는 연회행사에 대한 전반적인 설명
④ 행사에 제공되는 메뉴 교육
⑤ 메뉴에 의한 서비스 순서
⑥ 기타 행사에 필요한 교육 진행

3) 행사 대기(Stand-by)

연회 시작 전 모든 직원은 지정된 장소에서 고객 맞이할 준비를 하고, 행사가 진행되면 각자 맡은 업무를 수행한다.

4) 연회서비스

(1) 테이블 서비스(Table Service)

고객의 입장이 끝나고 메인행사가 시작되면 주최 측과 사전에 협의된 내용에 따라 예정된 시간에 식사를 서비스하기 시작한다. 연회행사 시 테이블에 제공되는 메뉴는 일반적으로 양식 코스메뉴이므로 지정된 시간에 준비된 메뉴부터 식사시간에 맞추어 제공하도록 한다.

양식 메뉴가 아닌 경우는 가격에 따라 사전에 준비된 뷔페식 메뉴가 일반적이며, 중식 코스요리와 한식메뉴가 제공되기도 한다. 메뉴의 특성에 따라 각기 다른 서비스를 제공해야 하기 때문에 사전에 필요한 교육이 동반되어야 한다. 식사를 서비스할 때에는 다음과 같은 사항에 유의하여 제공한다.

① 각 조별로 할당된 테이블과 고객에게 스탠바이한다.
② 즉각적으로 고객응대를 할 수 있도록 한다.
③ 주빈(Host)이나 VIP 테이블에는 캡틴이나 지배인이 상주하여 대기한다.
④ 지정된 음료를 서비스하고, 추가주문이나 정해진 음료 이외의 메뉴는 지배인과 상의하여 즉시 응대하도록 한다.
⑤ 연회요구서(Function Sheet) 이외의 추가적인 고객의 요구사항은 지배인과 주최 측의 협조로 즉시 해결 가능하도록 조치한다.

(2) 음료의 서비스(Beverage Service)

연회행사 시 지정된 메뉴의 제공과 더불어 음료의 판매에도 많은 노력을 기울여 호텔의 매출액 증대에 기여하도록 한다. 따라서 사전에 협의된 와인이나 음료를 테이블에 세팅하도록 한다.

또한 사전에 협의된 음료 이외에 고객이 주문을 한다면 적극적으로 판매해야 하는데, 다만 주최 측의 양해를 구하고 음료를 서비스한다. 주최 측의 양해를 구하지 못하고 제공한 음료는 행사 종료 후 계산할 때 문제 발생의 소지가 있다.

식사가 마무리되면 커피와 차 종류를 준비하여 서비스한다. 준비된 커피와 차 종류 이외에 다른 종류의 차를 찾는 고객이 있으면 고객에게 대규모 연회행사의 특성을 잘 설명해 드리고 양해를 구한다. 물론 준비할 수 있는 경우라면 즉시 준비해 드린다.

5) 연회 종료 후 서비스

연회가 종료되는 시점에는 고객의 환송을 도와드리며, 분실한 물건(Lost & Found)이 없는지 확인하여 드리고 정중히 감사의 뜻을 전하면서 행사 주최 담당자와는 청구서를 확인하여 드리고 계산을 한다. 연회행사가 종료되면 다음과 같은 사항을 점검한다.

① 행사장 입구에서 고객을 환송한다.
② 주최자로부터 행사 전반에 대한 만족도 조사(음식 및 서비스 등)를 한다.
③ 고객의 분실물을 확인한다.
④ 최종계산서를 확인해 드리고 정확한 계산이 되도록 도와드린다.
⑤ 행사에 대한 감사의 뜻을 전하고, 다음 방문을 기약한다.
⑥ 연회예약 등의 부서에서는 고객관리카드(Guest History Card)를 작성하고 관리한다.

③ 케이터링(Catering) 서비스

케이터링(Catering) 서비스는 출장 연회서비스라 할 수 있는데 고객이 호텔을 방문할 여건이 되지 못할 때 고객이 원하는 시간과 장소에 호텔의 메뉴와 호텔의 서비스를 제공하는 것을 말한다.

최근 들어 기업의 다양한 비즈니스 활동과 각종 가족모임, 박람회, 전시회, 야외활동의 다양성으로 케이터링에 대한 수요가 많이 늘고 있다. 따라서 각 특급호텔에서는 케이터링 부서에 대한 서비스 강화를 주문하고 있으며, 공격적인 마케팅활동을 하고 있다.

1) 현장답사

고객의 케이터링에 대한 주문이 있으면 호텔의 연회부서 케이터링 팀에서는 연회서비스 요원과 주방요원이 한 조가 되어 답사를 실시하게 된다. 행사 주최 측과의 협의와 철저한 준비로 행사에 만전에 기해야 하며, 다음과 같은 사항을 답사 시에 확인한다.

① 호텔과의 이동 동선 확인 및 주차공간 확보
② 출장비품 보관장소 및 하역장소 확인, 엘리베이터의 유무
③ 행사장 내의 전기, 수도, 냉 · 난방의 유무
④ 행사장의 도면 작성
⑤ 서비스 요원의 서비스 동선 및 백사이드(Back Side) 공간
⑥ 기상이변에 대한 대비, 천막 또는 실내장소 섭외
⑦ 동절기 야외행사에는 난방시설 유무 확인
⑧ 출장연회 관련 모의 시뮬레이션 진행

2) 행사계획서 작성

현장답사를 토대로 하여 행사계획을 작성하는데 호텔 내의 연회장에서 행사를 치르는 것보다 세심한 준비와 주의를 기울여야 행사의 성공을 기할 수 있다.

① 차량 배차 및 운행계획
② 장비와 비품, 기자재 수량 확보
③ 서비스 인원 확보
④ 행사장 도면 작성, 서비스 동선 및 주방공간 확보
⑤ 필요 기물과 기자재에 대한 반출증 작성
⑥ 우천이나 기상 악화에 대비한 계획 수립

3) 케이터링 메뉴관리

케이터링은 호텔 내부에서의 완벽한 주방공간이 준비된 곳에서의 서비스가 아니라 외부의 불특정공간이기 때문에 메뉴의 질에 대한 부분을 각별히 신경 써야 한다. 찬 음식(Cold Meals)은 차게, 뜨거운 음식(Hot Meals)은 뜨겁게 제공하는 것을 원칙으로 하여 고객서비스에 최선을 다한다.

또한 행사를 위한 현장답사 때부터 주방 담당자는 주최 측과 메뉴에 대한 충분한 논의를 통하여 만족할 만한 행사가 되도록 노력한다.

Useful Expressions

• A : Server
• B : Guest

A : What would you like to drink with your meal?

B : What is the popular wine in your restaurant?

A : Is this a special occasion?

B : Today's our Wedding Anniversary.

A : Really? Since this is a special day, would you like a glass of wine?

B : What would you like to suggest for us?

A : Well, it depends on your food. First i'll bring the wine list.

B : I'm grateful.

A : 식사와 함께 어떤 음료를 드시겠습니까?

B : 어떤 와인이 가장 좋은가요?

A : 오늘 무슨 특별한 날이신가요?

B : 결혼기념일입니다.

A : 정말요? 특별한 날이니 와인 한 잔 어떠세요?

B : 어떤 와인이 괜찮을까요?

A : 음식 나름이지요. 제가 와인 리스트를 가져오겠습니다.

B : 매우 감사합니다.

PART 04

호텔 음료의 이해

Chapter 12 호텔 음료의 이해

01 음료의 개요

음료(Beverage)는 인간이 살아가는 데 꼭 필요한 마시는 모든 것을 말하며, 알코올이 1% 이상 함유된 알코올성 음료(Alcoholic Beverage)와 알코올이 전혀 함유되어 있지 않은 비알코올성 음료(Non-Alcoholic Beverage)를 통칭한 것이다. 알코올성 음료는 일반적으로 주류라고 하며 비알코올성 음료는 주류 이외의 모든 음료를 총칭한다.

1 음료의 역사

인류 역사상 최초의 음료라고 할 수 있는 것은 자연적으로 존재하는 봉밀을 그대로 마시거나 물에 타서 마신 것이 그 시작이라고 할 수 있다. 이는 1919년 스페인 발렌시아 부근의 암벽에서 발견된 봉밀 채취하는 인물그림을 통해 알 수 있다.

또한 고고학적 자료에 의하면 BC 6000년경 바빌로니아에서 레몬과즙을 마셨다는 기록이 있으며, 그 후 발효된 맥주를 즐겨 마셨으며, 중앙아시아에서는 야생 포도에 의해 자연발효된 포도주를 발견하여 마셨다는 기록도 있다. 그리스시대와 로마시대에는 천연광천수를 약용으로 마시고 장수했다는 기록도 전해온다.

18세기경에는 영국의 화학자 조셉 프리스트리(Joseph Pristry)가 탄산가스를 발견하

250

였으며, 이후 청량음료의 역사에 크게 기여하는 계기가 되었다. 18세기 과학의 발달과 더불어 소비자의 욕구에 맞는 다양한 음료가 개발되기 시작했다.

2 음료의 분류

1) 술의 정의

술은 세계 여러 나라에서 만들어지고 있으며, 법적 정의나 종류 등이 각 나라마다 다르다. 우리나라 주세법에 의하면 술이란 곡류(전분), 과일(당분)을 발효 또는 증류하여 만든 알코올 1% 이상의 음료를 말한다.

술은 발효주(양조주), 증류주, 혼성주 등으로 크게 분류된다.

2) 알코올성 음료(Alcoholic Beverage)

알코올성 음료(Alcoholic Beverage)는 원재료와 제조방법에 따라 양조주, 증류주, 혼성주 등으로 분류한다.

⑴ 양조주(Fermented Liquor)

양조주는 발효주(醱酵酒)라고도 하며 탁주 · 약주 · 청주 · 맥주 등 곡류를 원료로 당화시켜서 발효시킨 술과, 포도 · 사과 등 당분이 있는 과실류를 그대로 발효시켜 만든 술을 일컫는다. 알코올 함량은 약 1~18%로 다른 주류에 비해 낮은 편이다. 양조주는 발효가 끝난 술을 직접 마시거나 여과하여 마시는 술로서 맛과 향미가 뛰어나다.

대표적인 양조주는 맥주, 탁주, 와인 등으로 알코올 도수가 높지 않고 종류에 따라서는 풍미와 향미가 뛰어나 인기가 많은 주류이다.

⑵ 증류주(Distilled Liquor)

증류주는 알코올을 포함한 액체를 가열하여, 유출된 알코올을 포함한 증기를 냉각해서 만든 술이다. 증류주의 종류에는 소주, 위스키, 브랜디, 럼, 보드카, 테킬라 등이 있고, 일반적으로 양조주보다 알코올 농도가 높아 25~70% 정도이다. 한편 당류나 아미노산 등의 추출물은 대부분 증류하여 제거한다.

대표적인 증류주는 서민술이라 할 수 있는 소주와 고급주로 인식되는 위스키로 구분할 수 있다. 또한 진이나 럼 등은 증류주이지만 스트레이트(Straight)로 마시기보다는 칵테일로 만들어 마시거나 다른 종류의 술과 섞어 마시기에 적합하다.

(3) 혼성주(Compounded Liquor)

혼성주는 양조주, 증류주를 원료로 하여 주정에 색깔, 향, 맛을 내는 재료(과일, 향료, 약초 등)와 당분을 가해서 만드는 술로 흔히 리큐어(Liqueur)라고 불린다. 혼성주는 프랑스와 유럽에서는 '리큐어(Liqueur)', 독일에서는 '리쾨르(Likör)', 영국과 미국에서는 '코디얼(Cordial)'이라고도 불리며, 과실이나 초근목피 등을 녹인 액체라는 것이 원래의 의미이다.

리큐어는 원료에 따라 약초 · 향초류(Herbs & Spices), 과실류(Fruits), 종자류(Seeds)등으로 구분한다. 혼성주는 단독으로 마시기보다는 다른 음료나 주류와 혼합하여 칵테일을 만들어 마시면 좋은 주류이며, 독특한 향기와 맛으로 특색 있는 주류이다.

3) 비알코올성 음료(Non-Alcoholic Beverage)

비알코올성 음료(Non-Alcoholic Beverage)는 알코올 성분을 전혀 포함하지 않은 음료를 말하며 다음과 같은 종류로 분류한다.

(1) 청량음료(Soft Drink)

청량음료는 이산화탄소가 들어 있어 맛이 시원하고 상쾌한 기분을 느끼도록 만든 음료수를 통틀어 말하는 것으로써 사이다, 진저에일, 토닉, 소다, 콜린스 믹스 등 여러 가지가 있다.

청량음료는 상쾌한 청량감을 주기 위한 음료로서, 탄산가스 주입여부에 따라 탄산음료(Carbonated)와 비탄산음료(Non-Carbonated)로 분류한다. 탄산음료에는 코크, 소다워터, 진저에일, 토닉워터 등이 있으며, 비탄산음료에는 미네랄워터, 에비앙 등이 있다.

(2) 영양음료(Nutritious Drink)

영양음료는 과일즙과 설탕 등을 가공하여 만든 음료로서 일반적으로 주스와 우유 등으로 분류할 수 있다. 주스에는 오렌지 주스(Orange Juice), 토마토 주스(Tomato Juice), 파인애플 주스(Pineapple Juice), 포도 주스(Grape Juice), 자몽 주스(Grapefruit Juice), 사과 주스(Apple Juice) 등 과일이나 야채를 원료로 한 음료가 속한다.

또한 우유는 모든 연령대에서 마시는 인기 높은 영양음료이다.

(3) 기호음료(Favorite Drink)

기호음료는 영양학적인 관점보다는 기호와 여가의 활용, 사교, 비즈니스를 위한 음료이며 커피와 차 종류로 구분된다. 최근 커피전문점의 증가로 인해 아메리카노, 카푸치노와 같은 원두커피 시장의 점유율이 점차 증가하고 있으나 아직 우리나라는 15% 정도의 시장을 형성하고 있고, 인스턴트 커피시장은 전체 커피시장의 85% 정도를 차지하고 있다.

일반적으로 호텔의 레스토랑에서는 녹차, 홍차, 재스민차, 잉글리시 브렉퍼스트, 얼그레이, 다즐링 등의 차 종류를 제공하며 겨울철에는 따뜻하게 마시는 우리 고유의 전통차 등을 고객에게 서비스하고 있다.

(4) 기타 음료

위와 같이 분류하는 비알코올성 음료 외에도 스포츠 활동 후에 마시는 건강 이온음료와 식혜, 수정과 등의 전통음료 그리고 다이어트 음료 등으로 분류한다. 음료를 분류하면 [그림 12-1]과 같다.

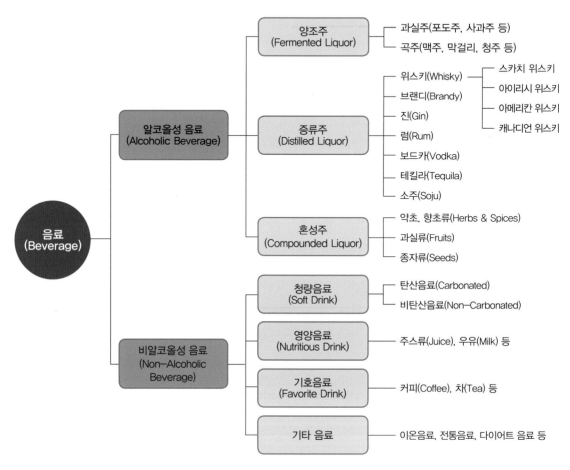

[그림 12-1] 음료의 분류

02 바(Bar) 경영 실무

① 바(Bar)의 개념 및 종류

1) 바(Bar)의 개념

바(Bar)의 어원은 프랑스어의 'Bariere'에서 유래하였고, 초기에는 고객과 바에서 근무하는 직원 사이에 놓인 나무로 된 널판을 바(Bar)라고 하였으며, 이후 현대에 와서는 술을 파는 레스토랑이나 바(Bar)를 총칭한다.

바(Bar)는 "술을 마실 수 있는 분위기 즉, 조명·음악·서비스·아늑함·엔터테인먼트를 제공하며 숙련된 직원(바텐더)으로 하여금 고객에게 기분전환, 스트레스 해소, 여흥의 공간을 제공하는 사교의 장"으로 정의하고 있다. 특급호텔에서는 고객들의 욕구 충족 및 영업목적 달성을 위해 다양한 종류의 바를 운영하고 있다.

2) 바(Bar)의 종류

바(Bar)의 종류는 다음과 같이 분류하고 있다. 바(Bar)의 형태는 호텔 내부에서 영업하는 호텔 바(Bar)와 호텔을 제외한 외식업체의 바(Bar)로 분류할 수 있다.

표 12-1 바(Bar)의 분류

특급호텔의 바(Bar)	외식업체의 바(Bar)
메인바(Main Bar)	와인바(Wine Bar)
스카이라운지바(Sky Lounge Bar)	위스키바(Whisky Bar)
로비라운지바(Lobby Lounge Bar)	칵테일바(Cocktail Bar)
칵테일바(Cocktail Bar)	병맥주 전문바(Beer Bar)
펍바(Pub Bar)	생맥주 전문바(Draft Beer Bar)
시가바(Cigar Bar)	소주바(Soju Bar)
외국인전용 바(Foreigners Bar)	전통막걸리 전문점
나이트클럽(Night Club), 가라오케(Karaoke)	퓨전바(Fusion Bar)

2 바(Bar)의 조직

일반적으로 바(Bar)의 조직은 과장이나 지배인을 중심으로 운영되며 호텔의 레스토랑에 비해서 특이한 점은 바텐더와 소믈리에의 구성이 많고, 이들의 직무가 독립적인 것이다. 특급호텔의 바(Bar) 조직은 [그림 12-2]와 같이 구성되어 있으며, 외식업체에서 운영하는 바의 조직도 이와 비슷한 형태이다.

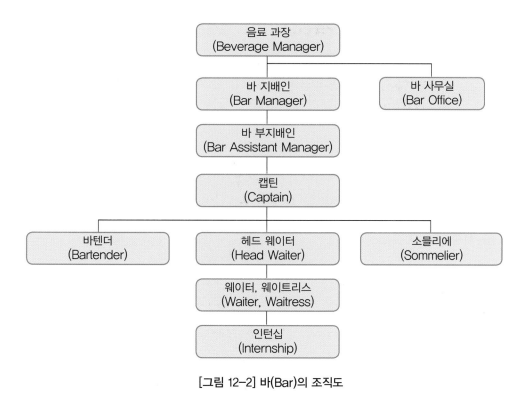

[그림 12-2] 바(Bar)의 조직도

③ 바(Bar)의 직무

바(Bar)의 조직은 위와 같으며, 조직도에 따른 직무분장은 아래와 같이 정리할 수 있다.

1) 음료 과장(Beverage Manager)

음료 과장은 호텔에서 영업 중인 바(Bar)를 비롯하여 로비라운지, 스카이라운지, 가라오케 등의 전체 운영에 전반적인 책임이 있으며, 바에서 취급하는 모든 주류 및 음료를 통제한다. 또한 업장의 기능과 역량을 파악하여 호텔이나 매장의 이익을 도모하기 위해 모든 노력을 다해야 하며, 부하 직원들의 서비스 교육·감독을 책임진다.

호텔의 바(Bar) 운영상의 문제점을 파악하고, 영업상 도출된 문제는 개선하도록 하고, 직원의 인사관리, 서비스 강화 교육을 담당한다.

① 바(Bar)의 연중 영업계획 수립
② 바(Bar)의 주류 및 음료관리
③ 바(Bar)와 호텔의 이익 창출
④ 호텔에서 영업 중인 바(Bar) 전체의 업장관리
⑤ 바(Bar)의 인력계획 및 인사고과

2) 바 지배인(Bar Manager)

바 지배인(Bar Manager)은 과장의 부재 시에 직무를 대행하며, 바(Bar)의 운영 및 고객관리, 직원의 인사관리, 교육훈련과 부서장 간의 직·간접적인 중계역할을 한다.

(1) 바(Bar)의 업장관리

매출관리, 재고관리, 업장 환경정비, 원가관리, 특별행사 기획, 메뉴관리

(2) 고객관리

고객 DM(Direct Mail) 발송, 고객 E-Mail 발송, 고객관리카드(Guest History Card) 유지관리, 고객불편(Complaints) 처리 및 예방교육, 사후조치, 컴플레인 일지 기록 유지

(3) 인사관리

직원의 근태관리 감독, OJT교육(On the Job Training) 실시, 인사고과 및 교육훈련, 직원의 근무평가

(4) 재산관리

레스토랑의 집기, 비품관리, 손망실 기물 및 장비 관리

⑸ 문서관리

레스토랑 운영상 필요한 문서의 기록, 보관, 컴퓨터 관련 업무

⑹ 기타 세부업무 내용

① 업장의 운영에 전반적으로 책임을 진다.

② 직원의 용모와 업장의 적절한 운영, 직원의 스케줄 관리 등에 책임을 진다.

③ 직원들의 서비스 교육을 담당한다.

④ 모든 고객 및 VIP고객의 직접 영접 및 환송을 한다.

⑤ 직원의 제안과 의견을 주의 깊게 기록하고 분석하여 영업에 적극적으로 반영한다.

⑥ 회사 재산의 보호와 도난, 피해를 막기 위해 끊임없이 점검한다.

⑦ 직원의 직무이행을 자세히 관찰 · 체크한다.

⑧ 주문 메뉴의 시간이 오래 걸리거나 누락되었을 경우 빠른 조치를 취한다.

⑨ 취객에 대해 철저히 관리한다.

3) 바 부지배인(Bar Assistant Manager)

바 부지배인은 지배인을 보좌하며, 지배인의 부재 시에 그 업무를 대행한다. 평상시 업무는 영업장의 운영 및 고객관리, 인사관리, 교육훈련, 고객서비스에 만전을 기한다. 또한 지배인과 캡틴 및 일반직원과의 가교역할을 한다.

캡틴을 비롯한 웨이터, 소믈리에, 바텐더 등의 직무는 Chapter 3의 3절에서 이미 설명하였기에 생략하기로 한다.

03 양조주

1 양조주의 개요

양조주는 발효주(醱酵酒)라고도 하며 곡류 및 과일에 함유되어 있는 당분을 발효시켜 만든 술이다. 다른 주류에 비해 알코올 함량이 낮아서 부담 없이 즐길 수 있는 술이며, 포도를 원료로 한 와인과 맥아를 원료로 한 맥주, 쌀을 원료로 한 막걸리, 청주 등이 대표적인 양조주이다.

2 양조주의 종류

1) 와인

와인(Wine)은 넓은 의미로는 과실류를 발효시켜 알코올을 함유한 음료를 말하며, 일반적으로 포도를 원료로 하여 발효시켜 만든 포도주를 말한다. 와인의 종주국 프랑스에서는 뱅(Vin), 이탈리아에서는 비노(Vino), 독일에서는 바인(Wein), 미국과 영국에서는 와인(Wine)이라고 부른다.

1991년 미국 CBS에서 소개된 레드와인에 대한 학계의 연구 결과인 "프렌치 패러독스"에 의하면 와인에 함유되어 있는 여러 성분이 심장병뿐만 아니라 인체에 유용한 작용을 한다는 결과로 인해 많은 사람이 레드와인을 선호하여 마시고 있다.

또한 프랑스, 이탈리아, 스페인, 독일 등의 전통적인 와인 생산국과 미국, 호주, 칠레, 아르헨티나 등의 신흥 와인생산국에서 연간 250억 병 이상을 생산하고 있다. 우리 나라에서도 음주문화의 변화, 와인 생산국과의 FTA 체결 등의 호재로 인해 수입와인 이 급격히 증가하고 있으며, 와인 애호가도 늘고 있는 추세이다.

(1) 와인의 분류

① 색에 의한 분류

• 레드 와인(Red Wine)

레드 와인의 붉은색을 내기 위해 포도 껍질과 줄기에 있는 붉은색을 추출한다. 씨와 껍질에 있는 타닌(Tannin)성분이 함께 추출되어 레드 와인에는 떫은맛이 난다. 레드 와인은 상온(16~18℃)에서 마셔야 제맛이 나며 알코올 농도는 일반적으로 12~14% 정 도이다.

• 화이트 와인(White Wine)

청포도를 이용하여 만드는 화이트 와인은 레드 와인에 비해 타닌성분이 적어 맛이 부드럽고 초보자도 쉽게 접할 수 있다. 화이트 와인은 10~12℃ 정도에서 차게 해서 마시며, 알코올 농도는 10~13% 정도이다.

• 로제 와인(Rose Wine)

레드 와인과 화이트 와인의 중간 정도의 색인 핑크색을 띠고 있는 로제 와인은 레 드 와인과 제조과정이 비슷하다. 포도 껍질을 함께 넣고 발효시키다가 원하는 색이 나 오면 껍질을 제거하고, 과즙으로만 와인을 만들며, 레드 와인과 화이트 와인을 섞어서 만들기도 한다.

로제 와인은 피크닉 용도와 기념일 등의 축하용으로 음용하기에 적당한 와인이며 화 이트 와인과 비슷한 온도에서 마시면 좋다.

② 용도에 따른 분류

• 식전주, 아페리티프 와인(Aperitif Wine)

식사의 애피타이저(Appetizer)와 같은 의미의 와인이며 본격적인 식사를 시작하기 전에 식욕을 돋우기 위해 마시는 와인을 말한다. 주로 쓴맛이나 신맛이 나는 와인을 식전주로 마시며, 샴페인이나 달지 않은 드라이 셰리 등의 와인을 마신다.

- 테이블 와인(Table Wine)

식사와 함께 테이블에서 마시는 와인을 말하며 식사 중간중간에 마셔서 다음 코스에 나오는 음식의 맛을 더욱 풍부하게 느낄 수 있도록 입안을 헹구어주는 역할을 한다. 이외에도 테이블 와인은 식욕을 증진시키고 식사 중의 분위기를 좋게 해준다. 일반적으로 레드 와인과 화이트 와인 그리고 로제 와인 등을 모두 테이블 와인이라고 한다.

- 디저트 와인(Dessert Wine, Digestif)

식후주라고도 하며 달콤한 와인을 한 잔 마셔줌으로써 식사가 끝난 후 입안을 개운하게 해주는 역할을 한다. 알코올 도수가 높고 단맛이 나는 와인이 해당되며, 주로 포트 와인이나 크림 셰리 와인, 캘리포니아의 진판델 와인, 프랑스 소테른 지역의 와인, 이태리의 그라파 등을 디저트 와인으로 즐겨 마신다.

③ 저장기간에 따른 분류

- 영 와인(Young Wine)

1~2년 정도의 단기간의 숙성기간을 거친 와인으로, 가벼운 느낌이 나는 와인을 말한다. 대표적인 와인으로는 매해 11월 셋째 주 목요일 자정부터 마시는 보졸레 누보를 들 수 있다.

- 숙성와인(Aged Wine/Old Wine)

5~15년 정도의 숙성기간을 거친 와인을 말한다.

- 그레이트 와인(Great Wine)

15년 이상을 숙성시킨 고급와인을 말한다. 그레이트 와인으로 대표적인 와인은 샤토 마고를 들 수 있다. 하지만 숙성이 오래되었다고 해서 와인의 가격이 비싸거나 품질과 꼭 비례하지는 않는다.

④ 탄산가스 유무에 따른 분류

• 스파클링 와인(Sparkling Wine)

제조과정에서 당분과 효모를 첨가하여 병 속에서 2차 발효가 일어나 탄산가스를 갖게 되는 와인을 말한다. 프랑스 샹파뉴 지방에서 제조되는 스파클링 와인을 샴페인(Champagne)이라 부르며, 기타 지역의 탄산가스가 함유된 와인은 샴페인보다는 스파클링 와인이라고 부르는 것이 적당하다.

• 스틸 와인(Still Wine)/비발포성 와인

탄산가스가 포함되지 않은 레드 와인, 화이트 와인, 로제 와인을 말한다.

⑤ 당분 함유량에 따른 분류

• 스위트 와인(Sweet Wine)

당분 함유량 3% 이상의 감미로운 포도주로서 향과 풍미가 있어서 주로 식후주에 적당하다.

• 미디엄드라이 와인(Medium Dry Wine)

단맛이 조금 있는 와인으로서 당분 함유량이 2% 미만인 와인을 말한다.

• 드라이 와인(Dry Wine)

신맛과 단맛이 없는 와인으로서 당분 함유량이 1% 미만인 산미 포도주로서 과즙의 당분이 거의 없어 식전주로 이용된다. 대부분의 레드 와인은 드라이한 맛이 난다.

⑥ 가향 유무에 따른 분류

• 일반 와인(Natural Wine)

포도주에 다른 향을 첨가하지 않은 와인을 말한다.

• 가향 와인(Flavored Wine)

포도주에 향을 첨가한 와인으로서 이태리의 버무스

(Vermouth)가 가장 대표적이며, 일반적으로 식전주로 많이 사용된다. 요즈음은 칵테일의 보조재료로도 인기가 많다.

⑦ 알코올 첨가에 따른 분류

• 주정강화 와인(Fortified Wine)

주정강화 와인 또는 알코올강화 와인이라고 하는데, 와인을 만드는 도중에 40도 이상의 브랜디를 첨가하여 알코올 도수를 높인 와인을 말한다. 스페인의 셰리 와인, 포르투갈의 포트 와인이 대표적인 주정강화 와인이다.

• 비강화 와인(Unfortified Wine)

주정을 강화하지 않은 일반적인 와인으로 레드 와인, 화이트 와인, 로제 와인을 말한다.

⑧ 바디(Body)에 의한 분류

• 풀바디 와인(Full Body Wine)

입안에 감지되는 와인의 무게감, 점성도, 알코올 농도, 질감, 타닌감 등 전반적으로 꽉 차는 듯한 느낌의 와인이며, 보르도 지방의 메독에서 생산된 고급와인이 해당된다.

• 미디엄바디 와인(Medium Body Wine)

풀바디와 라이트바디감의 중간 정도의 느낌이며, 피노 누아, 메를로 등의 품종으로 만드는 레드 와인이다. 이태리의 키안티 와인도 대표적인 미디엄바디 와인이다.

• 라이트바디 와인(Light Body Wine)

아주 가벼운 느낌의 와인이며, 가메 품종, 그르나슈 등의 품종으로 생산되는 와인을 말한다.

(2) 와인과 음식의 조화

와인은 종류도 다양하고 맛과 향기, 알코올의 도수도 각양각색이어서 음식과 어울리는 와인을 마시는 것이 쉬운 일만은 아니다. 음식의 종류에 따라 함께 마시기 적합한 와인은 다음과 같다.

표 12-2 와인과 음식의 조화

음 식	와인 종류
푸아그라(Foie Gras)	소테른, 샴페인, 게뷔르츠트라미너
에스카르고(Escargots)	샤도네이
캐비아(Caviar)	샴페인, 차게 한 보드카
바닷가재(Lobster), 게(Crab)	샴페인, 샤블리, 리슬링
모듬회(Sashimi)	산미가 약간 있고 과일향이 나는 화이트 와인
조개류(Shellfish)	드라이 화이트 와인
양고기(Lamb)	양질의 보르도 와인
티본 스테이크(T-Bone Steak)	레드 와인
페퍼 스테이크(Pepper Steak)	론 레드 와인, 카베르네 소비뇽
불고기	미디엄 레드 와인
삼겹살	가볍고 섬세한 레드 와인
갈비찜	타닌성분이 많고 풍미 있는 와인
파스타류	이탈리아의 키안티, 기타 레드 와인

⑶ 와인의 품종

① 레드 와인 품종

• **카베르네 소비뇽**(Cabernet Sauvignon)

레드 와인을 만드는 포도품종의 황제라고 부른다. 진한 색깔, 복잡하고 신비한 향, 깊은 맛으로 유명하고 타닌도 풍부하다. 캘리포니아, 호주, 칠레 등 많은 나라에서 재배되며, 모두 최고급 와인의 재료로 쓰인다.

• **메를로**(Merlot)

생테밀리옹과 포므롤 지방의 최고급 와인을 만드는 데 사용된다. 카베르네 소비뇽과 함께 레드 와인을 대표하는 양대 산맥이며 여성적인 순하고 부드러운 맛이 특징이다. 와인을 처음 접하는 사람들에게 추천하기 좋은 와인이다.

• **카베르네 프랑**(Cabernet Franc)

타닌성분이 풍부하고, 숙성이 진행되는 동안 섬세한 향이 나는 것이 특징이다. 생테밀리옹과 포므롤 지방의 와인을 만드는 데 많이 사용되며, 루아르 강변이나 남아메리카에서도 많이 재배한다.

• **가메**(Gamay)

그해 생산된 포도를 수확하여 병입하며, 매해 11월 셋째 주 목요일 자정부터 전 세계에서 마시는 보졸레 누보를 만드는 품종으로 유명하다. 과일맛이 강하고, 맛이 순하다. 보졸레 외에도 루아르, 스위스, 캘리포니아 등지에서도 많이 재배한다.

• **말벡**(Malbec)

말벡은 아르헨티나의 국가대표 품종으로 유명하다. 진한 색과 타닌성분이 풍부하여 혼합용으로 많이 사용되며, 신맛의 여운이 오래가는 것이 특징이다.

• **시라**(Shrah, 쉬라즈(Shiraz))

론 지역 최고의 적포도 품종으로 페르시아의 시라즈가 원산지이다. 타닌성분이 풍부하므로 오래 숙성해야 좋으며 호주를 대표하는 품종으로도 유명하다. 향기와 맛이 강하여 향신료의 맛도 느껴진다.

• **진판델**(Zinfandel)

원래는 이태리가 원산지이나, 현재는 캘리포니아에서 많이 재배되는 품종이다. 딸기 향의 우아한 맛이 나고 대표적인 스위트 와인으로 유명하다.

• **피노 누아**(Pinot Noir)

부르고뉴 지방에서 많이 재배되며 여러 가지 과일 향이 향긋하게 난다. 타닌성분이 적고 부드러운 맛이 특징이다. 또한 로마네 콩티(Romanee-Conti) 등의 최고급와인을 만드는 포도 품종으로도 유명하다.

② 화이트 와인 품종

• **샤르도네**(Chardonnay, 샤도네이)

샤르도네 또는 샤도네이라고 부르며 가장 유명한 청포도 품종의 하나이다. 백색 과일, 레몬, 호두 맛이 나며 부르고뉴 지역에서는 단일 품종으로 쓰인다. 화이트 와인의 여왕이라 부르기도 한다.

• **소비뇽 블랑**(Sauvignon Blanc)

루아르, 보르도, 캘리포니아, 호주 등지에서 많이 재배한다. 까치밥나무 열매의 향과 함께 풋풋한 과일 맛, 그리고 푸릇푸릇한 풀 향기 등이 나는 상큼한 맛이 일품이다.

• **슈냉 블랑**(Chenin Blanc)

루아르강 유역에서 재배되는 품종이며 신맛이 강해서 오래 보관하는 와인에 사용한다.

• **리슬링**(Riesling)

독일을 대표하는 화이트 와인의 최상급 품종으로 꽃과 과일 향이 강한 고급스러운 와인으로 만들어진다. 모젤, 자르, 루버 강을 연결하는 지역에서 많이 재배된다.

• **세미용**(Semillon)

보트리티스 시네레아균에 감염되어 귀부병을 일으키는 특이한 품종이다. 꿀, 바닐라, 무화과 향이 나며, 보르도 지역에서는 소비뇽 품종과 함께 사용한다.

• **게뷔르츠트라미너**(Gewürztraminer)

알자스의 대표적인 품종이며, 독일, 호주, 캘리포니아 등에서도 재배된다. 장미, 리치 등의 향이 나며, 동양 음식과도 잘 어울린다.

• **피노 블랑**(Pinot Blanc)

샹파뉴, 알자스, 이태리, 독일, 캘리포니아에서 주로 재배되고, 샤르도네 품종과 비슷한 맛을 낸다.

• 뮈스카데(Muscadet)

화이트 와인과 로제 와인을 만드는 데 주로 사용하며, 디저트용 포도로도 사용하는 등 다양한 용도로 쓰인다. 주로 스위트한 와인을 만드는 데 사용하나 알자스 지방에서는 드라이한 와인을 만드는 데도 사용한다.

• 피노 그리(Pinot Gris)

이 품종으로 만든 와인은 황금빛의 색을 내며 강하면서도 부드럽고 풍부한 맛을 낸다. 처음에는 복숭아, 자두와 같은 맛을 내다가 숙성되어 갈수록 꿀과 같은 단맛이 강해진다. 이 품종으로 알자스의 일급 와인과 토가이 피노 그리섹 와인을 만든다.

2) 맥주

맥주는 보리를 싹틔워 만든 맥아로 맥아즙을 만들어 여과한 후 홉(hop)을 첨가하여 맥주 효모균으로 발효시켜 만든 알코올을 함유한 음료라고 정의할 수 있다. 맥주는 흔히 액체로 된 빵이라고도 하며, 단백질, 미네랄, 비타민 B 등 영양소가 들어 있어 인체 내에서 상당한 칼로리를 만들어내고 있다.

(1) 맥주의 원료

맥주의 원료는 물, 보리, 홉, 효모, 전분 등인데 그중에서 93%의 절대적인 부분을 차지하는 것이 물이며 맥주의 맛을 좌우하는 가장 중요한 부분이다. 따라서 좋은 물이 맥주의 맛을 좌우한다고 할 수 있다.

① 물

맥주의 93% 이상이 물이다. 따라서 맥주 양조에는 무색투명하고 오염되지 않은 깨끗하게 정수된 물을 사용한다.

② 홉(Hop)

홉(Hop)은 맥주의 쌉쌀한 맛과 향을 내고 거품을 보다 좋게 만들어 맥주를 맑고 깨끗하게 해주는 역할을 한다.

③ 효모(이스트)

효모(이스트)는 곰팡이류에 속하는 미생물로 맥주를 만드는 과정에서 당분을 발효시켜 알코올과 탄산가스를 발생시키는 역할을 한다.

④ 맥아(보리)

맥아(보리)는 맥주의 주된 원료로써 수확한 보리의 싹을 틔워서 말린 것인데 이것을 분쇄해서 전분형태로 만들어 사용하게 된다.

(2) 맥주의 분류

맥주는 크게 생맥주와 병맥주로 나뉘는데 생맥주는 원료를 발효, 숙성, 여과하여 만든 것이고 병맥주는 장기간 보관하기 위해 열처리하여 살균한 다음 병에 담은 맥주이다. 일반적으로 맥주는 다음과 같이 구분할 수 있다.

① 생맥주(Draft Beer)

숙성 · 저장시킨 후 가열처리하지 않고 그대로 여과하여 통에 담아 생산한 신선한 맥주를 말한다. 열처리를 하지 않기 때문에 효모균이 살아 있어 발효가 계속 진행되므로 오래 지나면 맛이 변하여 장기간 저장할 수 없다.

② 라거 맥주(Lager Beer)

생맥주를 제외한 병맥주는 대부분 여기에 속하며 탱크에서 저장 숙성한 맥주를 여과하여 가열처리한 후 병입한다.

③ 몰트 맥주(Malt Beer)

100% 맥아(몰트)만을 사용하여 만든 맥주로 일반 맥주보다 구수한 맛이 난다.

④ 스타우트(Stout)

상면발효기법으로 영국에서 만들어지는 맥주로 색깔이 진하고 엿기름(맥아)의 향과 맛을 많이 느낄 수 있다.

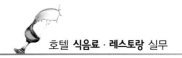

⑤ 흑맥주(Black Beer)

색깔이 진하고 엿기름 향이 강한 감칠맛 나는 맥주이며, 하면발효기법으로 만들기 때문에 스타우트와 혼돈해서는 안된다.

⑥ 필스너 맥주(Pilsner Beer)

1842년부터 체코의 필젠 지방에서 만들어진 투명하고 연한 색 맥주로서 라이트한 라거 비어이다.

⑦ 에일 맥주(Ale Beer)

에일 맥주는 상면발효효모에 의해 실내온도와 가까운 온도(18~21도)에서 발효된 것이다.

⑧ 복 맥주(Bock Beer)

복 맥주는 독일에서 유래한 라거 맥주의 일종이며 보통 알코올 도수가 높고 맥아가 많이 함유된 진한 맥주이다.

04 증류주

1 증류주의 개요

위스키는 12세기 이전에 아일랜드에서 처음으로 제조되기 시작하였으며, 15세기경 스코틀랜드로 전파되었고, 18세기 이후 오늘날과 같은 연속식 증류기가 발명되어 위스키의 제조법이 급격히 발전하였다.

위스키는 라틴어의 'Aqua Vitae'와 같이 '생명의 물'이란 의미였으며, 그 후 우스키(Usky)로 불리었고 오늘날과 같이 위스키로 부르기 시작한 것은 18세기 말부터였다. 위스키는 보리, 호밀, 밀, 옥수수, 귀리 등의 곡류를 주원료로 하여 발효시킨 후, 증류와 숙성을 거친 술을 말한다.

② 증류주의 종류

1) 위스키

(1) 스카치 위스키(Scotch Whisky)

위스키의 대명사로 불리는 스카치 위스키는 영국 스코틀랜드 지방에서 생산되는 것으로 세계 위스키 시장의 60% 이상을 점유하고 있다. 맛은 부드러우면서도 강하고 미묘하면서도 독특한 향을 지녔으며 품질에 따라 고급(Premium)과 보통(Standard)으로 구분한다.

프리미엄 위스키는 보리 등의 곡류를 위주로 한 그레인 위스키(Grain Whisky) 30%와 맥아를 위주로 하여 만든 몰트 위스키(Malt Whisky) 70%를 블렌딩(Blending)하여 만들고, 스탠더드 위스키는 그레인 위스키 70%와 몰트 위스키 30%의 비율로 블렌딩하여 만든다.

스카치 위스키는 크게 몰트 위스키(Malt Whisky), 그레인 위스키(Grain Whisky), 블렌디드 위스키(Blended Whisky)로 나뉜다.

(2) 아이리시 위스키(Irish Whiskey)

아일랜드 지방에서 생산되는 중후한 맛을 지닌 아이리시 위스키는 아일랜드에서는 12세기에 이미 만들어졌다고 하며 18세기에 스코틀랜드에 그 제법이 전해졌다고 한다. 아이리시 위스키는 몰트 위스키이며 진한 맛과 향이 일품이다. 위스키(Whiskey)에 'e'자를 넣은 것은 아일랜드 사람들의 자부심의 표현이다.

(3) 아메리칸 위스키(American Whisky)

아메리칸 위스키는 미국에서 생산되는 것으로 옥수수를 주원료(Corn Whisky)로 하여 만든 버번 위스키(Bourbon Whisky)와 버번 위스키를 단풍나무숯으로 한 번 더 여과시킨 테네시 위스키(Tennessee Whisky)로 나눌 수 있다.

(4) 캐나디언 위스키(Canadian Whisky)

캐나다에서 생산되는 위스키로서 호밀, 옥수수, 대맥 등을 이용하며, 18세기 후반부터 위스키를 제조하였으나 영국에서 수입한 위스키에 밀려 빛을 보지 못하다가 1920년대 미국의 금주법으로 말미암아 자국의 위스키를 미국에 대량 밀반출하여 널리 알려지게 되었다.

2) 브랜디(Brandy)

브랜디는 포도를 발효해서 증류한 술로 그 맛이 불가사의해서 과학적으로도 증명하기 어려운 술인데 이 브랜디를 많이 소비하는 나라는 문화수준이 높다고 한다. 브랜디가 언제부터 만들어졌는지는 정확하지 않지만 13세기경 연금술사인 아르노 드 빌뇌브가 와인 증류한 것을 뱅 브루레라 하고 이것을 '불사의 영주'라 하여 판매하였으며, 이것이 효시라고 보고 있다.

프랑스의 브랜디는 아르마냑 지방에서 1411년 연금술사에 의해서 만들어졌으며, 15세기 말부터는 몇몇 지방으로 전파되었고, 16세기에 접어들면서 프랑스 전역으로 전파되었다. 세계 최고의 브랜디로 일컬어지는 코냑 브랜디는 17세기부터 생산되기 시작했다.

브랜디의 특징인 글라스 속에서 나는 매혹적인 향기는 최고의 식후주로도 손색이 없다. 일반적으로 브랜디는 고급술로 알려져 있으며 마실 때는 글라스를 손으로 감싸 손의 체온을 이용해서 따뜻하게 마신다고 알려져 있다.

(1) 브랜디의 등급

브랜디는 숙성기간에 따라 품질이 결정되며, 품질을 구별하기 위해서는 문자나 부호 등으로 표기한다. 이는 1865년 헤네시(Hennessy)사에 의해 최초로 도입되었으며, 일반적으로 등급에 따른 숙성연도는 다음과 같다.

표 12-3 브랜디의 등급 및 숙성연도

등 급	숙성연도
Star(1–5급)	3년 이상
V.O	5년
V.S.O	5~10년
V.S.O.P	10년
X.O	20년 이상
Extra	40년 이상

또한 브랜디의 품질을 나타내는 약어의 의미는 다음과 같다.

① V – Very(매우)

② S – Superior(특별한, 우수한)

③ O – Old(오래된)

④ P – Pale(엷은 색의, 어떠한 첨가물이 없는)

⑤ X – Extra(특별한, 독특한)

3) 진(Gin)

진(Gin)은 호밀 등의 곡류를 발효시켜 증류하여 만든 술인데 네덜란드가 원산지이고, Juniper Berry의 불어인 Genevier를 영어로 줄인 말이다. 진은 1660년 네덜란드의 대학교수이며 내과의사인 실비우스(Sylvius)에 의해 건위제로 제조되었다.

진은 맥아와 호밀을 원료로 하여 발효시킨 다음 주정을 증류하고 여기에 주니퍼 베리(Juniper Berry)라는 열매의 향료를 착향하여 만든다. 또한 진은 칵테일 기주로도 많이 쓰이는데 진에 버무스(Vermouth)를 믹스하여 올리브와 레몬을 곁들인 마티니(Martini)는 세계적인 칵테일로도 유명하다.

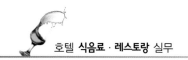
4) 럼(Rum)

럼의 어원은 사탕수수(Sugar Cane)의 라틴어인 'Succharum' 푸에르토리코 원주민 어원인 'Rumbullion'이라는 단어에서 나왔다. 럼은 BC 800년경 인도 실론(Ceylon)의 증류주, Arrack(야자즙+당밀)이 원조이며, 서인도제도의 역사와 함께하는데 1492년 서인도제도가 콜럼버스에 의해 발견된 후 사탕수수를 심어 재배하기 시작했다.

럼(Rum)은 사탕수수로 즙을 내어 끓이고 시럽으로 농축하여 추출한 다음 발효해서 증류시킨 술이다. 과거 해적들이 즐겨 마셨다고 해서 해적의 술이라고도 하며 주로 중남미 국가에서 생산하고 있다. 럼이 세계적인 명성을 얻게 된 것은 1930년 미국에서 럼을 베이스로 한 칵테일이 유행하면서부터이다.

5) 보드카(Vodka)

보드카(Vodka)는 러시아의 국민주로서 추위를 이겨내기 위해 몸을 데우는 수단으로 즐겨 마시는데 호밀을 주원료로 하여 맥아로 당화시킨 것을 발효한 후 증류하여 자작나무 숯으로 여과하여 만든 술이다. 어원은 러시아어의 Voda(물)가 변한 말로 생명의 물로 마셨다고 하는 데서 찾을 수 있다.

호밀 대신에 감자, 옥수수, 보리 등도 재료로 쓰인다. 보드카의 특징은 무색 · 무미 · 무취하며 진과 함께 칵테일의 기주로 많이 사용된다. 보드카는 65도에서 98도의 높은 도수까지 다양하게 존재하며, 캐비아(철갑상어 알)와 잘 어울리는 술로 애음되고 있다. 특히 우리나라 사람들도 보드카를 즐겨 마시며 애주가에게 인기 있는 주류이다.

6) 테킬라(Tequila)

테킬라는 멕시코의 국민주로서 선인장류의 식물 수액을 발효시켜 증류하여 만든 술이다. 16세기경 증류기술의 도입으로 풀케를 증류하여 메즈칼(Mezcal)을 만들었다. 이러한 메즈칼 중에서 테킬라 지역의 증류주를 '테킬라'라고 부르게 되었다. 1968년 제19회 멕시코 올림픽 이후에 세계적으로 알려지게 되었다.

테킬라는 마시는 방법이 독특한데 테킬라를 원샷하고 왼손 등에 레몬즙을 바른 뒤 소금을 묻히고 혀로 핥아가면서 마신다. 이는 멕시코가 열대지방이라서 손실되는 염분을 보충하기 위한 방법으로 음용되고 있다.

7) 아쿠아비트(Aquavit)

아쿠아비트(Aquavit)는 생명의 물(Aqua Vite)이라는 라틴어에서 유래하여, 북유럽 스웨덴의 전통주로서 곡물과 감자를 주원료로 하여 만들어진다.

아쿠아비트는 덴마크의 올보르(Aalborg)와 동남아 일대에서 제조되는 쌀 및 여러 과일을 원료로 하여 만든 아라크(Arak), 아니스(Anise)의 열매로 담근 그리스의 국민주 우조(Ouzo), 독일의 코른(Korn) 등이 유명하다.

8) 소주(Soju)

소주는 기원전 3000년경 서아시아의 수메르 지방에서 처음 제조된 것으로 알려지며, 중국에는 원나라 때 소개되었고 우리나라에는 고려 말쯤 전해진 것으로 알려졌다. 몽골에서는 소주를 '아라키'라고 불렀으며, 몽골군에 의해 개성과 안동, 제주도에 처음으로 우리나라에 들어오게 되었다.

05 혼성주

① 혼성주의 개요

혼성주는 중세의 연금술사들에 의해 우연히 발견되었으며, 과일이나 곡류를 이용한 양조주나 증류주에 초, 근, 목, 피, 향료, 과실, 당분 등을 섞어서 만든 술을 말한다. 세계적으로 많은 종류가 있으며, 특히 증류주를 베이스로 하여 만든 것을 리큐어라고 한다.

혼성주는 고대 그리스시대에는 이뇨, 강장 등의 의약품으로 널리 사용되었으며, 중

세기에는 각 지방의 수도사들에 의해 약용 목적으로 사용되었다. 18세기에는 단맛의 리큐어가 출현하였고, 19세기에 이르러서야 근대적인 리큐어가 개발되었다.

② 혼성주의 종류

혼성주는 제조 원료에 따라 약초 · 향초류(Herbs & Spices), 과실류(Fruits), 종자류(Seeds) 등으로 구분한다.

1) 약초 · 향초류(Herbs & Spices)

증류주를 만드는 과정에서 약초나 향초를 첨가한 뒤 증류하여 만든 술로서 종류는 다음과 같다.

(1) 베네딕틴 디오엠(Benedictine D.O.M)

프랑스에서 가장 오래된 리큐어 중 하나이며, 1510년경 프랑스의 한 수도원에서 성직자가 코냑에 허브 향료를 첨가하여 만들었다. D.O.M은 라틴어 Deo Optimo Max-imo의 약어인데 '최고로 좋은 것을 신에게 바친다'라는 뜻으로 최고의 리큐어라는 의미를 담고 있다.

(2) 캄파리(Campari)

이탈리아의 국민주로 애용되고 있으며, 여러 가지 식물의 뿌리, 씨, 향료, 껍질 등 70여 종의 재료로 만든 리큐어이다. 소다수나 오렌지 주스를 섞어 만든 캄파리 소다, 캄파리 오렌지 등은 훌륭한 식전주이다.

(3) 샤르트뢰즈(Chartreuse)

여러 가지 약초를 발효, 증류시켜 장기간 통숙성한 것으로 '리큐어의 여왕'이라고 한다.

(4) 드람브이(Drambuie)

수십 종의 스카치 위스키를 배합한 후 각종 식물의 향기와 벌꿀을 첨가시킨 것이다. 향기가 좋으며 약간 달달한 맛이 난다.

(5) 갈리아노(Galliano)

이탈리아에서 생산하는 리큐어이며, 여러 가지 약초, 향초를 주정에 담가 증류해서 만든 것으로, 설탕과 착색료, 물을 섞어서 단기 숙성한 후 병입한다.

(6) 삼부카(Sambuca)

이탈리아에서 자라는 엘더라는 키나무 열매의 추출액을 알코올에 배합한 것이다.

(7) 듀보네(Dubonnet)

프랑스의 레드 와인에 키니네를 첨가하여 만든 리큐어로서 맛과 향이 우수하다.

2) 과실류(Fruits)

과실류 리큐어는 보통 식후에 마시는 식후주로 유명한데, 그중에서도 오렌지를 이용한 큐라소가 유명하다. 오렌지 외에도 여러 가지 과실이 원료로 쓰인다.

(1) 쿠앵트로(Cointreau)

프랑스산 오렌지 과피의 에센스를 추출하여 브랜디와 혼합하여 만든 술로서 제조기법을 비밀로 하는 신비의 술로도 유명하다.

(2) 큐라소(Curacao)

카리브해에 있는 베네수엘라 큐라소섬에서 오렌지를 이용하여 만든 것으로 오렌지의 맛과 향이 난다. 화이트 큐라소(White Curacao), 블루 큐라소(Blue Curacao) 등이 있으며, 칵테일의 첨가제로 사용된다.

(3) 트리플 섹(Triple Sec)

오렌지를 원료로 하여 만든 혼성주로서, 세 번 증류하여 제조하였으며, 칵테일의 부재료로 사용된다.

(4) 그랑 마니에르(Grand Marnier)

코냑에 오렌지 향을 배합한 것으로 일정기간 오크통 속에서 숙성시킨 고급스런 혼성주이다.

(5) 체리 브랜디(Cherry Brandy)

체리를 원료로 하여 만든 것으로 종류가 다양하며, 칵테일에 많이 사용한다.

(6) 말리부 럼(Malibu Rum)

화이트 럼을 베이스(Base)로 하여 코코넛(Coconut)을 첨가해서 만든 리큐어이다. 준벅 등 부드러운 칵테일 조주 시에 많이 사용된다.

(7) 애프리콧 브랜디(Apricot Brandy)

살구를 원료로 만든 혼성주로서 각종 향료와 시럽을 첨가해서 만든 리큐어이다.

(8) 슬로진(Sloe Gin)

증류주의 Gin과 달리 슬로진은 슬로베리(Sloe Berry)를 진(Gin)에 첨가해서 만든 혼성주이다.

(9) 멜론 리큐어(Melon Liqueur)

멜론의 향을 첨가한 것으로 주로 네덜란드에서 생산된다.

(10) 피치 브랜디(Peach Brandy)

복숭아를 원료로 숙성시킨 후 시럽을 첨가해서 여과한 복숭아 리큐어이다.

3) 종자류(Seeds)

과일의 씨에 함유되어 있는 방향성분이나 커피, 카카오, 바닐라 따위를 이용하여 향미와 감미가 높은 리큐어이며 식후주로 좋다.

(1) 칼루아(Kahlua)

멕시코의 커피를 원료로 하여 코코아, 바닐라 등을 첨가해서 만든 리큐어이며, 칼루아 밀크, 블랙러시안 등의 칵테일에 사용된다.

(2) 티아 마리아(Tia Maria)

티아 마리아는 브랜디 베이스(Base)에 블루마운틴 커피를 섞어 만든 리큐어이다.

(3) 아마레토(Amaretto)

아마레토는 아몬드 리큐어라고 하며, 살구 씨를 물과 함께 증류해서 시럽을 첨가한 혼성주이다.

(4) 아이리시 벨벳(Irish Velvet)

아이리시 위스키에 커피를 섞어 만든 감미가 부드러운 리큐어이다.

(5) Creme de Cacao(크렘 드 카카오)

카카오 열매를 주정에 담가 당분을 첨가한 리류어로써 시럽을 첨가하면 화이트 카카오, 색소를 첨가하면 브라운 카카오가 된다.

(6) Creme de Banana(크렘 드 바나나)

바나나의 원료를 주정에 담가서 만든 리큐어이다.

(7) Creme de Cassis(크렘 드 카시스)

카시스 열매를 원료로 만든 리큐어이다.

⑻ Creme de Menthe(크렘 드 민트)

주정에 박하향(Peppermint)을 착향한 리큐어로서 화이트 민트(White Menthe), 그린 민트(Green Menthe) 등이 있다.

06 칵테일

1 칵테일의 개요

칵테일은 술이라기보다는 술 이상의 예술적 · 창조적 작품으로서의 가치가 있다. 일반적으로 칵테일(Cocktail)은 알코올 음료에 또 다른 술을 섞거나 과즙류나 탄산음료 또는 향료 등의 부재료를 혼합하여 맛(Taste), 향기(Flavor), 색채(Color)의 조화를 살린 예술적 감각의 음료라고 정의할 수 있다.

사전적 의미에서 칵테일은 여러 종류의 양주를 기본으로 하여 고미제(苦味劑), 설탕, 향료를 혼합하여 만든 혼합주로서 복잡하고 미묘한 맛을 지닌 보건음료라고 한다. 세계 각국의 술을 그대로 마시지 않고 마시는 사람의 기호와 취향에 따라 독특한 맛과 빛깔을 내도록 하는 술의 예술품이라고 정의한다.

칵테일을 조주할 때 가장 기본이 되며 주재료로 쓰이는 술을 베이스(Base Liquor)라 하고, 베이스로 사용한 술의 종류에 따라 진 베이스, 위스키 베이스, 럼 베이스, 보드카 베이스, 브랜디 베이스 등으로 나뉜다. 칵테일은 식욕을 촉진하기 위해 식전주로 마시기도 하고, 파티나 모임의 분위기를 위해서도 꼭 필요한 주류이다.

② 칵테일의 조주기법

칵테일은 각 종류에 따라 각기 다른 조주기법에 의해 조주되는데 그 기법은 다음과 같이 분류할 수 있다.

1) 흔들기(Shaking)

비중이 무거워 혼합하기 어려운 재료나 크림, 계란, 설탕과 같은 재료를 용해, 혼합, 냉각시키기 위한 기법으로, 재료를 셰이커(Shaker)에 넣고 섞어주면 된다.

예 Pink Lady, Side Car, Brandy Alexander, New York 등

2) 휘젓기(Stirring)

믹싱 글라스를 사용하여 비교적 혼합하기 쉬운 재료를 섞으면서 바 스푼(Bar Spoon)으로 여러 번 저어 얼음을 걸러낸 다음 내용물만 따라내는 방법이다. 특히 버무스(Vermouth)를 넣어 만드는 칵테일에 주로 사용된다.

예 Manhattan, Martini 등

3) 직접 넣기(Building)

글라스에 재료를 직접 넣어 칵테일을 만드는 가장 기본적인 방법이다.

예 Whisky Soda, Old Fashioned, Black Russian, Wine Cooler, Screw Driver, Rusty Nail 등

4) 혼합하기(Blending)

전기믹싱기를 이용하는 방법으로 프로즌 스타일 칵테일이나 밀크, 계란 등 혼합하기 어려운 재료에 사용하는 방법이다.

예 Mai-Tai, Frozen Margarita 등

5) 띄우기(Floating)

술의 비중을 이용하여 섞이지 않게 띄우는 방법으로서 바 스푼(Bar Spoon)의 뒷면을 이용하여 띄우는 방법과 글라스에 재료를 직접 띄우는 방법이 있다.

예 Posse Cafe, Angel's Kiss, B-52 등

6) 묻히기(Rimming)

칵테일 글라스의 Rim부분에 레몬즙을 묻힌 뒤 접시에 담은 설탕이나 소금을 찍어서 조주하는 방법이다.

예 Margarita, Kiss of Fire 등

표 12-4 칵테일의 용량 단위

단위(용어)	용량(온스)	용량(ml)/1oz=30ml
1 Dash	1/30oz	1ml = 5~6Drop
1 tsp(Tea Spoon)	1/6oz	5ml
1 Ounce 1 Pony 1 Shot	1oz	30ml
1 Jigger	$1\frac{1}{2}$oz	45ml
1 Cup	8oz	240ml
1 Pint 1 Pound	16oz	480ml
1 Fifth	25oz	750ml
1 Liter	33.3oz	1,000ml
1 Gallon	126oz	3,780ml

③ 칵테일의 분류

1) 용량에 의한 분류

⑴ 쇼트 드링크(Short Drink)

용량 6oz(180ml) 미만의 칵테일 글라스에 제공되는 칵테일이 해당된다.

예 Manhattan, Martini 등

⑵ 롱 드링크(Long Drink)

용량 8oz(240ml) 이상의 칵테일 글라스에 제공되는 칵테일을 말하는 것으로 넓은 의미의 칵테일에 해당된다.

예 Sloe Gin Fizz, Tom Collins 등

2) 용도에 의한 분류

⑴ 식전 칵테일(Aperitif Cocktail)

아페리티프 칵테일은 식사 전에 식욕을 증진시키기 위해 마시는 술로서, 단맛보다 신맛과 쓴맛이 강한 것이 특징이다.

예 Campari, Martini, Manhattan 등

⑵ 식후 칵테일(After Dinner Cocktail)

식후에 입가심이나 소화촉진을 위해 마시는 칵테일로서 브랜디나 리큐어를 사용한 칵테일이 대부분이며, 달콤하게 만들어진 것이 많다.

예 Posse Cafe, Angel's Kiss, Side Car 등

3) 유형에 의한 분류

⑴ High Ball

증류주나 각종 양주를 탄산음료와 섞어 High Ball Glass에 서비스하는 Long Drinks를 일컫는 의미로 사용되고 있다.

예 Whisky Soda, Whisky Coke, Gin Tonic 등

⑵ Fizz

Fizz는 Soda Water를 오픈할 때 나는 피식하는 소리이며, 이러한 소리에 따라서 명명된 것이다. 피즈는 진 또는 리큐어를 베이스로 하여 레몬 주스, 설탕시럽, 소다수를 혼합하고 과일로 장식을 한 형태이다.

예 Gin Fizz, Cacao Fizz, Sloe Gin Fizz, Galliano Fizz 등

⑶ Collins

Fizz의 일종으로 만드는 방법도 비슷하며, Collins Glass에 권하는 Fizz라고 할 수 있다.

예 Tom Collins, John Collins 등

⑷ Sour

세계적으로 인기 있는 칵테일이며 레몬 주스를 다량 사용한 음료로 Sour란 '시큼한'이란 뜻이다.

예 Whisky Sour(Bourbon Sour, Scotch Sour), Gin Sour, Brandy Sour 등

⑸ Cooler

차갑고 청량감 있는 음료로서 갈증 해소에 좋으며, 와인 쿨러가 대표적이다.

예 Gin Cooler, Rum Cooler, Wine Cooler 등

⑹ Egg Nog

계란이나 우유가 함유된 영양가 높은 칵테일의 일종이다.

예 Brandy Egg Nog, Whisky Egg Nog, Rum Egg Nog 등

(7) Punch

큰 Punch Bowl에 덩어리 얼음을 넣고 두 가지 이상의 주스나 청량음료와 두 가지 이상의 술을 넣고 만드는 칵테일이다.

예 Strawberry Punch, Sherry Punch, Champagne Punch, Brandy Champagne Punch 등

(8) Tropical

열대성 칵테일을 의미하는 것으로 열대과일 등을 사용하여 달콤하고 시원한 Long Drink Cocktail이다.

예 Blue Sapphire, Peach Crush 등

4) 맛에 의한 분류

(1) 스위트 칵테일(Sweet Cocktail)

단맛이 강한 칵테일을 말한다.

예 Pink Lady, Kalua Milk 등

(2) 사워 칵테일(Sour Cocktail)

신맛이 강한 칵테일을 말한다.

예 Whisky Sour, Lemonade 등

(3) 드라이 칵테일(Dry Cocktail)

담백한 맛이 강하며, 알코올 도수가 높은 칵테일을 말한다.

예 Dry Martini, Gin Tonic 등

④ 칵테일용 조주기구

(1) 셰이커(Shaker)

칵테일과 바텐더 하면 가장 먼저 떠오르는 도구이며, 셰이커 안에 얼음과 함께 여러 가지 술이나 음료를 넣고 잘 섞이도록 사용하는 도구이다. 구성요소는 캡(Cap), 스트레이너(Strainer), 바디(Body)의 세 부분으로 구성된다.

(2) 계량컵 또는 지거(Measure Cup or Jigger)

칵테일을 만들 때 술의 양을 정확하게 계량하는 용도로 사용되며, 보통 양쪽으로 담을 수 있다. 작은 쪽은 1oz(약 30ml)이고, 큰 쪽은 1.5~2.0oz(약 45~60ml)이다.

(3) 스트레이너(Strainer)

믹싱 글라스로 만든 칵테일을 글라스에 옮길 때 믹싱 글라스 가장자리에 대면 안에 든 얼음을 막는 역할을 한다. 동그랗게 된 원형철판에 용수철과 손잡이가 달려 있다. 셰이커에 부착된 것도 있다.

바(Bar)에서 조주할 때는 바 스푼을 이용하여 내용물을 걸러내기도 한다.

(4) 믹싱 컵(Mixing Cup or Glass)

비중이 가벼운 것 등 비교적 혼합하기 쉬운 재료를 섞거나, 칵테일을 투명하게 만들 때 사용한다. Bar Glass라고도 하며 두꺼운 유리로 만들기 때문에 취급에 주의한다. 믹싱 글라스와 함께 사용하는 스테인리스 용기는 믹싱 틴(Mixing Tin)이라고 한다.

(5) 바 스푼(Bar Spoon)

빌딩기법을 사용할 때나 재료를 혼합시키기 위해 글라스에 직접 넣고 저을 때 사용한다. 보통의 스푼보다 손잡이 부분이 길고 그 부분이 나선형으로 되어 있어 내용물을 젓거나 섞을 때 편리하다.

바 스푼의 한쪽은 스푼형이고 반대쪽은 포크형으로 되어 있어 사용이 용이하다.

(6) 전기 블렌더 또는 믹서(Electric Blender or Mixer)

주로 혼합하기 어려운 재료를 섞거나 트로피컬 칵테일(Tropical Cocktail), 프로즌 스타일(Frozen Style)의 칵테일을 만들 때 사용한다. 스테인리스 통 안에 주로 깨진 얼음을 넣고 쉐이킹으로는 잘 섞이지 않는 재료를 믹싱할 때 사용한다. 유리 글라스는 깨질 위험이 있으므로 사용을 금한다.

(7) 스퀴저(Squeezer)

칵테일에 레몬즙을 넣을 때 레몬이나 오렌지 등의 과일즙을 편리하게 짜낼 수 있는 도구이다. 스테인리스로 된 제품을 주로 사용한다.

(8) 머들러(Muddler)

주로 롱 드링크에 곁들여 칵테일을 섞거나 글라스 안에 든 레몬이나 과일 등의 가니쉬를 저을 때 쓰는 막대모양의 것들을 총칭한다. 나무로 된 우드 머들러(Wood Muddler)는 재료를 가늘게 빻을 때 쓰는 도구이다.

⑼ 아이스 픽(Ice Pick)

큰 얼음덩어리를 잘게 부술 때 사용하며 끝부분이 송곳으로 되어 있다. 끝부분이 날카로우므로 조심해서 다루어야 한다.

⑽ 아이스 페일(Ice Pail)

얼음을 넣어두는 용기로서 아이스 버킷(Ice Bucket)이라고도 한다. 사용하지 않을 때는 청결하게 보관한다.

⑾ 아이스 텅(Ice Tongs)

얼음을 집기 쉽도록 끝이 톱니 모양으로 된 집게이며 스테인리스, 플라스틱으로 된 제품이 사용된다.

⑿ 아이스 스쿠퍼(Ice Scooper)

글라스나 셰이커 또는 믹싱 글라스에 얼음을 담을 때 사용하는 작은 삽 모양이다. 얼음을 다룰 때는 지정된 도구만 사용하도록 한다.

⒀ 포러(Pourer)

술을 글라스나 지거에 따를 때 병 입구에 끼워 적당한 양을 정확하게 따르기 위해 쓰는 도구이다. 재료의 낭비 즉, 원가 절감 차원에서 포러는 꼭 사용해야 한다.

⒁ 스토퍼(Stopper)

와인이나 탄산음료 등의 남은 음료를 보관하기 위한 마개를 말한다. 다양한 모양의 스토퍼가 사용된다.

⒂ 스트로(Straw)

장식용으로는 드링킹 스트로(Drinking Straw)라고 하며, 짧고 가느다란 것은 칵테일을 혼합시키기 위한 것으로 스터링 스트로(Stirring Straw)라고도 부른다.

⒃ 칵테일 픽(Cocktail Pick)

장식용으로 쓰는 올리브나 체리, 레몬, 파인애플 등을 꽂는 핀으로 검(劍) 모양으로 생겼다고 해서 스워드 픽(Sword Pick)이라고도 한다.

⒄ 칵테일 우산(Cocktail Umbrella)

칵테일을 보다 아름답게 장식하기 위한 도구로 예쁜 우산 모양의 장식용품이다.

⒅ 코르크스크루(Corkscrew)

와인 등의 코르크 마개를 오픈하는 도구로서 와인 오프너(Wine Opener)라고도 한다. 바 나이프(Bar Knife), 웨이터스 프렌드(Waiter's Friend), 소믈리에 코르크스크루(Sommelier Corkscrew)라 불리기도 한다.

코르크스크루 역시 끝이 날카롭고, 호일 커팅용 나이프가 달려 있으므로 안전에 유의하여 사용한다.

⒆ **코스터**(Coaster)

코스터는 글라스의 받침대로 냉각된 글라스의 물기가 바닥에 흘러내리는 것을 방지할 수 있으며, 음료 서비스 시에 소음을 방지하고, 품격 있는 서비스가 된다.

종이로 된 재질과 천(Cloth)으로 된 재질 등 다양한 제품이 사용되고 있다.

⒇ **아이스 크러셔**(Ice Crusher)

아이스 크러셔는 제빙기에서 만들어진 사각얼음을 잘게 으깨는 기구이다.

07 조주기능사 칵테일 실습

Pousse Cafè
푸즈카페

재료(Recipe)

Grenadine Syrup ················· 1/3part

Crème de Menthe(Green) ······· 1/3part

Brandy ·························· 1/3part

- 기법 : 띄우기(Float)
- Glass : Stemed Liqueur Glass
- Garnish : 없음

칵테일 만들기

1. 리큐르 글라스를 준비한다.
2. 먼저 리큐르 글라스에 그리나딘 시럽을 1/3 정도 조심해서 따른다.
3. 그리고 Crème de Menthe(Green)를 1/3 정도 따르고, 마지막으로 브랜디 1/3을 조심스럽게 따른다.

Manhattan
맨해튼

재료(Recipe)

Bourbon Whiskey ·················· 1 1/2oz

Sweet Vermouth ················· 3/4oz

Angostra Bitter ················· 1dash

- 기법 : 휘젓기(Stir)
- Glass : Cocktail Glass
- Garnish : Cherry

칵테일 만들기

1. 칵테일 글라스를 준비하고 글라스에 큐브 아이스를 넣어 차갑게 만든다.

2. 컵에 얼음을 3~4개 넣는다.

3. 위의 재료를 컵에 차례대로 넣고 잘 저어준다.

4. 칵테일 글라스에 얼음을 걸러서 따른다.

5. 체리로 장식한다.

* Manhattan Cocktail 유래

맨해튼 칵테일은 뉴욕시의 중심이 된 맨하튼 섬 이름이며, 그곳에 살던 인디언 말로 고주망태, 주정뱅이, 술에 취한 땅이란 뜻으로서 맨하튼 시가 메트로폴리탄으로 승격한 것을 축하하는 뜻으로 1890년 맨하튼의 한 바에서 만들었다는 설이 있다.

Dry Martini
드라이 마티니

재료(Recipe)

Dry Gin ·························· 2oz
Dry Vermouth ·············· 1/3oz

- 기법 : 휘젓기(Stir)
- Glass : Cocktail Glass
- Garnish : Green Olive

칵테일 만들기

1. 칵테일 글라스를 준비하고 글라스에 큐브 아이스를 넣어 차갑게 만든다.
2. 컵에 얼음을 3~4개 넣는다.
3. 위의 재료를 컵에 차례대로 넣고 바 스푼으로 잘 저어준다.
4. 칵테일 글라스에 얼음을 걸러서 따른다.
5. 올리브를 칵테일에 꽂아 글라스에 장식한다.

* Martini Cocktail 유래

마티니 칵테일은 애주가들로부터 '칵테일의 왕자'로 불리우며 애용되는 식전주(Aperitif Cocktail)로 유명한 칵테일이다. 마티니 칵테일에서 올리브(Olive)를 대신하여 어니언(Onion)을 장식하면 깁슨(Gibson)칵테일이 된다.

293

Old Fashioned
올드패션드

재료(Recipe)

Bourbon Whiskey ·············· 1 1/2oz
Cubed Sugar ·················· 1ea
Angostura Bitters ············· 1dash
Soda Water ··················· 1/2oz

- 기법 : 직접넣기(Build)
- Glass : Old Fashioned Glass
- Garnish : A Slice of Orange and Cherry

칵테일 만들기

1. 올드패션드 글라스에 얼음을 3~4개 넣는다.
2. 글라스에 버번 위스키, 각설탕, 앙고스트라 비터, 소다수를 차례로 넣는다.
3. 오렌지와 체리로 장식한다.

응용

Bourbon Whiskey 대신 Scotch Whisky를 사용하면 Scotch old Fashioned Cocktail이
된다.

* Old Fashioned Cocktail 유래

올드패션드 칵테일은 1880년 미국 켄터키주 루이스 빌(louisville)에 있는 Pendennis Bar에서 장년의 단골
고객이 바텐더에게 고전미가 풍기는 칵테일을 만들어 달라고 부탁하였을 때 바텐더가 즉석에서 Bourbon
과 Angostura 비터와 설탕을 넣고 만든 것이 시초이다.

Brandy Alexander
브랜디 알렉산더

재료(Recipe)

Brandy ·································· 3/4oz

Crème de Cacao(Brown) ········ 3/4oz

Light Milk ·························· 3/4oz

- **기법** : 흔들기(Shake)
- **Glass** : Cocktail Glass
- **Garnish** : Nutmeg Powder

칵테일 만들기

1. 칵테일 글라스를 준비하고 글라스에 큐브 아이스를 넣어 차갑게 만든다.

2. 셰이커에 얼음을 3~4개 넣는다.

3. 위의 재료를 셰이커에 차례대로 넣고 잘 흔든다.

4. 칵테일 글라스에 얼음을 걸러 따른 후, 넛맥 가루를 뿌린다.

응용

위 Recipe에 Brandy 대신 Gin을 사용하면 Gin Alexander이고, Gin Alexander의 Recipe에서 Creme de Cacao(Brown) 대신 Creme de Menthe(Green)을 사용하면 Alexander's Sister가 된다.

Bloody Mary
블러디 메리

재료(Recipe)

Vodka ··················· 1½oz

Worcestershire Sauce ··········· 1tsp

Tabasco Sauce ··········· 1dash

Pinch of Salt and Pepper

Fill with Tomato Juice

- **기법** : 직접넣기(Build)
- **Glass** : Highball Glass
- **Garnish** : A Slice of Lemon or Celery

칵테일 만들기

1. 하이볼 글라스에 얼음을 넣는다.
2. 글라스에 위의 재료를 레시피에 맞게 직접 넣는다.
3. 토마토주스로 나머지 8부를 채운다.
4. 레몬 슬라이스 또는 샐러리를 장식한다.

* Bloody Cocktail 유래

블러디 메리 칵테일은 16세기 중반 스코틀랜드 여왕 Mary Stuart 1세(1542~1587)의 여러 번에 걸친 신교도 학살로 얻어진 별칭을 붙여서 만든 칵테일이라는 설이 있다.

Singapore Sling
싱가포르 슬링

재료(Recipe)

Dry Gin ·················· 1 1/2oz

Lemon Juice ··············· 1/2oz

Powdered Sugar ··········· 1tsp

Fill with Club Soda

On Top with Cherry Flavored Brandy ··· 1/2oz

- 기법 : 흔들기(Shake) + 직접넣기(Build)
- Glass : Footed Pilsner Glass
- Garnish : A Slice of Orange and Cherry

칵테일 만들기

1. 필스너 글라스를 준비하고 글라스에 큐브 아이스를 넣어 차갑게 만든다.
2. 셰이커에 얼음을 3~4개 넣는다.
3. 진, 레몬주스, 설탕을 셰이커에 차례대로 넣고 잘 흔들어 준다.
4. 글라스에 따른 후 클럽소다로 채우고, 체리브랜디를 따른다.

* Singapore Sling Cocktail 유래

싱가포르 슬링 칵테일은 싱가포르에 있는 라플즈 호텔의 Bar에서 1910년에 한 바텐더가 아름다운 석양을 바라보며 만들었다. 1900년 초반에 여러 종류의 Recipe가 알려지기 시작하여 Singapore 내에서 대단한 인기를 차지하게 되었다.

Black Russian
블랙 러시안

재료(Recipe)

Vodka ································· 1oz

Coffee Liqueur ················· 1/2oz

- 기법 : 직접넣기(Build)
- Glass : Old Fashioned Glass
- Garnish : 없음

칵테일 만들기

1. 올드패션드 글라스를 준비하고 글라스에 큐브 아이스를 넣어 차갑게 만든다.
2. 보드카를 먼저 글라스에 직접 따른다.
3. 나머지 칼루아를 글라스에 따른다.
4. 잘 저어 제공한다.

* Black Russian Cocktail 유래

블랙 러시안 칵테일은 검은 러시안이란 뜻으로 구 소련의 암흑과 장막 및 자유의 구속 등을 암시하는 의미로 1933년 미국의 금주령 해제 후 보드카가 미국에서 유행할 때 만들어진 칵테일로 칼루아의 독특한 향과 보드카의 조화를 느낄 수 있는 칵테일이다.

Margarita
마가리타

재료(Recipe)

Tequila ·· 1 1/2oz

Triple Sec ································· 1/2oz

Lime Juice ································ 1/2oz

- 기법 : 흔들기(Shake)
- Glass : Cocktail Glass
- Garnish : Rimming with Salt

칵테일 만들기

1. 칵테일 글라스 립에 레몬즙을 바르고 소금을 묻혀준다.
2. 셰이커에 얼음을 3~4개 넣는다.
3. 위의 재료를 셰이커에 넣고 잘 흔들어 준다.
4. 칵테일 글라스에 얼음을 걸러서 잘 따른다.

* Margarita Cocktail 유래

마가리타 칵테일은 1949년 칵테일 콘테스트에서 우승한 바텐더 존 듀렛사가 만들었다. 마가리타는 바텐더 애인의 이름으로서 1926년 네바다주에 있는 사냥터에 사냥하러 갔다가 오발탄에 의해 마가리타가 죽자, 죽은 애인을 잊지 못해서 바텐더가 애인의 이름을 붙여서 만든 칵테일이다.

Rusty Nail
러스티 네일

재료(Recipe)

Scotch Whisky ·············· 1oz

Drambuie ·············· 1/2oz

- 기법 : 직접넣기(Build)
- Glass : Old Fashioned Glass
- Garnish : 없음

칵테일 만들기

1. 올드패션드 글라스를 준비하고 글라스에 큐브 아이스를 넣는다.
2. 올드패션드 글라스에 Scotch Whisky 1oz를 따른다.
3. Drambuie 1/2oz를 띄운다.

* Rusty Nail Cocktail 유래

러스티 네일 칵테일은 녹슨 못이라는 뜻과는 달리 영국 신사들이 즐겨 마시는 고급스러운 칵테일이다.
이 칵테일은 스코틀랜드의 바텐더가 미국인 고객들에게 칵테일을 제공하기 전에 녹슨 못으로 칵테일을
저었다는데서 유래되었다는 설과, 칵테일의 색깔 때문에 이런 이름이 붙었다는 설이 있다. 이름과는 달리
영국 신사들이 즐겨 마시는 고급스러운 칵테일이다.

Whiskey Sour
위스키 사워

재료(Recipe)

Bourbon Whiskey ················ 1 1/2oz

Lemon Juice ················ 1/2oz

Powdered Sugar ················ 1tsp

On Top with Soda Water ··········· 1oz

- 기법 : 흔들기(Shake) + 직접넣기(Build)
- Glass : Sour Glass
- Garnish : A Slice of Lemon and Cherry

칵테일 만들기

1. 사워 글라스를 준비한다.
2. 셰이커에 버번 위스키와 레몬주스, 설탕을 넣고 셰이크한다.
3. 글라스에 따른 후 마지막으로 소다수는 직접넣기를 한다.
4. 레몬 슬라이스와 체리를 장식한다.

New York
뉴욕

재료(Recipe)

Bourbon Whiskey ················· 1 1/2oz

Lime Juice ····················· 1/2oz

Powdered Sugar ················· 1tsp

Grenadine Syrup ················· 1/2tsp

- 기법 : 흔들기(Shake)
- Glass : Cocktail Glass
- Garnish : Twist of Lemon Peel

칵테일 만들기

1. 칵테일 글라스를 준비하고 글라스에 큐브 아이스를 넣어 차갑게 만든다.
2. 셰이커에 얼음을 3~4개 넣는다.
3. 위의 재료를 셰이커에 차례대로 넣고 잘 흔들어 준다.
4. 칵테일 글라스에 얼음을 걸러서 따른다.
5. 레몬 껍질을 비틀어서 장식한다.

* New York Cocktail 특징

뉴욕 칵테일은 위스키와 라임으로 이루어진 칵테일로 신맛과 단맛의 적절한 조화로 이루어진 식전주(Aperitif Cocktail)이다. 뉴욕의 밤을 장식하는 불빛을 연상시키는 칵테일이다.

Harvey Wallbanqer
하비 월뱅어

재료(Recipe)

Vodka ·································· 1 1/2oz

Fill with Orange Juice

Galliano(Floating) ··············· 1/2oz

- 기법 : 직접넣기(Build) + 띄우기(Float)
- Glass : Collins Glass
- Garnish : 없음

칵테일 만들기

1. 칼린스 글라스를 준비하고 글라스에 큐브 아이스를 넣어 차갑게 만든다.
2. 칼린스 글라스에 보드카를 넣는다.
3. 오렌지주스로 나머지 8부를 채운다.
4. 갈리아노 1/2oz를 띄워준다.

* Harvey Wallbanger Cocktail 유래

하비 월뱅어 칵테일은 유래는 1948년 미국 뉴욕의 Galliano 회사 영업사원인 하비 웰빙거가 판매실적이 부진하자 갈리아노의 판매실적을 향상시키고자 홍보수단으로 만든 칵테일이다.

Daiquiri
다이키리

재료(Recipe)

Light Rum ·················· 1 3/4oz

Lime Juice ················· 3/4oz

Powdered Sugar ············ 1tsp

- 기법 : 흔들기(Shake)
- Glass : Cocktail Glass
- Garnish : 없음

칵테일 만들기

1. 칵테일 글라스를 준비하고 글라스에 큐브 아이스를 넣어 차갑게 만든다.

2. 세이커에 얼음을 3~4개 넣는다.

3. 위의 재료를 세이커에 차례대로 넣고 잘 흔든다.

4. 칵테일 글라스에 얼음을 걸러서 따른다.

* Daiquiri Cocktail 유래

다이키리 칵테일은 스페인으로부터 독립을 한 쿠바가 미국으로부터 여러 가지 기술원조를 받던 1922년 Daiquiri 광산에서 근무하던 미국인 기술자 제니스 콕스가 쿠바산 럼주에 라임주스와 넣고 만들어 마신 것이 시초이다.

Kiss of Fire
키스 오브 파이어

재료(Recipe)

Vodka ·· 1oz

Sloe Gin ·· 1/2oz

Dry Vermouth ································· 1/2oz

Lemon Juice ·································· 1tsp

- 기법 : 흔들기(Shake)
- Glass : Cocktail Glass
- Garnish : Rimming with Sugar

칵테일 만들기

1. 칵테일 글라스 립에 레몬즙을 바르고 설탕을 묻혀둔다.

2. 셰이커에 얼음을 3~4개 넣는다.

3. 위의 재료를 셰이커에 차례대로 넣고 잘 흔들어 준다.

4. 칵테일 글라스에 얼음을 걸러서 따른다.

* Kiss of Fire Cocktail 특징

키스 오브 파이어 칵테일은 1953년 일본에서 제5회 "Japan Drinks" 콩쿠르에서 1위에 입상한 작품이다.

B-52
비-52

재료(Recipe)

Coffee Liqueur ················· 1/3part

Bailey's Irish Cream Liqueur ···· 1/3part

Grand Marnier ················ 1/3part

- 기법 : 띄우기(Float)
- Glass : Sherry Glass(2oz)
- Garnish : 없음

칵테일 만들기

1. 리큐르 글라스를 준비한다.
2. 위의 재료를 바 스푼의 뒷면을 이용하여 차례대로 띄운다.

* B-52 Cocktail 특징

B-52 칵테일은 깔루아의 단맛과 베일리스의 부드러운 맛 그리고 그랑마니에의 짜릿함과 오렌지향이 느껴지는 칵테일이다. 한번에 마시는 경우가 대부분이지만 B-52 위에 바카디 151°의 높은 도수의 술을 조금 띄워서 불을 붙이는 경우(Flaming B-52 Cocktail)도 있다.

B-53(B-52에 Vodka 추가)

B-54(B-52에 Amareto 추가)

B-55(B-52에 Absinte 추가)

B-57(B-52에 Sambuca 추가)

B-61(B-52에 Creme de Cacao 추가) 등 다양하게 이루어진다.

June Bug
준벅

재료(Recipe)

Midori(Melon Liqueur) ·············· 1oz

Coconut Flavored Rum ········· 1/2oz

Banana Liqueur ············· 1/2oz

Pineapple Juice ············· 2oz

Sweet & Sour Mix ········· 2oz

- 기법 : 흔들기(Shake)
- Glass : Collins Glass
- Garnish : A Wedge of fresh Pineapple and Cherry

칵테일 만들기

1. 칼린스 글라스를 준비하고 글라스에 큐브 아이스를 넣어 차갑게 만든다.
2. 셰이커에 얼음을 3~4개 넣는다.
3. 위의 재료를 셰이커에 넣고 흔들어 준다.
4. 칼린스 글라스에 얼음을 4~5개 넣고 따른다.
5. 파인애플 슬라이스와 체리로 장식한다.

* June Bug Cocktail 유래

준벅 칵테일은 많은 여성분들이 여름에 좋아하는 칵테일이다. 의미로는 여름의 벌레라는 뜻으로서 연두색 때문에 청 메뚜기와 유사하다 하여 붙여진 이름이다. 멜론 리큐르(미도리)와 파인애플주스를 첨가하여 많은 사람들에게 사랑받는 칵테일 중의 하나이다.

Bacardi
바카디

재료(Recipe)

Bacardi Rum White ⋯⋯⋯⋯⋯ 1 3/4oz

Lime Juice ⋯⋯⋯⋯⋯⋯⋯ 3/4oz

Grenadine Syrup ⋯⋯⋯⋯⋯⋯ 1tsp

- 기법 : 흔들기(Shake)
- Glass : Cocktail Glass
- Garnish : 없음

칵테일 만들기

1. 칵테일 글라스를 준비하고 글라스에 큐브 아이스를 넣어 차갑게 만든다.
2. 셰이커에 얼음을 3~4개 넣는다.
3. 위의 재료를 셰이커에 차례대로 넣고 잘 흔든다.
4. 칵테일 글라스에 얼음을 걸러서 따른다.

* Bacardi Cocktail 유래

바카디 칵테일은 쿠바의 바카디 회사가 자기회사의 럼과 회사를 홍보하기 위해서 만든 칵테일이다.
1936년 미국에서는 바카디 칵테일과 관련하여 법정소송이 제기되었는데, 결국 판결문에서 바카디 칵테일은 꼭 바카디 럼을 사용해야 한다라고 판결하여 더욱 유명해진 칵테일이다.

Sloe Gin Fizz
슬로 진 피즈

재료(Recipe)

Sloe Gin ························ 1 1/2oz

Lemon Juice ·················· 1/2oz

Powdered Sugar ··············· 1tsp

Fill with Club Soda

- 기법 : 흔들기(Shake) + 직접넣기(Build)
- Glass : Highball Glass
- Garnish : A Slice of Lemon

칵테일 만들기

1. 하이볼 글라스를 준비하고 글라스에 큐브 아이스를 넣어 차갑게 만든다.
2. 세이커에 얼음을 3~4개 넣는다.
3. 위의 재료를 세이커에 차례대로 넣고 잘 흔들어 준다.
4. 하이볼 글라스에 얼음을 걸러서 따른다.
5. 소다워터를 채우고 잘 저어준다.
6. 레몬 슬라이스와 체리를 장식한다.

* Sloe Gin Fizz Cocktail 유래

슬로 진 피즈 칵테일은 1963년 워커힐이 개관하였을 때 만들어졌다. 내국인은 출입이 금지되고 미국인들만이 워커힐을 이용할 당시 미국과 동반하여 오는 여성들을 위해 순하고 맛이 좋은 칵테일로 만든 것이 시초이다.

Cuba Libre
쿠바 리브레

재료(Recipe)

Light Rum ··················· 1 1/2oz

Lime Juice ················· 1/2oz

Fill with Cola

- 기법 : 직접넣기(Build)
- Glass : Highball Glass
- Garnish : A Wedge of Lemon

칵테일 만들기

1. 하이볼 글라스를 준비하고 글라스에 큐브 아이스를 넣어 차갑게 만든다.
2. 라이트 럼과 라임주스를 차례로 넣는다.
3. 콜라로 나머지 8부를 채운다.
4. 레몬 슬라이스를 띄워서 장식한다.

* Cuba Libre Cocktail 유래

쿠바 리브레 칵테일은 1902년 스페인의 식민지로부터 독립을 맞은 쿠바에서 당시 민족투쟁의 구호 "자유세(viva Cuba Liber)"를 외치며 환호하던 감격을 축복하며 마시던 칵테일로, 약간의 쿠바산 Lime Juice 그리고 콜라를 넣어서 만드는 칵테일로 조주하기가 비교적 쉬운 편이다.

Grasshopper
그래스호퍼

재료(Recipe)

Crème de Menthe(Green) ············· 1oz

Crème de Cacao(White) ············· 1oz

Light Milk ················· 1oz

- 기법 : 흔들기(Shake)
- Glass : Champagne Glass(Saucer형)
- Garnish : 없음

칵테일 만들기

1. 샴페인 글라스를 준비하고 글라스에 큐브 아이스를 넣어 차갑게 만든다.
2. 셰이커에 얼음을 3~4개 넣는다.
3. 위의 재료를 셰이커에 차례대로 넣고 잘 흔들어 준다.
4. 샴페인 글라스에 얼음을 걸러서 따른다.

* Grasshopper Cocktail 유래

그래스호퍼 칵테일은 메뚜기란 뜻으로, 박하 맛이 나는 peppermint Green과 초콜릿 맛이 나는 Cacao(White)의 조화를 이루어 마치 가을 하늘을 연상하게 하며, 여성들이 즐겨 마시는 칵테일이다.
이 칵테일은 처음 만들었을 때는 쉐이킹한 것이 아니라 층층이 쌓아서 만드는 플로팅 스타일이었다.
카카오와 생크림 사이에 초록색의 크림 드 민트가 마치 메뚜기를 연상시켜서 이와 같이 이름을 붙이게 되었다.

Seabreeze
시브리즈

재료(Recipe)

Vodka ················· 1 1/2oz
Cranberry Juice ················· 3oz
Grapefruit Juice ················· 1/2oz

- 기법 : 직접넣기(Build)
- Glass : Highball Glass
- Garnish : A Wedge of Lime or Lemon

칵테일 만들기

1. 하이볼 글라스를 준비하고 글라스에 큐브 아이스를 넣어 차갑게 만든다.
2. 하이볼 글라스에 위의 재료를 넣고 바 스푼으로 젓는다.
3. 장식은 라임이나 레몬으로 한다.

* Sea breeze Cocktail 유래

시브리즈 칵테일은 '바다에서 부는 산들바람'이란 뜻으로, 이 칵테일은 영화 '프렌치 키스'에서 주인공이 프랑스 해변을 거닐면서 마셨다는 설이 있다. 크랜베리주스와 자몽주스가 가미된 시원한 칵테일로 보드카 특유의 독함이 어우러진 Tropical Cocktail의 한 종류이다.

Apple Martini
애플 마티니

재료(Recipe)

Vodka ·································· 1oz

Apple Pucker ···················· 1oz

Lime Juice ····················· 1/2oz

- 기법 : 흔들기(Shake)
- Glass : Cocktail Glass
- Garnish : A Slice of Apple

칵테일 만들기

1. 칵테일 글라스에 큐브 아이스를 넣어 차갑게 만든다.

2. 셰이커에 얼음을 3~4개 넣는다.

3. 위의 재료를 셰이커에 넣고 흔들어 준다.

4. 칵테일 글라스에 얼음을 걸러서 따른다.

* Apple Martini Cocktail 특징

애플 마티니 칵테일은 연두색 사과를 곱게 갈아서 만든 듯한 연초록 물이 보기에도 유혹적인 칵테일로서 글라스에 코를 가까이 하면 입에 침에 고일 정도로 향긋한 사과향의 칵테일로서 마지막에 혀에 남는 맛은 쓰고 독하므로 조금씩 음미하면서 마시는 칵테일이다.

Negroni
니그로니

재료(Recipe)

Dry Gin ································· 3/4oz

Sweet Vermouth ················· 3/4oz

Campari ···························· 3/4oz

- 기법 : 직접넣기(Build)
- Glass : Old Fashioned Glass
- Garnish : Twist of Lemon Peel

칵테일 만들기

1. 올드패션드 글라스를 준비하고 글라스에 큐브 아이스를 넣는다.
2. 위의 재료를 올드패션드 글라스에 차례대로 넣고 잘 저어준다.
3. 레몬 슬라이스를 비틀어서 장식한다.

* Negroni Cocktail 유래

니그로니 칵테일은 이탈리아 피렌체에 있는 카소오니라는 레스토랑의 단골 손님인 키미이로 니그로니 백작이 좋아하는 칵테일이다.

캄파리와 스위트 벌무스를 넣어서 만든 이 칵테일은 유명한 아메리카노(Americano)에서 변형된 것으로, 식전주(Aperitif Cocktail)로도 유명하다.

Long Island Iced Tea
롱아일랜드 아이스티

재료(Recipe)

Gin	1/2oz
Vodka	1/2oz
Light Rum	1/2oz
Tequila	1/2oz
Triple Sec	1/2oz
Sweet & Sour Mix	1 1/2oz
On Top with Cola	

- 기법 : 직접넣기(Build)
- Glass : Collins Glass
- Garnish : A Wedge of Lime or Lemon

칵테일 만들기

1. 칼린스 글라스를 준비하고 글라스에 큐브 아이스를 넣는다.
2. 위의 재료를 차례대로 넣는다.
3. 레몬이나 라임으로 장식한다.

* Long Island Ice Tea 유래

롱아일랜드 아이스티 칵테일은 1970년대 로버트 로즈버드라는 바텐더에 의해 뉴욕 롱아일랜드에 위치한 오크 비치 인(Oak Beach Inn)에서 개발한 칵테일로서 롱아일랜드는 맨해튼 옆에 있는 큰 섬이며, 이곳에서 유래된 칵테일로서 롱 아일랜드 아이스티라 하였으며 무더운 여름 열대야에 어울리는 칵테일이다.

Sidecar
사이드카

재료(Recipe)

Brandy ·· 1oz

Cointreau(or Triple Sec) ·········· 1oz

Lemon Juice ···························· 1/4oz

- 기법 : 흔들기(Shake)
- Glass : Cocktail Glass
- Garnish : 없음

칵테일 만들기

1. 칵테일 글라스를 준비하고 글라스에 큐브 아이스를 넣어 차갑게 만든다.
2. 셰이커에 얼음을 3~4개 넣는다.
3. 위의 재료를 셰이커에 차례대로 넣고 잘 흔든다.
4. 칵테일 글라스에 얼음을 걸러서 따른다.

* Sidecar Cocktail 유래

사이드카 칵테일은 제1차 세계대전 당시 파리에서 목로주점 거리를 항상 사이드카를 타고 비스트로 (Bistro, 선술집)를 다니던 독일군 장교의 주문에 의해서 바텐더 프랭크가 만들었다는 이야기가 있다.

Mai-Tai
마이타이

재료(Recipe)

Light Rum	1 1/4oz
Triple Sec	3/4oz
Lime Juic	1oz
Pineapple Juice	1oz
Orange Juice	1oz
Grenadine Syrup	1/4oz

- 기법 : 혼합하기(Blend)
- Glass : Footed Pilsner Glass
- Garnish : A Wedge of Fresh Pineapple(Orange) and Cherry

칵테일 만들기

1. 필스너 글라스를 준비하고 글라스에 큐브 아이스를 넣어 차갑게 만든다.
2. 블랜더에 간 얼음을 넣고 위의 재료를 차례대로 넣고 혼합하여 준다.
3. 장식은 파인애플과 체리로 한다.

* Mai-Tai Cocktail 유래

마이타이 칵테일은 닉슨 대통령이 모택동에게 대접받은 칵테일이다. 마이타이란 타이티(Tihiti)어로 '최고의 환상 같다(Mai Tai Roa Ae)'는 뜻으로 미국인이 타이티 친구를 초대하여 칵테일을 주문하여 대접한 것이 시초이다. 마이타이 칵테일은 Tropical Cocktail의 여왕으로 불리어지고 있다.

Piña Colada
피냐 콜라다

재료(Recipe)

Light Rum ···················· 1 1/4oz

Pina Colada Mix ············· 2oz

Pineapple Juice ··············· 2oz

- 기법 : 혼합하기(Blend)
- Glass : Footed Pilsner Glass
- Garnish : A Wedge of Fresh Pineapple and Cherry

칵테일 만들기

1. 필스너 글라스를 준비하고 글라스에 큐브 아이스를 넣어 차갑게 만든다.
2. 블랜더에 간 얼음을 넣고 위의 재료를 차례대로 넣고 혼합하여 만든다.
3. 장식은 파인애플과 체리로 한다.

Cosmopolitan
코즈모폴리턴

재료(Recipe)

Vodka · 1oz

Triple Sec · 1/2oz

Lime Juice · 1/2oz

Cranberry Juice · · · · · · · · · · · · · · · 1/2oz

- 기법 : 흔들기(Shake)
- Glass : Cocktail Glass
- Garnish : Twist of Lime or Lemon Peel

칵테일 만들기

1. 칵테일 글라스에 큐브 아이스를 넣어 차갑게 만든다.
2. 세이커에 얼음을 3~4개 넣고 위의 재료를 세이커에 넣고 흔들어 준다.
3. 칵테일 글라스에 얼음을 걸러서 따른다.
4. 장식은 레몬이나 라임을 넣는다.

* Cosmopolitan Cocktail 유래

코즈모폴리턴 칵테일은 '세계인', '국제인', '전 세계적인'이라는 넓은 의미를 가진 칵테일이다. 드라마 '섹스&시티'에서 파티를 할 때 많이 등장한 칵테일이다.

Moscow Mule
모스코 뮬

재료(Recipe)

Vodka ·· 1 1/2oz

Lime Juice ··· 1/2oz

Fill with Ginger Ale

- 기법 : 직접넣기(Build)
- Glass : Highball Glass
- Garnish : A Slice of Lime or Lemon

칵테일 만들기

1. 하이볼 글라스를 준비하고 글라스에 큐브 아이스를 넣어 차갑게 만든다.
2. 하이볼 글라스에 보드카와 라임주스를 넣는다.
3. 진저엘로 나머지를 채운다.
4. 레몬 슬라이스로 장식한다.

* Moscow Mule Cocktail 유래

모스코 뮬 칵테일은 '모스크바의 노새'라는 뜻으로, 1946년 스미노프(Smirnoff) 보드카의 판매촉진을 위해 만든 칵테일이다.

Apricot
애프리코트

재료(Recipe)

Apricot Flavored Brandy ········· 1 1/2oz

Dry Gin ································· 1tsp

Lemon Juice ·························· 1/2oz

Orange Juice ························· 1/2oz

- 기법 : 흔들기(Shake)
- Glass : Cocktail Glass
- Garnish : 없음

칵테일 만들기

1. 칵테일 글라스를 준비하고 글라스에 큐브 아이스를 넣어 차갑게 만든다.

2. 셰이커에 얼음을 3~4개 넣는다.

3. 위의 재료를 셰이커에 차례대로 넣고 잘 흔든다.

4. 칵테일 글라스에 얼음을 걸러서 따른다.

* Apricot Cocktail 특징

애프리코트 칵테일은 살구브랜디의 맛과 과일주스의 혼합으로 가볍게 마실 수 있는 All Day Type의 칵테일이다.

Honeymoon
허니문

재료(Recipe)

Apple Brandy ·············· 3/4oz

Benedictine DOM ·············· 3/4oz

Triple Sec ·············· 1/4oz

Lemon Juice ·············· 1/2oz

- 기법 : 흔들기(Shake)
- Glass : Cocktail Glass
- Garnish : 없음

칵테일 만들기

1. 칵테일 글라스를 준비하고 글라스에 큐브 아이스를 넣어 차갑게 만든다.

2. 세이커에 얼음을 3~4개 넣는다.

3. 위의 재료를 세이커에 차례대로 넣고 잘 흔든다.

4. 칵테일 글라스에 얼음을 걸러서 따른다.

* Honeymoon Cocktail 유래

허니문 칵테일은 신혼시절의 사랑과 행복을 영원히 간직할 수 있기를 바라는 마음으로 미국에서 만들어졌다고 한다. 신에게 받친다는 Benedictine을 혼합함으로써 칵테일의 맛과 향이 우수하여 여성들이 좋아하는 칵테일이다.

Blue Hawaiian
블루 하와이안

재료(Recipe)

Light Rum ······································ 1oz

Blue Curacao ··································· 1oz

Coconut Flavored Rum ··············· 1oz

Pineapple Juice ······················ 2 1/2oz

- 기법 : 혼합하기(Blend)
- Glass : Footed Pilsner Glass
- Garnish : A Wedge of Fresh Pineapple and Cherry

칵테일 만들기

1. 필스너 글라스에 큐브 아이스를 넣어 차갑게 만든다.
2. 블랜더에 간 얼음을 넣고, 위의 재료를 넣고 블랜딩한다.
3. 장식은 파인애플과 체리로 한다.

* Blue Hawaiian Cocktail 유래

블루 하와이안 칵테일은 사계절이 여름인 하와이 섬을 연상하여 이미지로 만들어진 칵테일로서 Tropical Cocktail에서 유래한 것이다.

Kir
키르

재료(Recipe)

White Wine ···························· 3oz
Crème de Cassis ···················· 1/2oz

- 기법 : 직접넣기(Build)
- Glass : White Wine Glass
- Garnish : Twist of Lemon Peel

칵테일 만들기

1. 화이트와인 글라스에 화이트와인 3oz를 붓고 크림드 카시스 1/2oz를 따른다.
2. 레몬 껍질을 트위스트해서 위에 올린다.

* Kir Cocktail 유래

키르 칵테일은 알리고떼로 만든 화이트와인과 블랙커런트로 만든 혼성주 Crème de Cassis를 혼합하여 만든 술이다. 식전주로서 인기가 좋으며, 이 술은 디죵(Dijon)의 시장이었던 까농 끼르(Canon Kir)가 처음 개발한 술로서 술 이름도 그의 이름에서 유래된 것이다.

Tequila Sunrise
테킬라 선라이즈

재료(Recipe)

Tequila ···················· 1 1/2oz

Fill with Orange Juice

Grenadine Syrup ·············· 1/2oz

- 기법 : 직접넣기(Build) + 띄우기(Float)
- Glass : Footed Pilsner Glass
- Garnish : 없음

칵테일 만들기

1. 필스너 글라스를 준비하고 글라스에 큐브 아이스를 넣어 차갑게 만든다.
2. 글라스에 테킬라를 넣고, 오렌지주스로 나머지를 채운다.
3. 그레나딘 시럽을 1/2oz 띄워준다.

* Tequila Sunrise Cocktail 유래

테킬라 선라이즈 칵테일은 1960년대 멕시코에서 처음으로 만들어진 것으로 잘 알려져 있으며 멕시코산 Tequlia에 주스를 배합한 후 붉은색의 석류시럽을 위에 뿌려주는데, 마치 석류시럽이 가라앉는 모습과 태양의 일출을 연상케 한다고 해서 붙여진 이름이다.

Healing
힐링

재료(Recipe)

Gam Hong Ro(감홍로 40도) · · · · · 1 1/2oz

Benedictine · · · · · · · · · · · · · · · 1/3oz

Crème de Cassis · · · · · · · · · · · · 1/3oz

Sweet & Sour Mix · · · · · · · · · · · 1oz

- 기법 : 흔들기(Shake)
- Glass : Cocktail Glass
- Garnish : Twist of Lemon Peel

칵테일 만들기

1. 칵테일 글라스에 큐브 아이스를 넣어 차갑게 만든다.
2. 셰이커에 감홍로, 베네딕틴, 크림드카시스, 스위트 & 사워 믹스를 넣고 흔든다.
3. 셰이크한 후 칵테일 글라스에 따른다.
4. 장식은 레몬 껍질을 트위스트한다.

*특징

감홍로는 평양을 중심으로 한 관서지방의 특산명주로 유명하였고, 현재는 경기도 파주지역에서 생산한다. 쌀, 용안육, 계피, 진피가 주원료이다.

Jindo
진도

재료(Recipe)

Jindo Hong Ju(진도 홍주 40도) ······· 1oz

Cr□me de Menthe(White) ······· 1/2oz

White Grape Juice(청포도주스) ···· 3/4oz

Raspberry Syrup ·················1/2oz

- 기법 : 흔들기(Shake)
- Glass : Cocktail Glass
- Garnish : 없음

칵테일 만들기

1. 칵테일 글라스에 큐브 아이스를 넣어 차갑게 만든다.
2. 셰이커에 진도 홍주, 크림드민트 화이트, 청포도주스, 라즈베리 시럽을 넣고 흔든다.
3. 셰이크한 후 칵테일 글라스에 따른다.

*특징

진도 홍주는 알코올 농도가 45~48도 정도이며, 찐 보리쌀에 누룩을 넣어 숙성시킨 후 지초(芝草)를 통과하여 붉은색이 나는 술을 말한다.

Puppy Love
풋사랑

재료(Recipe)

Andong Soju(안동소주 35도) ·········· 1oz

Triple Sec ···························· 1/3oz

Apple Pucker ······················· 1oz

Lime Juice ·························· 1/3oz

- 기법 : 흔들기(Shake)
- Glass : Cocktail Glass
- Garnish : A Slice of Apple

칵테일 만들기

1. 칵테일 글라스에 큐브 아이스를 넣어 차갑게 만든다.
2. 세이커에 안동소주, 트리플색, 애플파커, 라임주스를 레시피에 맞게 넣고 흔든다.
3. 셰이크한 후 칵테일 글라스에 따른다.
4. 슬라이스한 사과를 장식한다.

* 특징

안동소주는 1987년 5월 경상북도무형문화재 제12호로 지정되었고, 45도, 35도, 22도 등의 다양한 주정으로 생산한다. 예로부터 민간에서는 안동소주를 상처, 배앓이, 식욕부진, 소화불량 등의 민간요법으로 활용하였다.

Geumsan
금산

재료(Recipe)

Geumsan Insamju(금산인삼주 43도) ·· 1 1/2oz

Coffee Liqueur(Kahlua) ············· 1/2oz

Apple Pucker ···················· 1/2oz

Lime Juice ······················· 1tsp

• 기법 : 흔들기(Shake)

• Glass : Cocktail Glass

• Garnish : 없음

칵테일 만들기

1. 칵테일 글라스에 큐브 아이스를 넣어 차갑게 만든다.

2. 셰이커에 금산인삼주, 커피리큐르, 애플파커, 라임주스를 레시피에 맞게 넣고 흔든다.

3. 셰이크한 후 칵테일 글라스에 따른다.

* 특징

충남 금산은 인삼재배지로 유명하며, 약효가 가장 뛰어난 5년근 이상의 인삼과 이 지역의 깨끗한 물을 활용하여 술을 담근다.

Gochang
고창

재료(Recipe)

Sunwoonsan Bokbunja Wine
(선운산복분자주 19도) ·············· 2oz
Cointreau or Triple Sec ·········· 1/2oz
Sprite ······························ 2oz

- **기법** : 휘젓기(Stir) + 직접넣기(Build)
- **Glass** : Flute Champagne Glass
- **Garnish** : 없음

칵테일 만들기

1. 플루트형 샴페인 글라스에 큐브 아이스를 넣어 차갑게 만든다.
2. 믹싱글라스에 복분자주와 코인트루 또는 트리플섹을 넣고 바 스푼을 이용하여 젓는다.
3. 샴페인 글라스에 따른 후, 스프라이트를 직접넣기 한다.
4. 휘젓기(Stir) 기법과 직접넣기(Build) 기법을 사용한다.

* 특징

전북 고창은 선운사와 복분자가 유명한데, 복분자주는 이 지역의 특산물인 복분자의 열매를 이용하여 발효, 숙성시켜 만든 술이다. 특히 고창 복분자주는 맛과 향이 뛰어나고 자양 강장, 이뇨작용, 불임증 치료, 항산화작용에 효능이 있다.

Coffee Break

Useful Expressions

• A : Server
• B : Guest

A : Would you like your check?

B : Yes, please.

A : Do you want it to be one check or separate?

B : One check would be helpful.

A : Here is your bill. The total comes to 50,000won.

B : Is the VAT included?

A : Yes. Just a moment, please. Here is your change.

B : Keep the change, please.

A : Thank you. I hope to see you soon.

B : Thank you. I was pleased with your service.

A : 계산서를 준비해 드릴까요?

B : 네, 그러세요.

A : 계산서를 하나의 영수증으로 드릴까요? 아니면, 나누어서 해드릴까요?

B : 하나로 하는 게 좋겠습니다.

A : 여기 계산서 있습니다. 전부 합해서 50,000원입니다.

B : 부가가치세가 포함되어 있나요?

A : 네, 잠시만 기다려주십시오. 여기에 잔돈이 있습니다.

B : 잔돈은 넣어두세요.

A : 감사합니다. 다음에 또 방문해 주십시오.

B : 잘 대해주셔서 감사합니다.

호텔 식음료 · 레스토랑 실무

Hotel Food & Beverage
Restaurant Business

PART 05

부 록

01 ○ 호텔 및 식음료 용어 해설

01 호텔 및 식음료 용어 해설

ㄱ

- **가니쉬**(Garnish) 음식을 보기 좋게 하여 식욕을 돋우기 위해 장식하는 것을 말하며, 칵테일에는 여러 가지 과일을 사용하여 시각적인 욕구를 충족시키는 역할을 한다.
- **갈리아노**(Galliano) 오렌지와 바닐라를 사용하여 만든 이탈리아산 리큐어로서 바닐라 향이 나며, 약초의 향기가 잘 조화된 혼성주이다.
- **객실 배정**(Blocking Room) 예약한 고객의 객실을 사전에 배정하는 것
- **객실 변경**(Change Room) 고객이나 호텔의 사정에 의하여 객실을 변경하는 것으로 객실번호, 객실료 또는 투숙객 수가 변경되기도 한다.
- **객실 예약직원**(Room Reservation Clerk) 호텔 투숙객의 객실 사용에 관한 예약업무를 하는 객실 담당 직원으로 대형 호텔은 룸 클럭에서 독립되어 있으나 작은 호텔은 룸 클럭에서 예약업무를 맡고 있다.
- **객실 이용률**(Occupancy) 숙박시설의 경영에 있어서 실제 투숙된 객실의 상태를 나타내는 지표이다. 실제로 사용된 객실 수를 그 호텔의 총 객실 수로 나눈 값을 퍼센트로 나타낸다.
- **게리동**(Gueridon) 고객의 식사 주문 시 바퀴가 달려 전후좌우로 이동할 수 있는 Cart 또는 Wagon으로 고급식당에서 서비스를 제공할 시 중요하게 쓰이는 필수 기물이다.
- **계절별 할인요금**(Seasonal Rate) 비수기 판매정책으로 호텔에서 고객의 이용률이 적은 계절에 한해 공표요금을 할인하여 요금을 적용하기도 하는데 이러한 경우의 할인요금을 말한다.
- **고블렛**(Goblet) 레스토랑에서 주로 물컵(12oz)의 용도로 많이 사용되는 글라스이며, 밑부문에 Stem이 달려 있다.
- **고객이력 카드**(Guest History Card) 고객이 과거에 이용한 숙박이력기록을 보존

하는 카드로 고객의 방문횟수, 사용객실, 사용기간, 특별한 선호 등을 기록하여 기존 고객을 보다 효과적으로 관리하기 위해 사용된다.

- **공표요금**(Rack Rate)　호텔 경영진에 의해 책정된 호텔 객실당 기본요금, 즉 할인되지 않은 요금을 말한다.
- **공표요금**(Tariff)　일반적으로 호텔이나 여관에서 공표한 정규요금을 지정하고 있으며, 호텔 브로슈어(Brochure)에 있는 요금표를 태리프(Tariff)라 부른다.
- **그라파**(Grappa)　포도주를 만든 후에 생긴 찌꺼기를 증류하여 만드는 것으로 이탈리아 북부지방이 주요 산지이다.
- **그릴**(Grill)　호텔 내에서 최고급 일품요리를 서비스하는 레스토랑이란 뜻으로 사용된다.
- **글라스홀더**(Glass Holder)　뜨거운 음료 제공 시 손잡이가 없는 컵을 편리하게 사용하게 만든 기구.

ㄴ

- **나이트 캡**(Night Cap)　여자들이 머리에 쓰고 잘 수 있도록 제공되는 위생적인 모자.
- **나이트 테이블**(Night Table)　객실의 침대 머리맡에 있는 작은 테이블로 전화나 스탠드 등을 놓아둔다. 이 테이블 안에 라디오, 전기 스위치, 벨맨(Bell Man)이나 룸 메이드(Room Maid)를 부르는 버튼 등이 설치되어 있다.

ㄷ

- **다이렉트 메일**(Direct Mail, DM)　호텔의 판촉 담당직원이 고객유치를 위해서 고객의 가정이나 회사, 여행사, 각종 사회단체 등에 배송하는 호텔의 홍보물이 실린 다양한 형식의 우편물.
- **단기체재 호텔**(Transient Hotel)　단기간 호텔을 이용하는 고객을 주 대상으로 영업하는 호텔이다. 공항과 같은 특수한 지역에 위치하여 여행자들의 단기적인 숙박

을 목적으로 하는 호텔과 도시에 있는 호텔 중 상업호텔이나 장기숙박 호텔을 제외한 호텔로 구분한다.

- **단체(Group)** 호텔의 예약 및 계산서를 청구할 때 일행으로 취급하는 사람들의 집단이다.

- **단체할인요금(Group Discount Rate)** 여행알선업자와의 계약을 통해 단체고객에게 제공하는 할인요금.

- **대륙식 요금제도(Continental Rate)** 객실요금에 아침식사(Continental Breakfast) 요금을 포함하여 계산하는 객실요금 계산방법의 하나.

- **더블 더블(Double-Double)** 2개의 더블베드를 가지고 있는 침실.

- **더블베드 룸(Double Bed Room)** 더블침대가 있는 객실로 두 사람이 사용할 수 있는 넓은 형의 객실이다. 이 침대의 폭은 보통 싱글베드의 1.5배로 표준규격이 길이 195cm 이상이고 담요 규격은 길이 230cm, 넓이 200cm 이상이어야 한다.

- **데미팡숑(Demi-Pension)** 숙박요금제도의 하나로 조식과 중식 또는 석식 중 어느 이식(二食)의 요금.

- **데이 유스(Day Use)** 객실의 시간 사용요금으로 24시간 미만의 투숙고객 혹은 이용객에게 부과하는 객실료이다. 보통 사용하는 시간에 따라 요금이 다르게 부과되며 낮시간에 이용되는 경우가 많다.

- **도망객(Skipper)** 호텔 숙박요금을 지불하지 않고 호텔에서 몰래 도망가는 고객.

- **도어맨(Door Man)** 호텔에 도착하는 고객을 현관 앞에서 영접하는 직원으로 고객에게 좋은 첫인상을 주기 위하여 핸섬하고 체격이 좋고 화려한 복장을 하는 경우가 많다.

- **도착시간(Arrive Time)** 등록카드(Registration Card)에 고객이 도착한 시간을 구체적으로 기록하는 것으로 영접에 소홀함이 없도록 함.

- **듀플렉스(Duplex)** 스위트 룸의 하나로 응접실이 하층에 있고 침실이 상층에 있는 복층형태의 객실.

- **드라이(Dry)** 술의 맛을 나타내는 것으로 단맛이 거의 없고 건조함.

- **드롭(Drop)** 칵테일에서 사용하는 말로 '방울'을 의미한다. 1방울은 5~6Drop, 양

은 1Dash 정도 된다.

- **디캔터**(Decanter)   병에 있는 와인의 침전물을 없애기 위해 조심스럽게 와인을 따라 다른 깨끗한 병으로 와인을 옮겨 부은 후 뒤에 남은 찌꺼기를 버리면 된다. 디캔팅은 주로 와인을 제공하기 1시간 전에 하면 된다.

ㄹ

- **로스트 앤 파운드**(Lost & Found)   호텔 내에서 발생한 고객의 분실물.
- **룸 랙**(Room Rack)   호텔 전체의 객실이용 상황을 알릴 수 있게 하는 일관성 있는 랙을 말한다. 프런트 오피스 비품 중의 하나이며 알루미늄으로 제작된 포켓이 객실번호 순으로 배열되어 있어 층별, 객실종류, 객실료 등을 나타낸다. 랙(Rack)이라고도 한다.
- **룸 메이드**(Room Maid)   객실에서 여러 가지 서비스를 담당하는 직원이며, 객실의 청소, 정비, 정돈 등이 주된 업무이다. Room Attendant라고도 한다.
- **리미티드 서비스**(Limited Service)   호텔에서 객실 제공 외에 매우 제한된 서비스를 제공하는 것으로, 객실 서비스 또는 서비스 부재의 호텔·모텔로 버짓호텔(Budget Hotel)의 개념이다.
- **리셉션 데스크**(Reception Desk)   일반적으로 고급 레스토랑의 입구에 놓여 있는 단이 높은 책상으로서 주로 리셉셔니스트가 고객의 예약을 받거나 레스토랑에 오는 예약손님의 안내를 위해서 예약 장부, 전화기, 고객명부 등을 비치하여 사용하고 있다.
- **리조트 호텔**(Resort Hotel)   관광지 호텔로 휴양 또는 레크리에이션을 목적으로 한 호텔이다. 해안이나 경치 좋은 곳에 있는 별장식 호텔을 일컫는다.
- **리큐어**(Liqueur)   발효, 증류한 술에 약초나 향초를 혼합한 혼성주.

ㅁ

- **마스터 키**(Master Key) 한 개의 열쇠로 모든 객실을 다 열 수 있는 키이며, 플로어 키(Floor Key)는 한 개의 층을 열 수 있는 키이다.
- **맘 앤 팝 비즈니스**(Mom and Pop Business) 제한된 자본으로 가족 단위로 운영되는 소규모 영업단위체이다.
- **메이드 스테이션**(Maid Station) 객실정비를 위한 룸 메이드가 사용하는 비품창고.
- **메이크업**(Make Up) 고객이 객실을 사용하는 동안 침대의 린넨을 교환하거나 객실을 청소하고 정비정돈하는 것.
- **모닝 콜**(Morning Call) 웨이크 업 콜(Wake Up Call)이라고도 부르며 고객의 요청에 따라 교환원이 지정된 시간에 고객을 깨우는 전화이다. 요즘은 객실에서 원하는 시각을 전화에 세팅하는 경우도 있다.
- **모빌리지**(Movillage) 자동차(Mobile)와 마을(Village)을 하나로 묶은 신조어로 자동차 이용 여행자를 위해 계획된 캠프장을 말한다. 이런 목적을 위해 특별히 설치된 시설을 오토캠핑(Auto Camping)장이라고도 한다.
- **모터호텔**(Motor Hotel) 모텔과 유사하지만 보다 호화스러운 시설을 갖춘 숙박시설이다.
- **모텔**(Motel) 모텔은 명칭이 표시하는 바와 같이 자동차 여행자들을 대상으로 하여 도로변에 건설된 형태의 숙박업으로 미국에서 시작되었다. 특징은 자동차를 객실 앞 또는 그 건너편에 주차시킬 수 있다는 것과 고객 Self-service 방식으로 하기 때문에 요금이 저렴하다는 것이다. 우리나라의 경우 1987년에 공식으로 기존 숙박업의 서구화를 표방한다는 의미로 사용되었다.
- **목욕가운**(Bathrove) 목욕, 샤워 후에 입을 수 있는 가운을 말한다.
- **무단결근 종사원**(No Show Employees) 예정근무일에 회사에 출근하지 않는 직원.
- **무단취소 고객**(No Show Guests) 예약해 놓고 아무 연락 없이 나타나지 않는 고객.

- **무료**(Complimentary) 호텔의 객실 및 식음료를 무료로 제공하는 것.
- **무료객실**(Complimentary on Room) 고객에게 객실료만을 무료로 제공하는 것.
- **미국식 요금제도**(American Plan) 객실요금에 매일 3식의 요금을 포함하여 계산하는 숙박요금제도.
- **미니바**(Mini Bar) 고객이 간단하게 주류나 음료를 사용할 수 있도록 객실에 준비되어 있는 작은 바. 대개 요금이 비싼 편이다.

ㅂ

- **바 트롤리**(Bar Trolley) 각종 주류를 진열하는 Cart로 바 기물, 부재료, Glass 등을 비치하여 고객의 테이블 앞에서 직접 주문을 받아 조주해서 제공하는 것이다.
- **배기지 다운**(Baggage Down) 고객의 체크아웃(Check Out) 시 고객의 요청에 따라 벨맨(Bell Man)이나 포터(Porter)가 고객의 가방이나 짐을 로비까지 내려다 놓는 것을 말하며, 배기지 컬렉션(Baggage Collection)이라고도 한다.
- **방해금지**(Do Not Disturb) 객실에서 종업원이나 손님의 출입을 제한하는 표시로 손님이 문에 걸어두는 카드. D.N.D Card라고 한다.
- **발렛 서비스**(Valet Service) 주차장(Parking Lot)에서 고객을 위해 주차 서비스하는 것을 말한다.
- **버뮤다 플랜**(Bermuda Plan) 객실요금에 아메리칸 스타일의 조식대를 포함하여 계산하는 객실요금 계산 제도.
- **벨맨**(Bell Man) 업소의 영접부에서 근무하는 직원으로 고객의 입숙(Check-In)과 퇴숙(Check-Out) 시 짐을 운반하고 고객을 안내하는 업무와 고객의 각종 메시지를 전달하는 업무를 담당하는 직원.
- **벨 캡틴**(Bell Captain) 벨 데스크에서 근무하며, 벨 보이(Bell Boy), 포터(Porter) 등을 총괄하고 고객서비스를 책임지는 직원.
- **비수기 할인요금**(Off-Season Rate) 비수기의 숙박 할인요금.
- **빈티지**(Vintage) 와인 생산연도, 포도 수확연도.

• **빈티지 차트**(Vintage Chart) 와인의 생산연도를 알기 쉽게 표시해 놓은 표.

ㅅ

• **사전등록**(Pre-Registration) 고객이 도착하기 전 숙박등록카드를 작성하는 절차로 그룹이나 VIP가 도착하면 프런트 데스크의 일반 고객과의 혼잡을 피하기 위해 사용된다.

• **상용요금**(Commercial Rate) 특정한 회사 또는 단체와의 협의결정에 의해 객실단가를 특별할인해 주는 객실요금제도.

• **셰이커**(Shaker) 칵테일 조주 시 주재료인 알코올과 부재료를 넣고 흔들어서 안에 있는 내용물이 골고루 섞일 수 있도록 만들어진 칵테일 제조용 기구이다. 셰이커는 캡(Cap), 여과기(Strainer), 바디(Body)의 3부분으로 나누어진다.

• **소믈리에**(Sommelier) 와인전문가이며 와인 주문, 와인연도, 와인추천, 요리와 적합한 와인추천, 와인창고관리, 와인진열 등의 업무와 함께 고객으로부터 와인주문을 받고, Table에 직접 Service한다.

• **숙박계 등록카드**(Registration Card) 숙박자가 숙박하기 위하여 작성하는 숙박부로 고객의 성명, 주소, 주민등록, 숙박 예정일 수, 국적, 여권번호, 회사명 등이 고객에 의하여 완성되는 카드로 룸 클럭이 확인하고 서명한다. 숙박 중에는 프런트 캐셔에 보관되어 계산서의 사인을 대조하는 데 쓰인다.

• **스퀴저**(Squeezer) 레몬, 오렌지 등 과실의 즙을 짤 때 사용하는 기구.

• **싱글 룸**(Single Room) 1인용 객실 또는 싱글베드가 있는 1인실로 침대의 표준규격은 길이 195cm, 넓이 90cm 이상이고, 담요 규격은 길이 230m, 넓이 170cm 이상이어야 한다. 또한 객실의 기준 면적이 13m×13m 이상이어야 한다.

• **시설부서**(Engineering Department) 숙박업소 건물과 시설의 보수 및 유지를 위한 기술적 업무를 하는 부문을 대형 숙박업소에서는 전담부서로 시설부, 기술부라고도 부르고 있으나, 그 의미는 동일하다. 전기실, 기관실, 목공실, 배관, 설비, 영선 등으로 편성되어 있으며, 방화관리, 안전관리도 담당한다. 그러나 최근 이러

한 업무를 아웃소싱을 통하여 전문적으로 관리하는 업체가 등장하여 대신하고 있다.

- **시프트**(Shift) 근무조 또는 근무시간을 나타내는 것으로 Night Shift라고 하면 야간 근무조를 뜻한다.
- **식전주**(Aperitif Wine) 식사 전에 식욕촉진을 위하여 제공되는 와인.

ㅇ

- **어린이침대**(Crib) 어린이를 위한 유아용 침대로 고객의 요청에 따라 추가되며, Baby Bed라고도 한다.
- **얼리 어라이벌**(Early Arrival) 조기 도착 고객으로 예약한 일자보다 하루 내지 이틀 정도 빨리 도착하는 고객을 의미한다.
- **에스프레소**(Espresso) 이탈리아식으로 에스프레소 기계를 이용하여 커피의 농도를 2배 이상 진하게 유출시키는 방법.
- **연회**(Banquet) 식음료를 판매하기 위한 제반시설이 완비된 장소에서 2인 이상의 단체고객에게 식음료와 기타 부수적인 사항을 첨가하여 행사 본연의 목적을 달성할 수 있도록 해주고, 그에 따른 응분의 대가를 수수하는 행위를 말한다.
- **영업부서**(Operation Department, F.O.H) 대고객 서비스와 직접 관련되는 부서로 객실부서, 식음료부서 등을 말한다. F.O.H는 Front of the House를 의미한다.
- **영업준비**(Mise-en-Place) 접객 서비스를 하기 위하여 소요되는 모든 준비물을 충분히 확보하여 정위치에 비치하고 청소상태, 환경정리, 시설물 등을 완벽하게 재정비함을 말한다. 따라서 종사원들은 영업에 차질이 없도록 일의 진행순서를 숙지하여 신속하게 수행해야 한다.
- **영와인**(Young Wine) 포도주를 만들어서 오랜 기간 숙성하지 않고 1~2년 저장하여 5년 이내에 마시는 포도주.
- **에어포트 호텔**(Airport Hotel) 공항 근처에 건설되는 호텔이며, 이 종류의 호텔은 현재 세계 각국의 유행처럼 되어 항공산업의 발전과 함께 세계적인 사업의 하나로 확대되고 있다.

- 에프 · 아이 · 티(F.I.T) Foreign Independent Tour의 약자로 에스코트가 없는 개인 단독여행을 말한다.

- 엠 · 아이 · 피(M.I.P) Most Important Person의 약자로 VIP(Very Important Person)보다 한 단계 중요한 고객을 말한다.

- 예약(Reservation) 숙박뿐만 아니라 식사, 연회 등도 포함되는 예약으로 성명, 객실스타일, 요금 도착일시, 숙박일수, 직업, 연락처, 인원 수 등을 편지, 전화, e-mail, 팩스 등에 의하여 적어도 도착 3일 전에 도착될 수 있도록 예약해 둘 필요가 있다.

- 예약취소(Cancellation) 고객이 사용하기로 예약한 숙박시설에 대하여 취소요청하는 경우를 말한다.

- 예약확인(Reservation Confirmation) 숙박시설, 레스토랑을 사용하기 전에 예약이 확실히 되어 있는지를 확인하는 것.

- 오버타임(Over Time) 숙박업소의 종사원이 정상 근무시간보다 더 많은 시간을 근무한 경우를 말하며, 오버타임 근무시간에 해당하는 근무수당을 지급하게 된다.

- 오토 레스토랑(Auto Restaurant) 버스형 자동차, 트레일러에 간단한 음식물을 싣고 다니는 이동식 식당을 말한다. 출장파티, 학교, 운동장, 공원 같은 곳에서 판매한다.

- 오토캠프(Auto-Camp) 야외에서 숙박하는 일 또는 그 장소.

- 와이너리(Winery) 와인이 만들어지는 곳. '양조장'이라 한다.

- 와인셀러(Wine Cellar) 와인저장실. 와인저장실은 실내온도 섭씨 10~12도가 적당하며, 습도는 75%가 적당하다.

- 와인쿨러(Wine Cooler) 화이트 와인 또는 샴페인을 제공할 시 온도를 차갑게 유지하기 위해 사용하는 기구.

- 요텔(Yachtel) 요트호텔(Yacht Hotel)의 단축어로 미국에서 요트 항구에 인접하여 세워진 요트와 함께 여행자가 숙박할 수 있는 시설로서 해안, 호반에 요트를 체류할 수 있는 설비를 갖춘 호텔이다.

- **우편물 서비스**(Mail Service) 고객을 위해 우편물을 집배하거나 발송하는 서비스.

- **엑스트라 베드**(Extra Bed) 객실에 정원 이상의 손님을 숙박시킬 경우 임시로 설치하는 침대로 보통 접는 식의 이동하기 쉬운 'Roll Away Bed'를 말한다.

- **오버부킹**(Over-Booking) 객실 보유 수 이상의 예약을 받는 것으로 예약이 취소되는 경우(Cancel)와 고객이 연락도 없이 나타나지 않는 경우(No Show)가 통계적으로 매일 평균율로 계산되고 있다. 그러므로 이에 대한 대처로서 예약을 초과하여 받게 되는데 이것을 오버부킹이라 한다.

- **온스**(Ounce) 1온스를 1Pony라고 하며, 1unit(Shot)라고도 한다. 1온스의 중량은 4℃일 때 28.35이고 1온스의 양은 30ml이다.

- **워크 인**(Walk-in) 예약 없이 투숙하는 손님인데 호텔에 도착 즉시 등록을 필하고 입실하는 비예약 고객으로 No Reservation(NR), Off the Street(OS)라고도 한다. 또한 일정한 금액의 선불이 필요하다.

- **워크 인 게스트**(Walk-in Guest) 사전에 예약을 하지 않고 당일에 직접 호텔에 와서 투숙하는 손님.

- **위클리 레이트**(Weekly Rate) 1주일 체재하는 고객에 대해 실시하는 특별요금의 하나.

- **워크숍**(Work Shop) 새로운 지식이나 기술을 습득시키기 위한 모임으로 인원 수가 30명 내외로 제한되는 회의이다.

- **워터 클로젯**(Water Closet) 화장실

- **웨이크 업 콜**(Wake-up Call) 다음날 아침 일찍 일어나기를 원하는 고객, 또는 잠깐이라도 쉬기를 원하는 고객이 교환원에게 부탁하여 원하는 시간에 정확하게 손님을 깨워드리는 전화 서비스.

- **유럽식 요금제도**(European Plan) 서구식 경영방식으로서 숙박요금에 식사요금을 포함시키지 않고 숙박요금과 식사요금을 각각 구분하여 계산하는 요금 계산방식이다.

- **유스 호스텔**(Youth Hostel) 청소년을 위한 저렴한 숙박시설로 독일에서 시작한 유스 호스텔 운동에 의하여 오늘날 전 세계적으로 보급되었다.

- **이그제큐티브 룸**(Executive Room) 일반 룸과는 차별화된 서비스를 받을 수 있는 고급층의 객실. 비용이 일반 룸보다 높고 다양한 서비스를 받을 수 있다.

- **인벤토리**(Inventory) 재고조사를 의미하며, 1일 재고조사와 월별 재고조사 등이 있다.

- **인포메이션 클럭**(Information Clerk) 업소의 숙박객 및 방문객에게 각종 정보를 제공하는 업무를 맡은 직원이며, 프런트 오피스(Front Office)나 영접부(Guest Service) 소속이다.

- **일일평균객실료**(Daily Average Room Rate) 판매 가능한 객실 중에서 이미 판매된 객실의 총 객실료를 판매된 객실 수로 나누어 구한 값을 말한다.

- **입숙**(Check-In) 고객의 영접 및 숙박카드의 작성 등을 포함한 제반절차.

- **입실고객**(Rooming Guest) 입실을 뜻하며, 호텔에 도착하는 고객은 프런트 데스크에서 영접을 받게 되고 객실배정이 끝나면 벨맨이 고객을 객실로 안내하는 제반과정을 뜻한다.

- **이코노미 호텔**(Economy Hotel) 개별 욕실시설이 없고 제한된 봉사를 해주는 저렴한 가격의 숙박업소로 Tourist 또는 Second Class Hotel이라고 한다.

- **인**(Inn) 유럽지역의 고유 민간 숙박업소를 총칭하는 용어로, 호텔보다 시설, 규모 등에서 작다는 의미로 사용하였지만, 오랜 전통을 자랑하는 역사적 의미부여와 함께, 최근 미국의 세계 최대 모텔 보유업체인 홀리데이 인을 비롯해 'Inn'의 명칭을 사용하는 훌륭한 호텔이 많이 설립되어 현재는 호텔과 다름없는 의미가 되었다.

ㅈ

- **재고조사**(Inventory) 판매전표와 출고전표 취급을 확실히 하고 재료 원가율에 유의하여 적정원가율을 항상 유지하도록 한다. 일일 재고조사(Daily Inventory)와 월 재고조사(Monthly Inventory) 등이 있다.

- **저렴한 호텔**(Budget Hotel) 서비스 간소화로 인한 코스트 다운으로 비용절감을

시도한 경제적 호텔을 말한다.

- **전채요리**(Appetizer) 애피타이저라고도 하며 식사순서 중 제일 먼저 제공되어 식욕을 촉진시켜 주는 소품요리이다. 한입에 먹을 수 있도록 분량이 적어야 하며, 타액분비를 촉진시켜 소화를 돕도록 짠맛, 신맛이 곁들여져야 하며 맛과 영양이 풍부하여 주요리와 균형을 이루고 시각적인 효과가 있어야 한다.
- **주간실료**(Day Rate) 주간만 사용하는 고객들에게 부과하는 요금(Day Use Rate)을 말한다.
- **주니어 스위트**(Junior Suite) 응접실과 침실을 구분하는 칸막이가 있는 일반 룸보다 큰 객실.
- **지거**(Jigger) Messure Cup이라고도 하며, 칵테일을 만들 때 용량을 재는 기구.
- **지 · 아이 · 티**(G.I.T) Group Inclusive Tour의 약자로 단체포괄여행을 말한다.
- **지원부서**(Back of the House) 고객에게 직접 서비스하지 않는 부서로서 주업무는 영업부서(Front of the House)를 도와주며 인사, 총무, 회계, 홍보, 시설, 구매, 검수, 보관 및 식음료 공급품 반출 등의 업무를 한다.

ㅊ

- **체류**(Stay) 1박 이상을 체류한 모든 고객을 뜻한다.
- **체류연장**(Over Stay) 예약상의 체류기간을 초과하여 체류를 연장하는 고객.
- **총지배인**(GM, MD) GM(General Manager) 또는 MD(Managing Director)라고 하며 호텔의 영업에 관한 전반적인 업무를 관리 · 감독한다.

ㅋ

- **캡틴**(Captain) 선박이나 항공기의 선장, 식당의 접객조장, 현관 서비스 분야에서는 벨 캡틴(Bell Captain)을 말한다.
- **커패시티**(Capacity) 어떤 시설물이 그곳의 특성과 보통상태 그대로 유지하면서 이용에 제공될 수 있는 수용한계를 말한다.

- **코르크**(Cork)　코르크는 와인의 병마개로 와인의 숙성이 진행되면 와인이 좋아지게 하는 데 절대적인 기능을 한다. 코르크는 기공이 있어 와인숙성에 도움을 준다.
- **코르크스크루**(Corkscrew)　코르크 마개를 따는 기구이다.
- **코키지 차지**(Corkage Charge)　외부로부터 반입된 음료, 술을 서브하고 그에 대한 서비스 대가로 받는 요금으로 음료 반입료를 일컫는다.
- **콘시어지**(Concierge)　유럽 호텔의 직종으로 프런트와는 달리 카운터를 두어 고객에게 관광, 여행안내, 차량예약, 우편물의 집배, 열쇠의 관리 등의 여러 서비스를 제공한다.
- **콜렉트 콜**(Collect Call)　수신자가 요금을 지불하는 전화인데 수신자가 요금 부담을 거절하면 통화할 수 없다.
- **콩그레스**(Congress)　보통 국제적으로 열리는 회의를 지칭하는 것으로 실무회의이며 규모가 크다.
- **클로크룸**(Cloak Room)　투숙객이나 기타 호텔시설을 이용하는 고객들의 수하물을 보관하는 장소.
- **클리닉**(Clinic)　하나의 특정한 주제를 선정해 놓고 그 문제를 해결해 내는 훈련을 쌓는 소규모 회의 형식이다.

ㅌ

- **타임카드**(Time Card)　직원의 근무시간 관리를 위해 작성되며, 이 카드는 직원 개인의 출근시간과 퇴근시간이 기록된다. 이 카드는 회계부서의 급료담당 직원에게 보내져 직원 급료계산의 자료가 되며, 직원의 근무상태를 파악할 수 있는 카드이다.
- **터미널 호텔**(Terminal Hotel)　터미널, 종착역에 위치한 호텔로 이른바 철도 스테이션 숙박업소를 말한다.
- **텀블러**(Tumbler)　손잡이가 달리지 않은 글라스.

- 테이블 와인(Table Wine) 식사 중에 마시는 와인이나 포도주로써, 가장 대중적이고 저렴한 와인.
- 턴 어웨이(Turn Away) 객실이 매진되어 예약 없이 오는 고객(Walk-in Guest)을 다른 호텔에 안내하는 서비스.
- 턴 오버(Turn Over) 주어진 기간 동안에 레스토랑의 테이블이 고객에 의하여 몇 번 사용되는가에 대한 회전율.
- 통용객실(Connecting Rooms) 인접한 객실로 연결된 문이 있는 것으로 객실과 객실 사이에 통용문이 있어 서로 열쇠 없이 드나들 수 있는 객실로 가족여행이나 단체여행의 편리를 도모한다.
- 퇴숙(Check-Out) 숙박한 업소에서 지불을 끝마치고 나가는 일을 말한다.
- 퇴숙시간(Check-Out Time) 고객이 객실을 비워야 하거나 하루의 추가요금이 부과되는 시간의 한계점으로 일반적으로 정오를 그 기준으로 삼고 있으며, 비즈니스 숙박업소의 경우 일반적으로 오전 10시 정도인 경우도 있다.
- 트리플 베드룸(Triple Bed-Room) 싱글베드가 3개 설치된 방으로 주로 가족이나 단체객이 사용한다. 휴양지 업소에서 볼 수 있는 고객 3~4명이 같이 사용할 수 있는 객실.
- 트윈 베드룸(Twin Bed Room) 싱글베드가 2개 있는 2인용 객실.
- 특별비용(Extra Charge) 체크아웃 타임(Check Out Time) 이후 객실을 사용하는 경우에 지불하게 되는 초과요금이나 통상요금 이외의 비용. 즉 Package Tour에서 여행비용에 포함된 비용 이외에 별도로 소요되는 비용 등을 말한다.
- 텔레마케팅(Telemarketing) 전화로 객실이나 기타 시설물에 대해 판촉활동하는 것을 말한다.

ㅍ
_____

- 판매가능 객실 수(Available Room) 어느 일정한 시점에서 판매가 가능한 객실 수로 정리가 끝난 상태의 아직 판매되지 않은 객실 수.
- 패널(Panel) 미리 정해진 2명 이상의 연설자가 자기의 요점을 발표한 다음 해당

사항을 전문가들이 다시 토론하는 회의 형식이다.

- **패키지**(Package) 여행에 필요한 교통, 숙박, 식사, 관광 등 일체의 경비를 포함하는 요금으로 여행구매자의 숫자에 의거 할인요금으로 판매된다.

- **퍼스트 인 퍼스트 아웃**(FIFO) First In First Out으로 소비된 재고자산의 단가결정에 있어 먼저 구매되어 들어온 것이 먼저 소비된다는 가정하에 매입 순으로 단가를 적용하므로 매입순법이라고도 한다.

- **퍼스트 클래스 호텔**(First Class Hotel) 일류호텔로서 호텔의 등급을 매기고 있는 나라에서는 시설기준을 정하고 있으며 Deluxe Class의 호텔에는 다음가는 2번째 수준의 호텔을 말한다. 그러나 일반적으로 일류호텔이라는 의미로 사용하고, 엄밀한 의미는 없다.

- **퍼슨 투 퍼슨 콜**(Person to Person Call) 상대방 지명통화로 원하는 상대방과의 통화만이 필요할 때 사용한다. 통화하고자 하는 상대방이 자리에 없거나 받을 수 없을 때는 통화를 취소하고 요금은 지불하지 않는다.

- **페이징 서비스**(Paging Service) 호텔에 있는 고객을 찾거나 메시지를 전달하기 위해 구내방송 혹은 고객의 성명을 쓴 푯말 등을 이용하는 서비스.

- **펜션**(Pension) 원래 유럽지역의 하숙이라는 의미에서 유래되었으나 가족이 함께 경영하는 소규모 형태의 숙박업종.

- **펜트하우스**(Penthouse) 호텔 등의 최상층에 꾸민 특별 객실이다. 호화스러운 가구나 특별 설비가 있고 전망 좋은 거실에 침실, 욕실, 화장실 등이 꾸며져 있다. 다른 손님과 접촉할 번거로움이 없기 때문에 특별한 고객에 의한 독점적인 사용의 예도 허다하다.

- **포디엄**(Podium) 연설 시 사용하는 연단.

- **포러**(Pourer) 술병의 입구에 부착하여 술을 따르고, 술의 Cutting을 용이하게 하여, 술의 손실을 없애기 위해 사용한다.

- **포럼**(Forum) 토론 내용이 자유롭고 문제에 관하여 진지한 평가나 의견 교환을 하는 공개토론 형식을 말한다.

- **포캐스트**(Forecast)　과거의 영업실적을 분석하여 현 시점에서 미래의 고객에 대한 수요예측 및 호텔상품의 판매 등에 대한 영업을 예측하는 활동을 말한다. 영업 예측은 월별, 분기별, 연별로 구분하기도 하며 단기, 중기, 장기 예측으로 구별하기도 한다.

- **폴리오**(Folio)　폴리오에는 Master Individual Folio가 있으며, 고객의 객실 사용료, 식음료, 기타 상황이 일자별로 기록된 내역서이다.

- **풀 서비스**(Full Service)　호텔, 모텔의 기본적인 서비스에 추가하여 부대시설 전체에 대하여 모든 서비스가 제공됨을 뜻한다.

- **풀 하우스**(Full House)　모든 객실이 점유되어 100%의 판매율을 나타내는 뜻.

- **프런트**(Front)　호텔의 현관을 말하며, 현관에는 룸 클럭(Room Clerk), 인포메이션 클럭(Information Clerk), 키 클럭(Key Clerk), 캐셔(Cashier), 플로어 클럭(Floor Clerk) 등이 있어 현관 직무를 담당한다.

- **프런트 오피스**(Front Office)　프런트 오피스는 현관사무실로 고객과 호텔 간의 중간적인 위치에 놓여 있는 곳이다. 호텔에 숙박하기 위하여 찾아오는 도착객을 제일 먼저 접객하는 곳이며, 고객의 숙박기간 중의 안내소이고 고객이 호텔을 출발할 때 마지막으로 환송하는 호텔의 창구 역할을 한다.

- **프로퍼티**(Property)　호텔의 건물, 대지 및 그것에 연결된 모든 시설을 말한다.

- **프루프**(Proof)　미국식 알코올 농도표시, 100Proof는 50도이다.

- **픽업 서비스**(Pickup Service)　공항에서 호텔까지 예약고객을 영접하여 호텔에 체크인시키는 서비스를 뜻하며 체크아웃 시에도 서비스가 가능하다.

ㅎ

- **하우스 닥터**(House Doctor)　호텔 등에 계약되어 있는 담당의사로 응급환자가 있을 때 이 의사를 부른다.

- **하우스 폰**(House Phone)　호텔이나 여관의 로비에 놓여 있는 구내 전용전화를 말한다. 수화기를 들고 안내원에게 객실번호를 알려 통화하는 방식과 안내원의 손을

빌리지 않고 객실과 직접 연결할 수 있는 다이얼 방식이 있다.

- **하이웨이 호텔**(Highway Hotel)　자동차 여행객을 대상으로 한 숙박시설로 자동차의 급유, 세차, 수리하는 설비를 시설 내부에 갖추고, 서비스도 고객의 셀프서비스가 아니고 호텔과 다름없는 서비스 및 설비를 갖춘 숙박시설을 말한다.

- **해피아워**(Happy Hour)　호텔 식음료업장에서 보통 오후 4시에서 6시를 이용하여 저렴한 가격 또는 무료로 음료 및 스낵 등을 제공하는 호텔서비스 판매촉진 전략.

- **호텔 명부**(Register)　모든 고객들의 기록으로 고객의 호텔 규칙에 의거하여 등록카드를 쓰게 되어 있다.

- **호텔리어**(Hotelier)　호텔에 근무하는 직원, 지배인, 관리인, 소유주를 총칭하여 일컫는 말이다.

- **호텔 안내**(Hotel Information)　호텔 내의 시설이나 각종 서비스에 대한 편의제공 및 안내를 말한다.

- **호텔 아케이드**(Hotel Arcade)　호텔 내부에 운영 중인 상점들을 말한다.

- **호텔 요금정책**(Hotel Price Policy)　적정한 객실요금 책정은 호텔경영진에 있어서 가장 중요한 경영정책에 대한 의사결정으로 호텔의 판매증진을 위한 최선의 방법이며 기업의 수익성을 향상시키는 요건이라 할 수 있다. 호텔의 요금정책은 객실요금뿐만 아니라 식음료 요금까지를 포함하고 있다.

- **호텔 패키지**(Hotel Package)　호텔에서 종종 제공하는 교통편의와 객실 및 기타 부대시설의 사용을 포함한 일괄적인 서비스를 말한다.

- **혼성주**(Compounded Liquor)　양조주와 증류주에 과실류나 초목, 향초를 혼합하여 만드는데 적정량의 감미와 착색을 하여 만든다.

- **회의시설**(Convention Facilities)　집합시설로서 회의를 위한 비품들.

- **회의실**(Conference Room)　단체모임, 회의를 할 수 있도록 꾸며놓은 여러 규모의 방을 말한다.

참 고 문 헌

1) 국내 참고문헌

권봉헌 · 박재희(2009), 호텔식음료관리론, 백산출판사.

김성혁 · 황수영 · 김연선(2009), 외식마케팅론, 백산출판사.

김의겸(2007), 소믈리에실무, 백산출판사.

김준철(2009), 와인, 백산출판사.

김진수 · 하창용 · 강영선 · 양기승(2006), 호텔실무전문용어, 기문사.

박영배 · 정연국 · 조춘봉(2010), 음료주장관리, 백산출판사.

박인규 · 장상태(2006), 호텔식음료실무경영론, 기문사.

변광인 · 박성수(2009), Top Secret Cocktail, 백산출판사.

서진우 · 전인호 · 김희연(2009), 칵테일실무, 대왕사.

서한정(2006), 와인에센셜, 아카데미북.

신형섭(2007), 호텔실무용어해설, 갈채.

안우규 · 손재근 · 박종철(2008), 호텔 식음료 경영실무, 한올출판사.

원홍석 · 우찬복 · 김건 · 전현모(2011), 호텔레스토랑 식음료 서비스론, 백산출판사.

이관표 · 정웅용(2009), 음료와 칵테일, 백산출판사.

이석현 · 김의겸 · 김종규 · 김학재 · 김선일(2009), 조주학개론, 백산출판사.

이준재 · 심홍보 · 정용해 · 조창연(2007), 칵테일 주장관리실무, 대왕사.

최병호 · 유도재(2009), 호텔식음료실무론, 백산출판사.

허정봉(2009), 조주(음료)기능사 문제집, 대왕사.

황해정(2009), 와인과 칵테일, 기문사.

2) 국내 연구논문

강찬호 · 이정화(2005), 칵테일 메뉴특성과 BAR업장의 특성이 칵테일 메뉴행동에
미치는 영향, Tourism Research(21): 105-124.

김민석(2010), 소믈리에의 전문지식요인과 역할요인이 소비자의 와인구매 만족도에 미치는 영향, 관동대학교 대학원 박사학위논문.

김연선 · 곽강희 · 소국섭(2007), 마일리지 프로그램, 선택속성, 전반적인 만족도 그리고 브랜드 충성도 간의 영향관계 : 맥주전문바를 중심으로, 관광학연구, 31(5): 225-246.

이희수(2006), 칵테일 바의 서비스 품질과 바텐더의 역할이 고객에게 미치는 영향, Tourism Research(23): 283-303.

3) 기타 참고자료

롯데호텔 매뉴얼.

르네상스서울호텔 식음료 매뉴얼.

롯데호텔 음료직무교재.

4) 국외문헌

Karen, M.(2001), The Wine Bible, New York: Workman Publishing.

Jack, D. Ninemeier(2004), Planning and Control for Food and Beverage Operation, Educational Institute, American Hotel Lodging Association.

저 자 소 개

김 연 선

- 세종대학교 일반대학원 호텔관광경영학 박사
- 가천대학교 일반대학원 관광경영학과 경영학 석사
- 임피리얼팰리스 호텔 근무
- 소믈리에 자격증(AHLA)
- 조주기능사 심사위원
- 호텔관리사(한국관광공사)
- 한국외식경영학회 정회원
- 한국콘텐츠학회 정회원
- 한국컨벤션학회 편집이사
- 한국와인아카데미협의회 이사
- 한국콘텐츠학회 논문지 심사위원
- 한국호텔관광학회 정회원
- 한국웨딩학회 자격검정위원
- (사)한국평생능력개발원 식음료부문자격검정위원회 상임위원
- 現) 원광보건대학교 호텔관광과 교수

송 영 석

- 세종대학교 일반대학원 호텔관광경영학 박사
- 경희대학교 대학원 관광경영학 석사
- 호텔그랜드앰배서더 근무
- 주)센트럴시티 팀장
- 아텍스컨벤션 이사
- 노블레스웨딩컨벤션 전무
- 조주기능사 심사위원
- 호텔관리사(한국관광공사)
- 소믈리에 자격증(AHLA)
- 관광 · 레저학회 이사
- 대한관광경영학회 이사
- 한국와인 · 소믈리에학회 부회장
- 한국웨딩학회 이사 / 자격검정위원
- 現) 더컨벤션 대표

이 두 진

- 세종대학교 일반대학원 호텔관광경영학 박사
- 세종대학교 관광대학원 호텔경영학 석사
- 신흥대학 외식경영학과 겸임교수
- 동양공업전문대학 관광학과 겸임교수
- 호텔관리사(한국관광공사)
- 전국대학생칵테일경진대회 심사위원
- 한국평생능력개발원 식음료부문 심사위원
- 조주기능사 실기시험 심사위원
- 한국외식경영학회 정회원
- 한국관광학회 정회원
- 한국호텔리조트학회 정회원
- 한국웨딩학회 상임이사
- 現) (주)롯데호텔, 롯데월드호텔 식음료과장

김 영 은

- 세종대학교 일반대학원 호텔관광경영학 박사
- 세종대학교 일반대학원 호텔관광경영학 석사
- University of Texas at Arlington ELI Course
- 서원밸리리조트 F&B 차장
- 커피프랜차이즈 샤갈의 눈내리는 마을 교육팀장
- 한국외식산업학회 이사
- 한국대학식음료협회 상임이사
- 전국대학생칵테일경진대회 심사위원
- 2012 WBC한국대표선발전 심사위원
- (사)한국식음료조리교육협회 커피자격시험 실기평가위원
- Certification of Qualification, Judge, by Qualifying Committee
- Certified Sommelier, American Hotel & Lodging Educational Institute
- Specialty Coffee Association Europe(SCAE자격증)
- 신흥대학교, 세종대학교, 한양대학교, 안산공과대학, 오산대학 등에서 강의
- 現) 한국호텔관광전문학교 관광식음료전공 교수

저자와의
합의하에
인지첩부
생략

호텔 식음료·레스토랑 실무

2013년 2월 28일 초 판 1쇄 발행
2021년 1월 30일 개정판 3쇄 발행

지은이 김연선 · 송영석 · 이두진 · 김영은
펴낸이 진욱상
펴낸곳 백산출판사
교 정 편집부
본문디자인 편집부
표지디자인 오정은

등 록 1974년 1월 9일 제406-1974-000001호
주 소 경기도 파주시 회동길 370(백산빌딩 3층)
전 화 02-914-1621(代)
팩 스 031-955-9911
이메일 edit@ibaeksan.kr
홈페이지 www.ibaeksan.kr

ISBN 979-11-5763-436-1 93590
값 28,000원